高职高专机电一体化专业规划教材

机电检测技术

郭　燕　韩京海　主　编
朱丽琴　副主编
彭俊杰　主　审

化学工业出版社
·北京·

本书按照由简单到复杂的顺序，分别讲述了机电检测系统的各个构成部分，同时结合工业实际检测项目进行了介绍。主要介绍机电一体化产品；信号检测方法及误差分析、检测元件及检测仪表的使用；信号调理电路；信号显示记录装置；现代检测技术；典型的工程参数的检测以及检测系统中的抗干扰技术等内容。

本书可作为高职高专院校、成人高校、广播电视大学的检测类有关专业相关课程的教材，也可作为相关工程技术人员的参考书。

图书在版编目（CIP）数据

机电检测技术/郭燕，韩京海主编．一北京：化学工业出版社，2011.3（2016.3重印）
高职高专机电一体化专业规划教材
ISBN 978-7-122-10480-9

Ⅰ.机… Ⅱ.①郭…②韩… Ⅲ.机电工程-检测-高等学校：技术学院-教材 Ⅳ.TM

中国版本图书馆CIP数据核字（2011）第014714号

责任编辑：王听讲　　文字编辑：韩亚南
责任校对：蒋　宇　　装帧设计：王晓宇

出版发行：化学工业出版社（北京市东城区青年湖南街13号　邮政编码100011）
印　　装：三河市延风印装有限公司
787mm×1092mm　1/16　印张$10\frac{3}{4}$　字数264千字　2016年3月北京第1版第2次印刷

购书咨询：010-64518888（传真：010-64519686）　售后服务：010-64518899
网　　址：http://www.cip.com.cn
凡购买本书，如有缺损质量问题，本社销售中心负责调换。

定　　价：28.00元

前 言
FOREWORD

机电检测技术是一门技术应用课程，随着市场的变化和技术的发展，以前的传感器技术无法满足学生特别是机电专业学生在检测方面的需求。检测技术是现代科学技术与现代化生产中重要的技术手段之一，是信息技术的重要组成部分。

检测技术是一个涉及数学、物理学、电工电子学、材料学、光学、机械、计算机技术等多门学科的综合技术领域。对于高等学校的学生来说，具备一定的检测技术知识和技能是十分必要的。

本书结合高职高专学生的实际情况，从应用的角度出发，以检测系统整体结构为主线，深入浅出地对检测技术所涉及的各方面做了介绍，理论结合实际，通俗易懂。另外，本书在详细讲解机电检测知识的基础上，尽可能多地与实训项目相联系，尽量采用通俗易懂的语言讲解专业知识。本教材力求浅显易懂、结构科学合理，符合高职学生学习的特点，知识结构由基础到提高，再到综合应用，切实锻炼学生的实际工作能力。

本书按照由简单到复杂的顺序，分别讲述了机电检测系统的各个构成部分，同时结合工业实际检测项目进行了介绍。本书共分为八章，主要介绍机电一体化产品；信号检测方法及误差分析、检测元件及检测仪表的使用；信号调理电路；信号显示记录装置；典型的工程参数的检测、现代检测技术，以及检测系统中的抗干扰技术等内容。

本书内容全面、重点突出、层次清楚、结构新颖、实用性强，可作为高职高专院校、成人高校、广播电视大学的检测类有关专业相关课程的教材，也可作为相关工程技术人员的参考书。

本书由南京化工职业技术学院郭燕、南京交通职业技术学院韩京海主编并负责统稿，南京化工职业技术学院朱丽琴任副主编。本书第1章、第6章由韩京海编写；第2章、第3章由郭燕编写；第4章、第5章由朱丽琴编写；第7章由南京机电职业技术学院武建卫编写；第8章由南京机电职业技术学院许璐编写。全书由中国石化扬子石化有限公司彭俊杰高级工程师主审。

在本书的编写过程中，参考了相关的著作和论文，还得到了化学工业出版社有关同志的大力支持，在此特表示衷心的感谢！

由于时间仓促，编者水平有限，书中难免有不足之处，敬请读者批评指正。

编 者

2010年10月

目录
CONTENTS

第1章　机电一体化概述

1.1　机电一体化的基本概念

随着生产和技术的发展，微电子技术、自动化技术不断向机械技术领域渗透，形成了一门新的学科，即机电一体化技术。机电一体化技术一方面极大地提高了产品的性能和市场竞争力；另一方面也大大地提高了产品对环境的适应能力，使人类的活动空间不断扩大，例如美国的阿波罗登月和我国的神舟五号、嫦娥一号、嫦娥二号等都是机电一体化技术发展的结果。由于机电一体化技术对现代工业和技术的发展具有巨大的推动力，引起了世界各国的极大重视。

1. 机电一体化的定义

“机电一体化”（Mechatronics）的英文名词起源于日本，它是取机械学（Mechanics）的前半部分和电子学（Electronics）的后半部分拼成一个新词，表示机械学与电子学两种学科的综合。但是，“机电一体化”并非是机械技术与电子技术的简单叠加，而是把电子技术、信息技术、自动控制功能“揉合”到机械装置中去，通过各种技术的有机结合，使产品的性能达到最佳水平。

随着生产和科学技术的发展，机电一体化产品把机械部分与电子部分有机结合，从系统的观点使其达到最优化。机电一体化基本概念可概括为：从系统的观点出发，将机械技术、微电子技术、信息技术、控制技术、计算机技术、传感器技术、接口技术等在系统工程的基础上有机地加以综合，实现整个系统最优化而建立起来的一种新的科学技术。

2. 机电一体化的内容

机电一体化包含机电一体化技术和机电一体化系统两个方面的内容。机电一体化技术是指包括技术基础、技术原理在内的，使机电一体化系统得以实现、使用和发展的技术。机电一体化系统又包括机电一体化产品和机电一体化生产系统。机电一体化生产系统是指运用机电一体化技术把各种机电一体化设备按目标要求组成的一个高生产率、高质量、高可靠性、高柔性、低能耗的生产系统，例如常见的柔性制造系统（FMS）、计算机辅助设计与制造系统（CAD/CAM）、计算机辅助设计工艺（CAPP）和计算机集成制造系统（CIMS）以及各种工业过程控制系统。采用机电一体化技术所制造出来的具有机电一体化特点的新一代产品或设备统称为机电一体化产品。

目前，机电一体化产品及系统已渗透到国民经济和日常工作、生活的各个领域，例如电冰箱、全自动洗衣机、录像机、照相机等家用电器，电子打字机、复印机、传真机等办公自动化设备，工业机器人、自动化物料搬运车、核磁共振成像诊断仪等机械制造设备都属于机电一体化产品。

3. 机电一体化产品的特点

为了不断满足人们生活的多样化要求和生产的省力、省时即自动化等方面的需要，机电一体化产品不断推陈出新。机电一体化综合利用现代高新技术的优势，在提高精度、增强功能、改善操作性和实用性、提高生产率、降低成本、节约能源、降低消耗、减轻劳动强度、提高安全性和可靠性、改善劳动条件、简化结构、减轻重量、增强柔性和智能化程度、降低价格等诸多方面都取得了较为显著的技术效益、经济效益和社会效益，促使着社会和科学技术的进步。总体而言，机电一体化产品具备着多功能、高效率、高智能、高可靠性等特点，同时在外观上具有轻、薄、细、小巧的优点，从而在生产、生活各个方面都得到了广泛的应用。

4. 机电一体化的系统组成

机电一体化系统一般由机械系统、检测系统、动力系统、驱动系统及控制系统五部分组成，如图 1-1(a) 所示，这些组成要素内部及其之间，通过接口耦合来实现运动传递、信息控制、能量转换。其中，机械系统为系统的支撑部件；动力系统为系统正常运行提供动力；检测系统对系统运行中所需要的本身和外界环境以及各种参数及状态进行检测，将其转换为可识别信号，传输到信息处理单元；控制系统将传感检测部分所检测到的信息以及外部的输入命令进行集中、存储、分析、加工，根据信息处理结果，按照一定的程序和节奏发出相应的指令，控制整个系统有序地进行工作；驱动系统根据控制信息和指令执行相应的动作。机电一体化系统的构成要素使其具备了控制、检测、动力、动作、机构等五大功能，如图 1-1 (b) 所示。

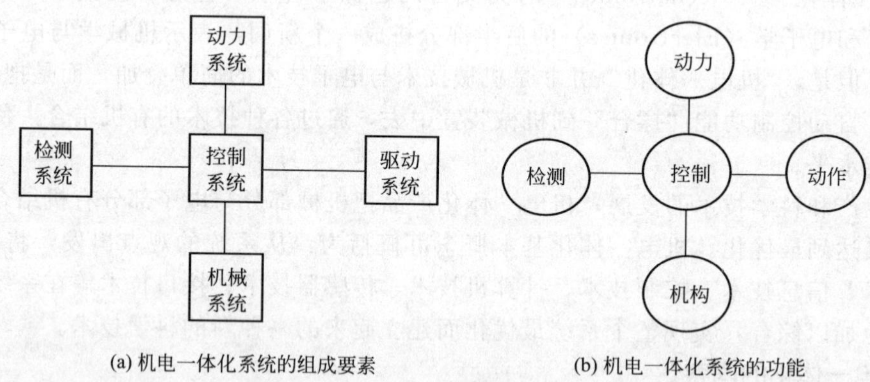

(a) 机电一体化系统的组成要素　　(b) 机电一体化系统的功能

图 1-1　机电一体化的组成

机电一体化系统的五大部分各司其职，担任着不同的作用。其中，获取信息的检测系统，在整个机电一体化系统中起着至关重要的作用，只有检测到的信息是正确的，整个系统才能够按照所定要求进行，本书重点针对机电一体化中的传感检测部分进行研究。

1.2 机电一体化产品

目前，机电一体化产品遍及国民经济和日常生活的各个领域，常用的家用电器如电冰箱、全自动洗衣机、录像机、照相机等，自动化办公设备如电子打字机、复印机、传真机等，核磁共振成像诊断仪器，数控机床、工业机器人、自动化物料搬运车等机械制造设备都属于机电一体化产品的范畴，可以说机电一体化产品无处不在。机电一体化产品种类繁多，随着科学技术的不断发展还在不断扩展，但总体而言按照产品的功能可以划分为以下几类。

(1) 数控机械类

数控机械类执行机构是机械装置，常见的产品有数控机床、工业机器人、柔性制造系统、发动机控制系统和自动洗衣机等。

(2) 电子设备类

电子设备类的执行机构为电子装置，如电火花加工机床、线切割加工机床、超声波缝纫机和激光测量仪等。

(3) 机电结合类

机电结合类主要产品的执行机构为机械和电子装置的有机结合，如自动探伤机、形状识别装置、CT 扫描仪、自动售货机等。

(4) 电液伺服类

电液伺服类产品的执行机构为液压驱动的机械装置，控制机构为接收电信号的液压伺服阀。主要代表装置有各类机床。

(5) 信息控制类

信息控制类主要产品的执行机构的动作完全由所接收的信息来控制。常用的产品有电报机、磁盘存储器、磁带录像机、录音机以及复印机、传真机等办公自动化设备。

1.3　机电一体化的现状与发展

机电一体化是机械技术与电子技术相结合的产物，目前还处在不断发展和完善的过程中。机电一体化是一个综合的概念，机电一体化产品具有较高的技术含量，其技术附加值随机电结合程度的加深而提高。在当代产品中，单纯机械技术带来的产品附加值在总的产品附加值中所占的比重越来越小，而微电子技术带来的附加值在总的产品附加值中所占的比重却越来越大。随着时代的发展和技术的进步，这种趋势还将增加。机械技术与微电子技术的结合，给传统的机械行业注入了新的活力，赋予了新的内涵。

1. 机电一体化的现状

机电一体化技术的发展大体上可分为 3 个阶段。

(1) 初级阶段

20 世纪 60 年代以前称为初期阶段。在这一阶段，人们利用电子技术的初步成果来完善机械产品的性能。特别是在第二次世界大战期间，战争刺激了机械产品与电子技术的结合，这些机电结合的军用技术，战后转为民用，对战后经济的恢复起了积极的作用。在这一阶段，由于电子技术的发展尚未达到一定水平，机械技术与电子技术的结合还不可能广泛和深入发展，已经开发的产品也无法大量推广。

(2) 蓬勃发展阶段

20 世纪 70～80 年代称为蓬勃发展阶段。这一时期，计算机技术、控制技术、通信技术的发展，为机电一体化的发展奠定了技术基础。此后由于大规模和超大规模集成电路技术及微型计算机和微电子技术的迅速发展，使得机电结合的形式更加灵活，内容更加丰富，应用更加广泛，从工业生产母机到医疗卫生设备、家电产品，引发了一场规模空前的技术革命。在这个时期，“机电一体化”一词首先在日本被普遍接受，大约到 20 世纪 80 年代末期在世界范围内得到比较广泛的认可。先进国家开始利用自动化装备，采用准时生产制（JTT）提高企业整体效率，实现全面质量管理（TQM），这是先进制造技术的前期。随后，出现了计算机集成制造（CIMS）等概念。

(3) 初步智能化阶段

20 世纪 90 年代后期，开始了机电一体化技术向智能化方向迈进的新阶段。机电一体化进入深入发展阶段，光学、微细加工技术、通信技术等进入机电一体化系统。同时，人工智能技术、神经网络技术及光纤技术等领域取得的巨大进步，也为机电一体化技术带来了广阔的发展前景。

2. 机电一体化的发展前景

目前，机电一体化技术思想已被普遍接受和采用，机电一体化技术体系正在不断地发展和完善。机电一体化正以空前的速度和力度冲击着传统的技术思想、生产方式和方法以及传统的机电产品和产业结构，国民经济的各个领域都将因此而发生深刻变革。机电一体化是科学技术发展的必然趋势，并将成为21世纪的主流技术之一。机电一体化是多学科的交叉综合，它的发展和进步依赖并促进相关技术的发展和进步。因此，机电一体化的主要发展方向如下。

（1）智能化

智能化是21世纪机电一体化发展的主要方向。如常见的机器人、数控机床、柔性制造系统就是机电产品“智能化”的一个体现；要想让机器完全具备人的智商是不可能的，但是可以在控制理论的基础上，吸收人工智能、运筹学、计算机科学、模糊数学、心理学、生理学和混沌动力学等新思想、新方法，模拟人类智能，使现代产品具有判断推理、逻辑思维、自主决策的能力，这是可能而必要的。

（2）集成模块化

在机电一体化产品的研制和开发中，要想得到具有标准机械接口、电气接口、动力接口、环境接口的机电一体化产品单元是一个十分复杂的过程。如果具有集成度较高的标准化模块单元，就可以迅速开发出新产品，同时也可以扩大生产规模，将给机电一体化企业带来美好的前景。

（3）信息网络化

目前，计算机技术最突出的就是网络技术成就。网络将全球经济、各国生产连成一片，使得企业间的竞争也逐渐全球化。网络的普及使得基于网络的各种远程控制和监视技术方兴未艾，而远程控制的终端设备就是机电一体化产品。例如，利用家庭网络（homenet）可将各种家用电器连接成以计算机为中心的计算机集成家电系统（CIAS），使人们在家里分享各种技术带来的便利与快乐。因此，机电一体化产品无疑朝着网络化方向发展。

（4）微型化

微型化兴起于20世纪80年代末，指的是机电一体化向微型化和微观领域发展的趋势。微机电一体化产品的加工采用精细加工技术，泛指几何尺寸不超过$1cm^3$的机电一体化产品。近年来随着科学技术的发展，微机电一体化产品的最小体积向微米至纳米范畴发展，使机电一体化产品具有轻、薄、小、巧的优点，在生物医疗、军事、信息传输等方面得到了广泛的应用。

（5）绿色环保化

工业的发达不仅给人们带来了物质的丰富和生活的舒适，同时也带来了资源减少、生态环境被污染等诸多不利的方面；为了人类的可持续发展，“环境保护”作为21世纪的主题词，使得绿色化成为了时代发展的必然趋势，绿色产品应运而生。绿色产品是指在该产品的设计、制造、使用和销毁等整个生命过程中，必须符合特定的环境保护和人类健康的要求，对生态环境无害或危害极少且资源利用率高的产品。机电一体化产品的绿色化主要是指使用时不污染生态环境，可回收、无公害，如绿色电冰箱等。

（6）人性化

机电一体化产品的最终使用对象是人，为了提高使用的舒适度，赋予机电一体化产品人的智慧、情感等显得愈加重要，使得机电一体化产品具有感知、认知功能，特别是对家用机器人，其高层境界就是人机一体化，因此未来的机电一体化产品的另一个发展方向就是更加注重产品的人机关系。

（7）节能化

地球上的资源是有限的，为了充分地体现低能耗，机电一体化产品正朝着低能耗、节能化的方向发展，常见的有太阳能冰箱、太阳能空调器等。

（8）复合集成化、系统化

复合集成化、系统化是机电产品的又一个发展方向。复合集成，既包含各种分技术的相互渗透、相互融合和各种产品不同结构的优化与复合，又包含在生产过程中同时处理加工、装配、检测、管理等多种工序。通过系统化，系统可以灵活组态，进行任意剪裁和组合，甚至实现多子系统协调控制和综合管理。

本章小结

随着科学技术的发展，机电一体化技术及机电一体化产品日新月异，遍布生活的每个角落。机电一体化系统一般由机械系统、检测系统、动力系统、驱动系统及控制系统五部分组成。其中检测系统作为机电一体化发展的关键部分，在机电一体化中起着至关重要的作用。机电一体化包含机电一体化技术和机电一体化系统两个方面的内容，它有着广泛的发展前景。

思考与练习

1-1 试举几个日常生活中的机电一体化产品。

1-2 简述机电一体化的定义（即产生过程）。

1-3 机电一体化的发展方向有哪些？

第2章　检测技术基础

2.1　检测技术的概念

检测作为人类认识自然界的主要手段，从信息论的角度讲，就是获得被测对象的有关信息的过程。人类时刻都在用自己的五官感受周围的声音、图像、气味等大量信息，这些信息的获取，不断丰富人的知识。

在生产过程、日常生活、科学研究和军事领域中，必须对一些量（如温度、压力、湿度等）进行实时检测。例如，在自动控制系统中，检测是其中的一个非常重要的环节。典型的闭环控制系统的控制器是根据给定值与被控变量（经测量变送）之间的差值，经一定的运算形成输出值去控制操纵变量。控制器输出值的变化使被控变量逐渐接近给定值，直到两者相等。可以看出，如果没有检测手段检测出被控量的变化，就不能组成一个自动控制系统；如果被控量的检测误差较大，那么这个控制系统就无法实现精确地控制。再如，在反导弹系统中，必须快速、准确地测出对方导弹的飞行速度、飞行高度、飞行方向等信息，才能准确地命中目标；在城镇污水处理厂对污水进行收集处理和排放的过程中，通常要准确地检测液位、流量、温度、浊度、泥位等各种参量，以保证污水处理系统安全、高效和低成本运行。

检测技术是一门研究如何获取被测对象信息的科学，涉及数学、机械学、电子学、信息学、物理学、化学、生物学、材料学和计算机科学等多种学科，这些学科中任意一门学科的进展都会不同程度地推进检测技术的发展。

通常所讲的检测是指使用专门的工具，通过实验和计算，进行比较，找出被测参数的量值或判定被测参数的有无。对于检测而言，结果可能是一个具体的量值也可以是一个“有”或“无”的信息。而完全以确定被测量对象量值为目的的检测称为“测量”。由于检测和测量有相同之处，所以在本书中会根据需要有时用“测量”。一般来说，检测就是用敏感元件将被测对象的信息转换成另一种方便显示或记录、处理的信息。

2.2　检测技术的一般方法

通常情况下，对被测对象的检测是以自然规律为基础，利用敏感元件特有的某种物理、化学和生物等效应，将被测量的变化转换为敏感元件某一物理（化学）量的变化。

1. 检测技术的一般方法

根据所采用的敏感元件的不同，参数检测一般有以下几种方法。

① 光学法　利用光的散射、透射、折射和反射定律，用光强度、相位或者波长等光学参数来表示被测量的大小，通过光电元件将接收到的光信号转变成为电信号。常见的应用光学法进行检测的仪器有辐射式温度计、红外式气体分析仪等。

② 力学法　利用敏感元件把被测量的变化转换成机械位移、变形等。例如，压力或力可通过弹性元件转换为弹性元件的位移；流体的流速可以通过节流件变换成节流件两端的压差。

③ 电学法　利用敏感元件把被测量的变化转换成电压、电阻、电容等电学量。例如，液位的变化可以用电容器的电容量的变化来进行检测；温度的变化可以用热敏电阻的阻值变化来进行检测；根据热电效应制成的热电偶也常用于温度检测，因为热电偶的输出电势与温度之间有很好的函数关系。

④ 声学法　利用超声波在介质中的传播以及在介质间界面处的反射等性质进行参数的检测。例如常见的超声波流量计、超声波测厚仪、超声波探伤仪等。

⑤ 磁学法　利用被测介质有关磁性参数的差异及被测介质或敏感元件在磁场中表现出的特性来实现有关参数的检测。例如，电磁流量计在进行流量检测时，当导电流体流经磁场时，由于切割磁力线使流体两端面产生感应电势，其大小与流体的流速成正比。常用的有霍尔流量计、霍尔液位计等。

⑥ 射线法　利用放射线（如 γ 射线）穿过被测介质时部分流量会被吸收，吸收程度与射线所穿过的被测介质层厚度、被测介质的密度等性质相关。利用这种方法可实现物位检测，也可用来检测混合物中某一组分的浓度。

2. 选择检测元件的考虑因素

从原理上讲同一被测参数的检测可以采用几种不同的方法来进行，用不同的敏感元件来实现，但在实际选择敏感元件时，必须要考虑被测对象的性质以及所处的环境等因素，根据不同敏感元件的特性来进行。通常，在选择检测元件时要考虑以下因素。

（1）检测元件的适用范围

为了保证敏感元件能正常准确地进行工作和信息的转换，在实际使用中必须保证它所处的环境温度、压力、外加电源电压（电流）等都不能超过规定的范围。例如，用压阻元件测量压力时一般要求被测介质的温度不超过 150℃。

（2）检测元件的测量范围

要保证敏感元件正常的信息转换，除了敏感元件要工作在其适用范围之内，还要求被测量不超过敏感元件规定的测量范围；否则，敏感元件的输出可能会出现误差，甚至会造成敏感元件的损坏。例如，对于弹性元件，当外力作用超过极限值后，弹性元件将产生永久性变形而失去弹性；如果继续增加外力，弹性元件将产生断裂或破损。

（3）检测元件的输出特性

在选择敏感元件时，通常都要求其输出与输入（即被测量）之间有明确的单调上升或下降的关系，最好是线性关系，而且都希望这种关系受其他参数（因素）的影响小，重复性好。

此外，在满足静态和动态特性的要求下，还要考虑敏感元件的价格、寿命、易复制性以及使用时的安全和易安装性等综合性因素。

2.3 信号及其描述

1. 信息、信号、干扰

检测技术的主要目的是获取被测对象的有效信息，在有效信息的获取过程中，不可避免会出现干扰。

信息在生活中无处不在，具有可以识别、可以存储、存在形式多种多样、可以传输等特点，信息是事物运动状态和运动方式的反映。

信号是指蕴含信息的某种具体物理形式，它是信息的载体。信号中除有用信息之外的部分称为干扰。检测工作的实质就是感受被测量并将其转换成适当的信号，通过适当的信号调理和各种分析处理手段，最大限度地从检测信号中排除各种干扰，最终获得关于被测对象的有用信息。

而信号中的有用信息和干扰是相对而言的。例如，网络、报纸、广播等都是传播信息的载体，每天向人们传递着大量各种各样的信息，而对于只关心体育新闻的人来说，只有体育新闻是有用的信息，其他内容属于干扰；而对只关心时事政治的人来说，体育新闻则变成了干扰。另外，同一信息可以用不同的载体来承载，也就是说，承载信息的信号的形式可以是多种多样的。在检测工作中，具体用哪一种信号来承载信息，往往取决于被测对象、检测条件、检测目的等多种因素。

2. 信号的分类

信号从不同的角度有不同的分类方法。根据信号的物理属性可分为机械信号、电信号、光信号等；根据信号的幅值是否随时间变化又可分为静态信号和动态信号；按自变量的变化范围可分为时限信号和频限信号；按信号是否满足绝对可积条件又可分为能量有限信号和功率有限信号；按信号中变量的取值特点可分为模拟信号和数字信号；根据信号随时间的变化规律又可分为确定性信号和非确定性信号，这里只讨论随时间而变化的信号。

(1) 确定性信号

确定性信号是指可以用确定的数学函数表示其随时间变化规律的信号，如正弦信号、方波信号、三角波信号、指数衰减信号等，如图 2-1 所示。由于此类信号可以用数学函数加以描述，因此确定性信号又称为函数，如正弦函数等。确定性信号根据其变化规律又可进一步分为周期信号和非周期信号。

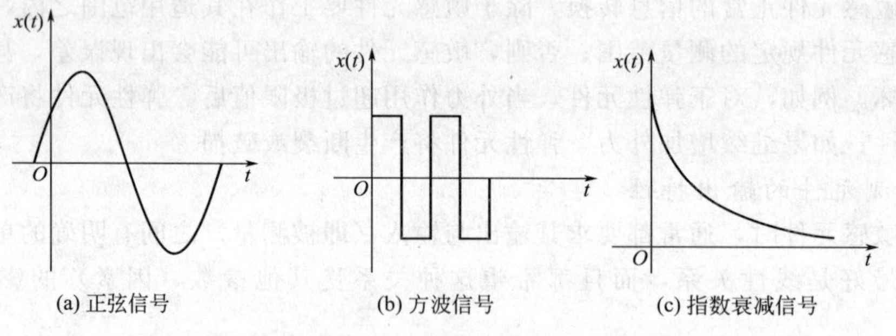

图 2-1 确定性信号

周期信号是指每隔固定的时间间隔 T 不断重复其波形的信号，满足下面的关系：

$$x(t \pm nT) = x(t) \tag{2-1}$$

时间间隔 T 称为周期信号 $x(t)$ 的周期，周期信号 $x(t)$ 的频率 $f_0 = 1/T$，信号 $x(t)$ 的圆频率或角频率 $w_0 = 2\pi f_0 = 2\pi/T$。

图 2-1(a) 所示为最基本的周期信号即正弦信号，也称为简谐信号，一般函数形式为

$$x(t) = A\sin(\omega_0 t + \varphi) \tag{2-2}$$

式中，A 为正弦信号的幅值；ω_0 为正弦信号的角频率；φ 为正弦信号的初相位。

周期方波、周期三角波等则是由无穷多个幅值、频率、初相位各不相同的正弦信号叠加而成的，被称为复杂周期信号。

非周期信号根据其变化规律可以分为瞬变信号和准周期信号两类。准周期信号是指由有限个频率比为无理数的正弦信号叠加而成的信号，例如信号 $x(t)=\sin 2t+\sin(\sqrt{3}t+45°)$。准周期信号以外的非周期信号均属于瞬变信号。

（2）非确定性信号

非确定性信号是指不能用确定数学函数表示其随时间变化规律的信号，这类信号随时间的变化具有随机性和一定的持续作用时间过程，也称为随机信号或随机过程。如检测工作现场的噪声、检测机床主轴的振动所得到的信号等。

非确定性信号描述着随机的过程，其特征可用信号的统计学参数（均值、方差等）表示。若随机过程的统计学参数不随时间发生变化，则称之为平稳随机过程，否则称之为非平稳随机过程。表 2-1 所示即为信号的分类情况。

表 2-1　信号的分类

<table>
<tr><td rowspan="7">信号</td><td rowspan="4">确定性信号</td><td rowspan="2">周期信号</td><td>正弦信号</td></tr>
<tr><td>非正弦周期信号</td></tr>
<tr><td rowspan="2">非周期信号</td><td>瞬变信号</td></tr>
<tr><td>准周期信号</td></tr>
<tr><td rowspan="3">非确定性信号</td><td rowspan="2">平稳随机过程</td><td>各态历经随机过程</td></tr>
<tr><td>非各态历经随机过程</td></tr>
<tr><td>非平稳随机过程</td><td>—</td></tr>
</table>

3. 信号的描述

任何信号都是由许多频率不同的正弦分量组成的，不同的信号中各正弦分量的幅值、相位、能量、功率是不相同的，它们也就决定了信号的基本特征。因此信号的描述可以分别从时域、幅值域及频域三个角度进行。时域描述反映了信号的特征随时间变化的过程；信号的幅值域描述反映了信号中各种与幅值有关的信息，如均值、方差、概率密度函数和概率分布函数等；信号的频域描述反映了获得信号的频率构成情况，是研究检测系统的动态特性、提取信号中有用信息的重要技术手段。

需要指出的是，时域描述、幅值域描述以及频域描述是从不同角度描述同一信号的特征的，这些描述之间可以通过不同的数学工具进行相互转换。

2.4　误差分析及数据处理

检测的目的总是希望通过测量得到被测参数的真实值（真值）。但由于测量方法不尽完善、检测装置缺陷、环境因素和人为因素的不良影响等因素的存在，造成被测参数的测量值与其真值之间并不一致，它们之间总会存在一定的差异。

1. 误差的基本概念

真值是指在一定条件下被测物理量客观存在的实际值。真值只是一个理论概念，指严格定义的一个被测参数的理论值。真值在实际测量中可以通过改善测量条件而无限逼近，但却永远也无法准确地测量出来，因此在实际测量过程中，为了使用方便，通常用约定真值来代替真值。约定真值指的是与真值的差可以忽略而可以代替真值的值。

在实际测量中，采用检测仪表对被测量进行测量的结果与被测量的约定真值之间的差别就称为误差。误差从不同的角度可以进行不同的分类。

（1）按误差的表示方法进行分类

① 绝对误差　就是测量结果减去被测量的约定真值所得的差值，可用下式表示：

$$\Delta x = x - x_0 \tag{2-3}$$

式中，Δx 为绝对误差；x 为测量结果，也称测量值或示值；x_0为被测量的约定真值。

测量仪器在定期送往计量部门进行检定（即校准）时，计量部门会根据上一级标准给出该仪器的修正值。测量仪器的修正值是指与绝对误差相等、符号相反的量，用 C 表示，则 $C=-\Delta x=x_0-x$。于是被测量的约定真值 $x_0=x+C$。

需要注意的是修正值必须在仪器检定的有效期内使用，否则要重新检定，以获得准确的修正值。

② 相对误差　就是绝对误差除以被测量的约定真值，并用百分数表示：

$$\delta\% = \frac{\Delta x}{x_0} \times 100\% \tag{2-4}$$

【例 2-1】 图 2-2 所示为测量某物体的高度 L。现已知标准量块的高度 $l=100\text{mm}$，测量工具是存在 $\Delta=0.01\text{mm}$ 绝对误差的标尺，测出微差 $a=1\text{mm}$。试比较测量 a 与 L 的相对误差。

解　测量 a 时的相对误差为

$$\frac{\Delta}{a} \times 100\% = \frac{0.01}{1} \times 100\% = 1\%$$

认为已知量 l 的精度很高，所以测量 L 的相对误差为

$$\frac{\Delta}{L} \times 100\% = \frac{\Delta}{l+a} \times 100\% = \frac{0.01}{100+1} \times 100\% \approx 0.01\%$$

显然，$\frac{\Delta}{L} \ll \frac{\Delta}{a}$，用较低精度的测量仪表，也能得到较高精度的测量结果，当然前提是已知量的精确度要足够高。

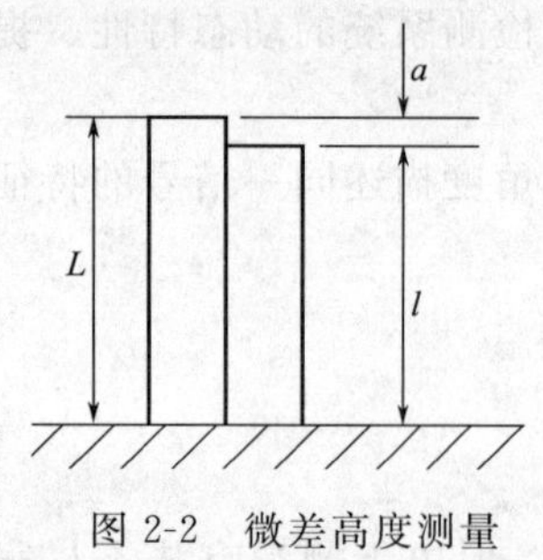

图 2-2　微差高度测量

③ 引用误差　不同的仪表，由于其制造精度的不同，在测量同一个被测量时，误差不尽相同。下面介绍如何来衡量不同仪表的测量误差。

相对误差比较全面地表征了测量的精度，但它与被测量数值的大小有关，仪表对应各输出值的相对误差并不是一个定值。因此，可选用仪表在其极限测量值时的相对误差这一定值，来对不同仪表的测量精度进行比较，这一定值就是引用误差，它等于绝对误差除以仪表的量程，并用百分数表示：

$$\gamma = \frac{\Delta x}{x_m} \times 100\% = \frac{\Delta x}{x_{max} - x_{min}} \times 100\% \tag{2-5}$$

式中，x_m为仪表的量程；x_{max}为仪表量程的上限值；x_{min}为仪表量程的下限值。

通常以测量过程中出现的最大引用误差来定义测量仪表的精度等级，即

$$s \leqslant \gamma_m = \frac{\Delta x_m}{x_m} \times 100\% \tag{2-6}$$

式中，s 为仪表的精度等级；γ_m 为最大引用误差；Δx_m 为仪表量程内出现的最大绝对误差。

【例 2-2】 已知某一被测电压约 10V，现有如下两块电压表：①150V，0.5 级；②15V，2.5 级。问选择哪一块表测量误差较小？

解　用①表时，其 $s=0.5$，即 $\gamma_m=0.5\%$，故测量中可能出现的最大绝对误差为

$$\Delta U_m = U_m \gamma_m = 150 \times 0.5\% = 0.75\ (\text{V})$$

用②表时，$\Delta U_m = U_m \gamma_m = 15 \times 2.5\% = 0.375\ (\text{V})$

根据两块表在测量中可能出现的最大绝对误差可以看出，显然，①表的精度等级高于②表，但它出现的最大绝对误差反而大于②表，所以在仪表的选用中除了要考虑仪表的精度等级之外还要考虑实际测量情况，并不是精度等级越高越适用。

(2) 按误差出现的规律进行分类

要对测量误差进行分析和处理，首先必须弄清楚误差是如何造成的。根据误差出现的原因即误差的性质，可将测量误差分为以下三类。

① 系统误差　在相同条件下，对同一被测量进行多次等精度测量时，由于测量仪表不准确、测试方法不完善或环境因素的影响等，造成各次测量值之间存在一定差异，但各次测量误差保持为常数或按一定规律变化。这种测量误差就称为系统误差。

② 粗大误差　在相同条件下，对同一被测量进行多次等精度测量时，有个别测量结果的误差远远大于规定条件下的预计值。这类误差一般是由于测量者粗心大意（如错读、错记、错算等）或测量仪表突然出现故障等造成的，故称之为粗大误差。

③ 随机误差　在相同条件下，对同一被测量进行多次等精度测量时，由于各种随机因素（如温度、湿度、电源电压等时刻不停地在其平均值附近波动）的影响，各次测量值之间存在一定差异，这种差异就是随机误差。

下面对以上三种不同性质的误差分别进行介绍。

2. 系统误差

在相同条件下对同一个量进行的多次等精度测量中，如果仅存在随机误差，通常情况下可用多次测量值的算术平均值 $\bar{x}$ 作为被测量真值的最佳估计。这时某次测量值的残差可表示如下：

$$v_i = x_i - \bar{x} \tag{2-7}$$

可见，如果仅存在随机误差，残差 v_i 就是该次测量的随机误差。因此有

$$\Delta x_i = x_i - x_0 = (x_i - \bar{x}) + (\bar{x} - x_0) = v_i + \varepsilon \tag{2-8}$$

式中，v_i 为某次测量的随机误差；ε 为在多次等精度测量中由于测量仪器不准确，测量方法不完善，或环境因素等影响出现的系统误差。

在多次等精度测量中，若系统误差 ε 的大小和符号保持不变，称之为恒定系统误差；若系统误差 ε 按某种确定的规律变化，就称之为可变系统误差，而这种确定的变化规律可能为线性、周期性或更为复杂的变化规律。

如何才能知道测量中存在系统误差，下面介绍两种简单和常用的判别方法。

(1) 残差观察法

由式(2-8) 可知，在相同条件下，如果对某一量进行的多次等精度测量中均没有系统误差，即 $\varepsilon=0$，则各次测量值的残差 v_i $(i=1, 2, 3, \cdots, n)$ 应符合随机误差的分布规律（如正态分布），否则就说明测量中存在系统误差。

在测量过程中，如果 v_i 的绝对值很小，如图 2-3 所示，出现的正数和出现的负数也大体相当，且无显著变化规律，则认为测量中不存在系统误差。

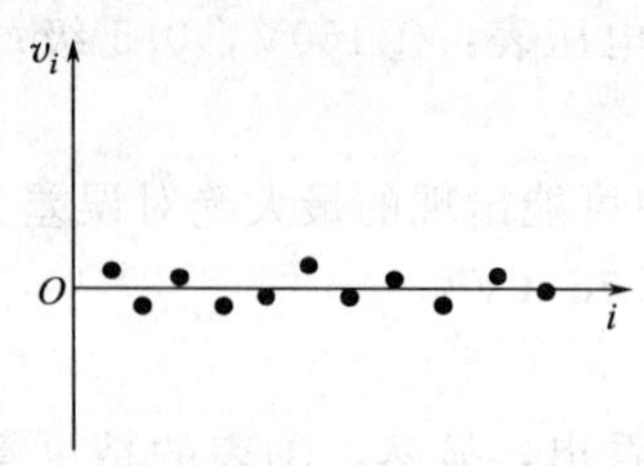

图 2-3 不存在系统误差

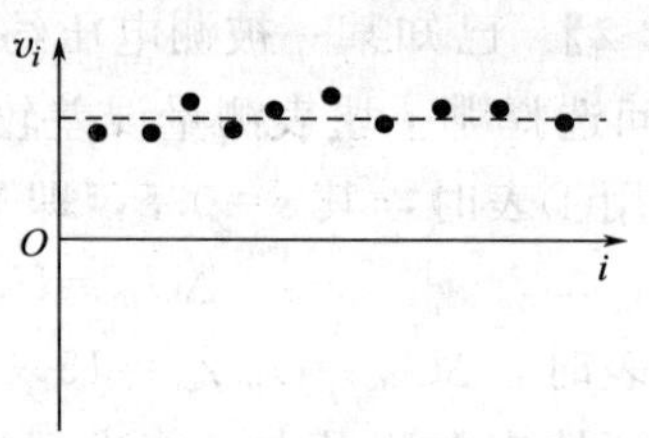

图 2-4 恒定系统误差

如果残差 v_i 的大小和符号基本保持不变，如图 2-4 所示，则说明测量过程中存在恒定系统误差。

如果残差 v_i 的大小有规律地向一个方向变化，符号由正变负或由负变正，如图 2-5 所示，则说明测量中存在线性系统误差。

如果 v_i 有规律地交替变化，如图 2-6 所示，说明测量中存在周期性系统误差。

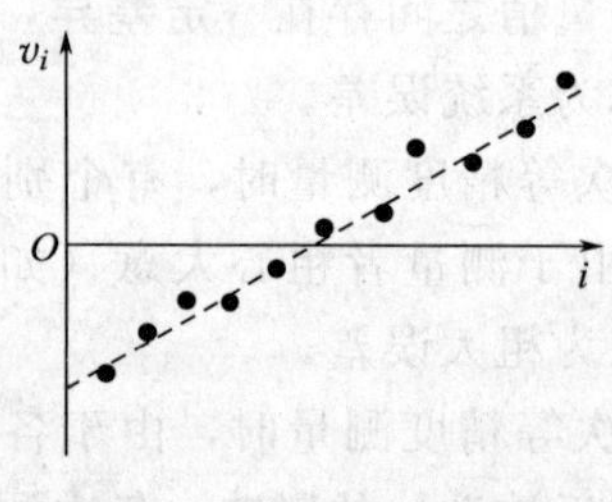

图 2-5 线性系统误差

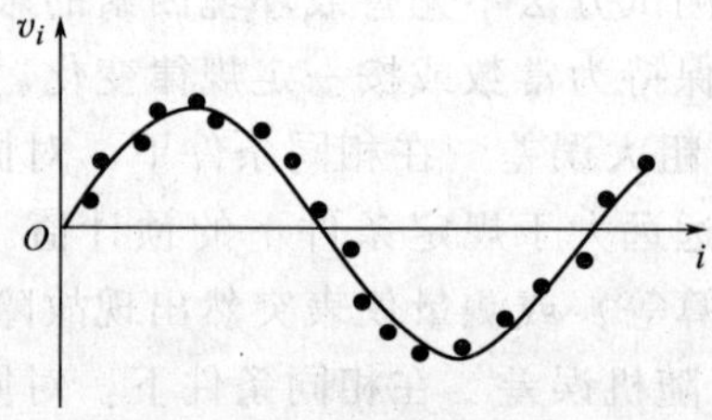

图 2-6 周期性系统误差

这种残差观察法简单、方便，但当残差变化规律较为复杂，或系统误差相对于随机误差不显著时，就需要借助一些判据进行判别。下面简单介绍两种常用的判据。

(2) 判据判别法

① 马利科夫判据 将一组等精度测量值顺序排列并分成两组，分别求出两组残差和 $\sum_{i=1}^{k} v_i$ 、$\sum_{i=k+1}^{n} v_i$ 。若 n 为偶数则 $k=\frac{n}{2}$；若 n 为奇数则 $k=\frac{n+1}{2}$。如果下式成立，则说明测量中存在线性系统误差。

$$M=\left|\sum_{i=1}^{k} v_i-\sum_{i=k+1}^{n} v_i\right|>|v_i|_{\max} \tag{2-9}$$

式中，$|v_i|_{\max}$ 为残差绝对值的最大值。

② 阿贝-赫梅特判据 将一组等精度测量值顺序排列，并求出

$$A=\left|\sum_{i=1}^{n-1}(v_i v_{i+1})\right|=|v_1 v_2+v_2 v_3+\cdots+v_{n-1} v_n| \tag{2-10}$$

如果满足下式，则说明测量中存在周期性系统误差。

$$A>\sqrt{n-1}\hat{\sigma}^2 \tag{2-11}$$

式中，n 为测量次数；$\hat{\sigma}$ 为标准偏差的最佳估计值，$\hat{\sigma}=\sqrt{\frac{\sum_{i=1}^{n} v_i^2}{n-1}}$。

如果在测量结果中含有系统误差，就要根据具体情况来进行分析，以便采取相应的校正或补偿措施来消除系统误差对测量结果的影响。

3. 随机误差

(1) 随机变量及其概率密度函数

在测量过程中，大量随机因素引起的随机误差是无法完全避免的，而随机误差的存在使得无法准确预测某一次测量的结果，而只能通过研究来估计某一次测量值落入某一区间的可能性（或者说概率）有多大。如果将测量值看做一个随机变量 X，则它落入某一区间（x_1，x_2）的概率可表示为

$$P\{x_1<X\leqslant x_2\}=P\{X\leqslant x_2\}-P\{X\leqslant x_1\} \tag{2-12}$$

如图 2-7 所示，区间（x_1,x_2］是任意的。如果对于 $P\{X\leqslant x\}(-\infty<x<+\infty)$ 存在非负的函数 $f(x)$，使对于任意的实数 x 有

$$P\{X\leqslant x\}=\int_{-\infty}^{x}f(t)\,\mathrm{d}t \tag{2-13}$$

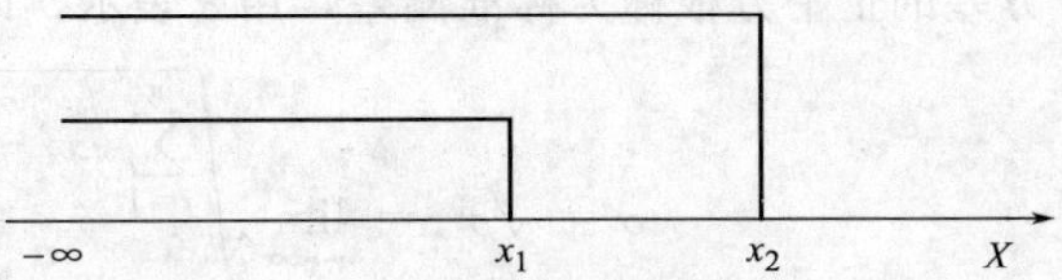

图 2-7　随机变量 X 的取值区间（x_1,x_2］

则 $f(x)$ 称为随机变量 X 的概率密度函数。

(2) 正态分布随机误差的性质

设正态分布的随机变量 X 的误差为 $\delta=X-\mu$，μ 为被测量的真值。实验表明，若测量过程中只存在随机误差，则 δ 的概率密度函数 $f(\delta)$ 呈正态分布，如图 2-8 所示。由图可知，正态分布的性质如下。

① 对称性　绝对值相等的正负误差出现的概率相同。

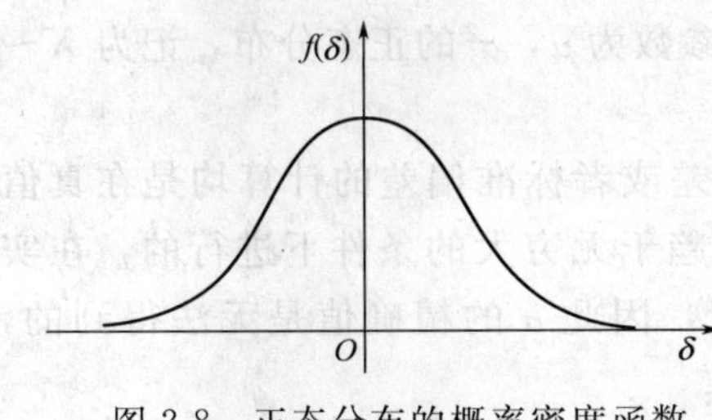

图 2-8　正态分布的概率密度函数

② 单峰性　绝对值小的误差出现的概率大，零误差出现的概率最大，而绝对值大的误差出现的概率小。

③ 有界性　绝对值很大的误差出现的概率几乎为零。

④ 抵偿性　在同一条件下，测量次数趋于无穷多时，全部误差的代数和趋于零。

(3) 正态分布随机变量的数字特征

概率密度函数对随机变量的统计规律性进行了全面的描述，而通过一些简单的数据可以反映随机变量的某些数字特征。

① 算术平均值　由上述正态分布的抵偿性可知：

$$\lim_{n\to\infty}\frac{\sum_{i=1}^{n}\delta_i}{n}=\lim_{n\to\infty}\frac{\sum_{i=1}^{n}(x_i-\mu)}{n}=\lim_{n\to\infty}\frac{\sum_{i=1}^{n}x_i-n\mu}{n}=\lim_{n\to\infty}\frac{\sum_{i=1}^{n}x_i}{n}-\mu=0$$

因此有

$$\mu=\lim_{n\to\infty}\frac{\sum_{i=1}^{n}x_i}{n}=\lim_{n\to\infty}\bar{x} \tag{2-14}$$

式中，$\bar{x}$ 为被测量值的算术平均值。

由上式可知，当等精度测量次数无穷大时，被测量的真值就等于测量值的算术平均值，即算术平均值可以代替真值，成为被测量真值的最佳估计值。

② 方差和标准偏差　由上面分析可知，被测量的真值可以通过算术平均值来进行估计，而对于测量值偏离真值的程度通常采用方差或由标准偏差来衡量。

方差是指当等精度测量次数无穷大时，测量值与真值之差的平方和的算术平均值，用σ^2表示，即

$$\sigma^2=\lim_{n\to\infty}\frac{\sum_{i=1}^{n}(x_i-\mu)^2}{n}=\lim_{n\to\infty}\frac{\sum_{i=1}^{n}\delta^2}{n} \tag{2-15}$$

方差的正平方根称为标准偏差，用σ表示，即

$$\sigma=\sqrt{\sigma^2}=\lim_{n\to\infty}\sqrt{\frac{\sum_{i=1}^{n}(x_i-\mu)^2}{n}}=\lim_{n\to\infty}\sqrt{\frac{\sum_{i=1}^{n}\delta_i^2}{n}} \tag{2-16}$$

若随机误差δ符合正态分布，则其概率密度函数的数学表达式为

$$y=f(\delta)=\frac{1}{\sqrt{2\pi}\sigma}e^{-\frac{\delta^2}{2\sigma^2}} \tag{2-17}$$

由上式可知，概率密度函数曲线的形状取决于σ。首先，σ是曲线上拐点的横坐标值。其次，σ值越小，则分布曲线越陡，随机误差的分散程度越小；σ值越大，则分布曲线越平坦，随机误差越分散。如图 2-9 所示。

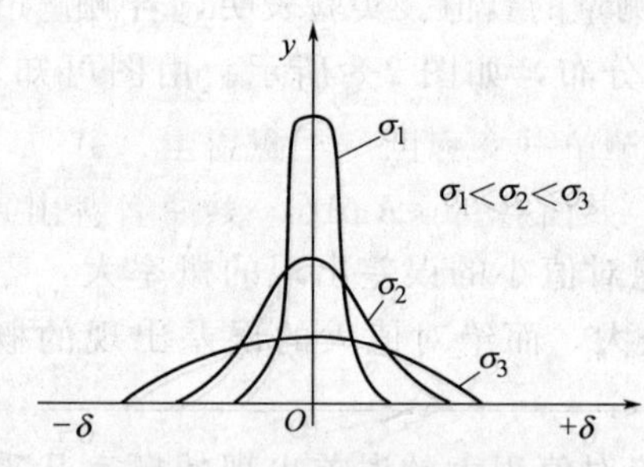

图 2-9　标准偏差σ的意义

如果随机变量X的概率密度函数形式为式(2-17)，则称X服从参数为μ，σ^2的正态分布，记为$X\sim N(\mu, \sigma^2)$。

而上述关于方差或者标准偏差的计算均是在真值已知且测量次数n趋于无穷大的条件下进行的，在实际测量中无法进行，因此σ的精确值是无法得到的，只能求得其最佳估计值$\hat{\sigma}$。$\hat{\sigma}$可由如下的贝塞尔公式计算：

$$\hat{\sigma}=\sqrt{\frac{\sum_{i=1}^{n}(x_i-\bar{x})^2}{n-1}}=\sqrt{\frac{\sum_{i=1}^{n}v_i^2}{n-1}} \tag{2-18}$$

(4) 置信区间与置信概率

前面已介绍过，被测量的测量值是一个随机变量X，显然，误差$\delta=X-\mu$也随机的，即误差δ满足式(2-17)，符合正态分布，则可知δ落入某一区间$(a,b]$的概率为

$$P\{a<\delta\leqslant b\}=\int_{-\infty}^{b}f(\delta)d\delta-\int_{-\infty}^{a}f(\delta)d\delta=\int_{a}^{b}f(\delta)d\delta=\int_{a}^{b}\frac{1}{\sqrt{2\pi}\sigma}e^{-\frac{\delta^2}{2\sigma^2}}d\delta \tag{2-19}$$

随机误差δ的取值范围$(a,b]$称为置信区间，而δ在置信区间内取值的概率$P\{a<\delta\leqslant b\}$则称为置信概率。由正态分布曲线特性可知，概率密度函数$f(\delta)$曲线具有对称性，并且其形状取决于σ，故置信区间一般以σ的倍数$\pm k_p\sigma$表示，其中k_p称为置信系数。

设$\delta/\sigma=Z$，则置信概率可表示为

$$P\{-k_p\sigma<\delta\leqslant k_p\sigma\}=\int_{-k_p}^{k_p}\frac{1}{\sqrt{2\pi}\sigma}e^{-\frac{Z^2}{2}}\sigma dZ=\frac{2}{\sqrt{2\pi}}\int_{0}^{k_p}e^{-\frac{Z^2}{2}}dZ \tag{2-20}$$

上式中的函数称为概率积分函数，也称拉普拉斯函数，并将其表示为

$$\Phi(Z=k_{\rm p})=\frac{2}{\sqrt{2\pi}}\int_0^{k_{\rm p}}{\rm e}^{-\frac{Z^2}{2}}{\rm d}Z \tag{2-21}$$

表 2-2 列出了置信系数 k_p取不同值时 $\Phi(Z)$ 的数值。

例如 $P\{-\sigma<\delta\leqslant\sigma\}=\Phi(1.5)=0.86639$，说明随机误差落入区间 $(-\sigma,\sigma]$ 的概率为 86.639％。

表 2-2 正态分布下概率积分函数数值

Z	Φ(Z)	Z	Φ(Z)	Z	Φ(Z)	Z	Φ(Z)
0	0.00000	0.9	0.63188	1.9	0.94257	2.7	0.99307
0.1	0.07966	1.0	0.68269	1.96	0.95000	2.8	0.99489
0.2	0.15852	1.1	0.72867	2.0	0.95450	2.9	0.99627
0.3	0.23585	1.2	0.76986	2.1	0.96427	3.0	0.99730
0.4	0.31084	1.3	0.80640	2.2	0.97219	3.5	0.999535
0.5	0.38293	1.4	0.83849	2.3	0.97855	4.0	0.999937
0.6	0.45149	1.5	0.86639	2.4	0.98361	4.5	0.999993
0.6745	0.50000	1.6	0.89040	2.5	0.98758	5.0	0.999999
0.7	0.51607	1.7	0.91087	2.58	0.99012	∞	1.000000
0.8	0.57629	1.8	0.92814	2.6	0.99068		

4. 粗大误差

由表 2-2 可知，当置信系数 k_p 取 3，即置信区间设定为 $(-3\sigma,3\sigma]$ 时，相应的置信概率为

$$P\{-3\sigma<\delta\leqslant3\sigma\}=\Phi(3)=0.99730$$

测量误差在 $(-3\sigma,3\sigma]$ 范围内的概率达 99.73％，而超出 $(-3\sigma,3\sigma]$ 范围的概率仅为 0.27％，说明一般情况下测量误差的绝对值大于 3σ 的可能性极小。因此，如果某次测量值出现了这一小概率情况，就认为该次测量值存在粗大误差，应予以剔除来消除该测量值对测量结果的影响。

实际计算过程中常采用拉依达准则进行粗大误差的判别，即当测量次数足够多时，如果满足下式：

$$|v_i|=|x_i-\bar{x}|>3\,\hat{\sigma} \tag{2-22}$$

则说明第 i 次测量值 x_i就存在粗大误差，应当予以剔除。

5. 仅包含随机误差的测量结果的表达

在相同条件下对同一个量进行多次等精度测量时，如果排除了系统误差和粗大误差，虽然可以采用算术平均值来对被测量真值进行最佳估计，但在测量结果中仍存在随机误差。数理统计学的研究表明，这种误差也符合随机误差的性质，并有如下定理：若随机变量 $X\sim N(\mu,\sigma^2)$，则 $\overline{X}\sim N\left(\mu,\frac{\sigma^2}{n}\right)$。

显然，$\overline{X}$ 的标准偏差为

$$\sigma_{\bar{x}}=\frac{\sigma}{\sqrt{n}} \tag{2-23}$$

在实际中采用 $\sigma_{\bar{x}}$ 的最佳估计值$\hat{\sigma}_{\bar{x}}$，有

$$\hat{\sigma}_{\bar{x}}=\frac{\hat{\sigma}}{\sqrt{n}} \tag{2-24}$$

其中$\hat{\sigma}$可由式(2-18) 求出。

设测量值的算术平均值 $\bar{x}$ 相对被测量真值的误差为 $\delta_{\bar{x}}=\bar{x}-\mu$，则因为

$$P\{-\hat{\sigma}_{\bar{x}}<\delta_{\bar{x}}\leqslant\hat{\sigma}_{\bar{x}}\}=P\{\bar{x}-\hat{\sigma}_{\bar{x}}\leqslant\mu<\bar{x}+\hat{\sigma}_{\bar{x}}\}=0.68269$$

即 μ 落入置信区间 $[\bar{x}-\hat{\sigma}_{\bar{x}}, \bar{x}+\hat{\sigma}_{\bar{x}})$内的置信概率可达 68.269%，因此一般被测量 x 的测量结果可表示为

$$x=\bar{x}\pm\hat{\sigma}_{\bar{x}} \tag{2-25}$$

6. 测量数据的误差分析

(1) 直接测量数据的误差分析

在相同条件下，对某一个量进行多次等精度直接测量时，为了求出被测量真值的最佳估计值及其误差范围，一般需要通过以下步骤完成。

① 首先检查测量数据中有无粗大误差，若有则剔除该测量值，然后重复上述步骤，直至剩余的数据中不再有粗大误差。

② 在剔除了粗大误差后，要检查剩余的测量数据中是否有系统误差，若有则采取相应的校正或补偿措施，以消除该值对测量结果的影响。

③ 经过上述处理后的测量数据中只存在随机误差，因此，可用这些测量数据的算术平均值$\bar{x}$作为被测量真值的最佳估计值，并根据式(2-24) 求出$\bar{x}$的标准偏差的最佳估计值$\hat{\sigma}_{\bar{x}}$，同时可根据式(2-25) 来进行测量结果的表示。

(2) 间接测量数据的误差分析

间接测量是指通过与被测量有确定函数关系的其他量进行测量，从而得到被测量数值的方法。要求出被测量的最佳估计值及其标准偏差，一般步骤如下。

① 将与被测量 y 有函数关系 $y=f(x_1,x_2,\cdots,x_n)$的每个量 $x_1,x_2,\cdots,x_n$都分别在相同条件下进行相同次数的等精度测量，从而使得每个量 $x_1,x_2,\cdots,x_n$都分别得到一组测量数据。再采用上述对直接测量数据的误差分析方法，分别求出每个量的最佳估计值及其标准偏差：

$$x_i=\bar{x}_i\pm\hat{\sigma}_{\bar{x}_i} \tag{2-26}$$

其中 $i=1,2,\cdots,n$。

② 确定了每个量的最佳估计值及其标准偏差后，即可求出被测量 y 的最佳估计值及其标准偏差如下：

$$y=\bar{y}\pm\hat{\sigma}_{\bar{y}} \tag{2-27}$$

$$\bar{y}=f(\bar{x}_1,\bar{x}_2,\cdots,\bar{x}_n) \tag{2-28}$$

$$\hat{\sigma}_{\bar{y}}=\sqrt{\sum_{i=1}^{n}\left[\left(\frac{\partial f}{\partial x_i}\right)\bigg|_{x_i=\bar{x}_i}\hat{\sigma}_{\bar{x}_i}^2\right]} \tag{2-29}$$

2.5 检测装置的基本特性

检测装置用来对被测对象的物理特征进行转换，或对转换后的信号进行加工处理，从而实现信息的传输。因此，检测装置的特性对真实信息能否不失真地进行传输有决定性的作

用。检测装置的特性是指其输出量与输入量之间的关系，通常可分为静态特性和动态特性两种。静态特性指的是检测装置对于不随时间变化的输入量或随时间变化极为缓慢的输入量所呈现出来的传输特性，而动态特性则是指检测装置对随时间变化较快的输入量所呈现出来的传输特性。检测装置的输入也称为激励，检测装置的输出也称为响应。

2.5.1 检测装置的静态特性

理想情况下，检测装置的输出量 y 与输入量 x 之间为理想的线性比例关系，但实际的检测装置的静态特性大多是非线性的，可一般性地用下面的多项式表示：

$$y=a_0+a_1x+a_2x^2+\cdots+a_nx^n \tag{2-30}$$

式中，a_0，a_1，a_2，…，a_n 均为系数。

常用检测装置的静态特性指标包括：灵敏度、精确度、测量范围与量程和线性度误差等。

1. 灵敏度

检测装置的灵敏度 K 是指检测装置达到稳定工作状态时，单位输入变化量所引起的输出变化量，即

$$K=\frac{\Delta y}{\Delta x} \tag{2-31}$$

由上式可见，灵敏度反映了检测装置对被测参数变化的灵敏程度。通常情况下，希望其值越大越好。

显然，对于线性检测元件，其灵敏度就是其静态特性曲线的斜率；而对于非线性检测元件，灵敏度则是其静态特性曲线某点处切线的斜率，通常情况下，它随输入量的不同而不同。

2. 线性度

线性度也称为非线性度、非线性误差，它反映了检测装置的输入输出特性为线性的近似程度，用来表征实际特性曲线接近拟合曲线（理想直线）的程度。线性度是衡量检测装置的精度指标之一，希望其越小越好。线性度定义为实际特性曲线和拟合直线的最大偏距与装置的满量程（F. S.）输出之比的百分数，如图 2-10 所示，即

$$\gamma_1=\frac{|(\Delta y_1)_{\max}|}{\text{F. S.}}\times 100\%=\frac{|(\Delta y_1)_{\max}|}{y_{\max}-y_{\min}}\times 100\% \tag{2-32}$$

图 2-10 中 a_0 称为零位输出，即被测量为零时检测装置的显示值。

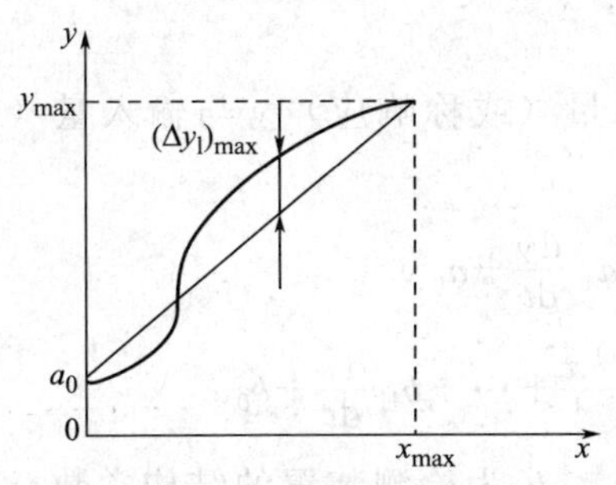

图 2-10 检测装置的线性度误差

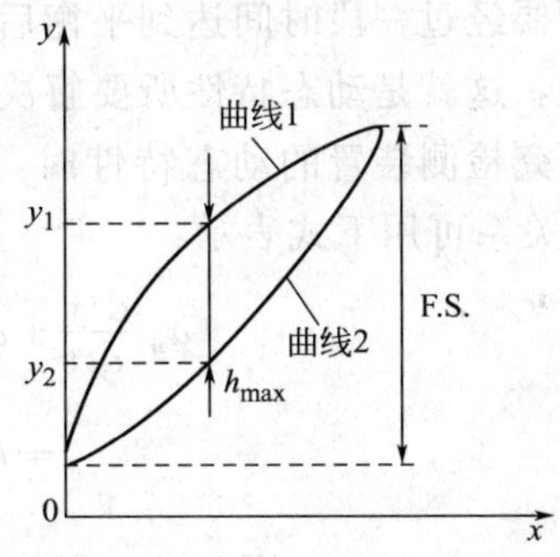

图 2-11 回程误差

3. 测量范围与量程

检测装置的测量范围是指按检测装置标定的精确度可进行检测的被测量的变化范围，而测量范围的上限值 y_{max} 与下限值 y_{min} 之差就是检测装置的量程 y_m，即

$$y_m = y_{max} - y_{min} \tag{2-33}$$

例如，电压表的测量范围为 0～150V，则其量程为

$$y_m = 150 - 0 = 150\ (\text{V})$$

在实际测量中，若被测量超出测量范围，有的检测装置就会损坏，而有的检测装置允许一定程度的过载，但过载部分不作为测量范围。

4. 回程误差

同样的测试条件下，在全量程范围内输入量从小到大变化时的输出量与输入量从大到小时的输出量之间的最大差值 $h_{max} = |y_1 - y_2|$ 与满量程输出 F. S. 之比的百分数称为回程误差，也称为迟滞、滞后或变差，回程误差示意图如图 2-11 所示。

回程误差主要是由装置内部磁性材料的磁滞现象、材料的受力变形等现象以及死区所引起的，实际测量中，希望检测装置的回程误差越小越好。

5. 死区

在实际测量中，由于电路的偏置或机械传动中的摩擦等原因，使得检测装置的输入量的变化未能引起输出量可察觉的变化的有限区间称为死区。在死区范围内，检测装置的灵敏度为零。死区的存在，可能导致被测参数的有限变化不易被检测到，通常情况下，希望检测装置的死区范围越小越好。

除此之外，检测装置还有其他一些静态特性性能指标，如阈值、分辨率、重复性、漂移等。为了使检测装置的检测更为精确，希望所采用的检测装置有合适的测量范围和量程，足够高的精确度、灵敏度、分辨率和重复性，尽量小的线性度误差、回程误差、死区等。

2.5.2 检测装置的动态特性

由于检测装置可能会含有一些惯性元件及储能元件（运动部件的质量、弹簧、电容、电感等），因此当输入信号随时间变化时，检测装置的输出无法瞬时完全响应输入量的变化，导致输出信号的波形与输入信号有一定的差异。特别地，当输入信号变化的频率不同时，检测装置一般也会产生不同的输出。因此，有必要研究检测装置对不同频率变化的输入量所呈现出来的特性（即动态特性），以便能正确地设计、选用具有合理动态特性的检测装置，在允许的限度内实现不失真检测。例如将温度计插入待测液槽时，不能立即准确显示液体的温度值，而要经过一段时间达到平衡后才行。在整个过程中，输出量与输入量之间的关系到底是怎样的，这就是动态特性所要解决的问题。

在研究检测装置的动态特性时，检测装置的输出量（或称响应）y 与输入量（或称激励）x 的关系可用下式表示：

$$\begin{aligned} & a_n \frac{\mathrm{d}^n y}{\mathrm{d}t^n} + a_{n-1} \frac{\mathrm{d}^{n-1} y}{\mathrm{d}t^{n-1}} + \cdots + a_1 \frac{\mathrm{d}y}{\mathrm{d}t} + a_0 y \\ & = b_m \frac{\mathrm{d}^m x}{\mathrm{d}t^m} + b_{m-1} \frac{\mathrm{d}^{m-1} x}{\mathrm{d}t^{m-1}} + \cdots + b_1 \frac{\mathrm{d}x}{\mathrm{d}t} + b_0 x \end{aligned} \tag{2-34}$$

式中，a_n，a_{n-1}，…，a_1，a_0，b_m，b_{m-1}，…，b_1，b_0 为检测装置的结构常数，由检测装置的物理参数决定。

输入量变化越快，输出量越不易跟随，所以一般以阶跃信号（图 2-12）作为激励，来进行动态特性的研究，此时的输出称为阶跃响应。从数学模型的角度也可将检测系统分为零阶、一阶、二阶、三阶等系统，下面就常见的前两种检测系统进行介绍。

1. 零阶系统

例如常用的线性电位器就属于零阶系统检测装置。作为式(2-34)的特例，其数学模型的一般形式为

$$a_0 y = b_0 x \tag{2-35}$$

即

$$y = \frac{b_0}{a_0} x = Kx \tag{2-36}$$

式中，K 为传感器的静态灵敏度，$K = \frac{b_0}{a_0}$。

对于零阶系统，其输出以常数 K 倍跟随输入，其单位阶跃响应如图 2-13 所示，显然，零阶检测系统对任何输入理论上均无时间滞后。

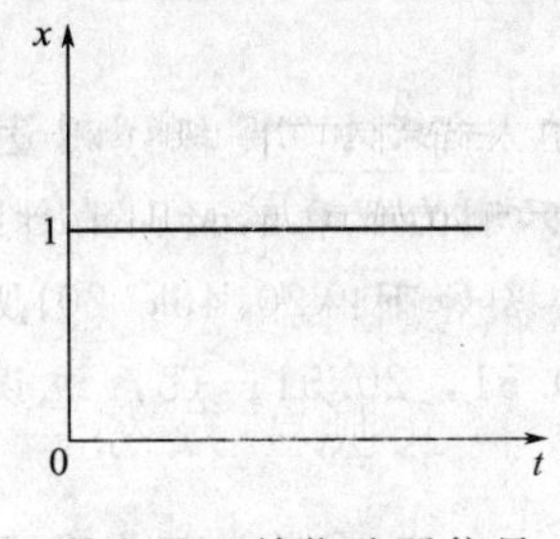

图 2-12　单位阶跃信号

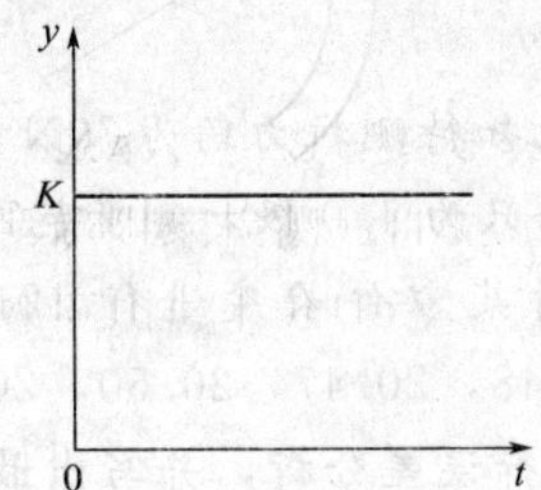

图 2-13　零阶检测系统的单位阶跃响应

2. 一阶系统

作为式(2-34) 的特例，一阶系统的数学模型的一般形式为

$$a_1 \frac{\mathrm{d}y}{\mathrm{d}t} + a_0 y = b_0 x \tag{2-37}$$

假设 $t=0$ 时 $y=0$，则通过方程式(2-37)，即可得到当输入 x 从 0 跃变为 1 时，输出响应为

$$y = K(1 - \mathrm{e}^{-\frac{t}{T}}) \tag{2-38}$$

式中，K 为一阶检测系统的静态灵敏度，$K = \frac{b_0}{a_0}$；T 为检测系统的时间常数，$T = \frac{a_1}{a_0}$。

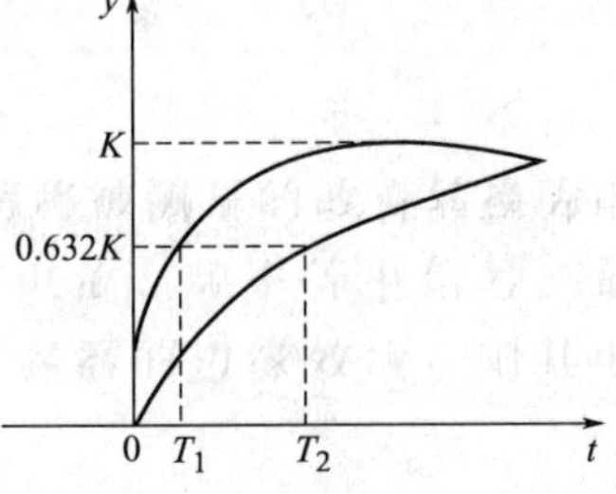

图 2-14　一阶检测系统的单位阶跃响应

当输入为阶跃信号时，其单位阶跃响应如图 2-14 所示。显然，只有当 $t \to \infty$ 时，y 才能达到其稳态值 K。因此一般取输出达到其稳态值的 63.2%（即 0.632K 时）所用的时间 T 来衡量一个检测装置动态响应的速度。T 称为检测系统的时间常数，是一阶检测装置的主要动态性能指标，T 值越大，则动态响应越慢，测量中所存在的动态误差越大，一般希望它越小越好。

本章小结

检测作为获取信息的手段，常用的方法有光学法、力学法、热学法、电学法等各种方

法。采用检测装置进行信号测量时，不可避免会出现误差，误差按照表示方法进行分类有绝对误差、相对误差和引用误差；按照所形成的性质进行分类有随机误差、系统误差和粗大误差。检测装置在进行工作时，必须考虑其静态特性和动态特性。当输入量恒定或缓慢变化时，常使用的静态特性指标有灵敏度、线性度、测量范围与量程、回程误差等；当输入信号随时间变化较快时常通过阶跃响应来进行动态特性的研究。

思考与练习

2-1 检测和测量的区别是什么？

2-2 检测技术的一般方法有哪些？

2-3 什么是信息、信号、干扰？它们之间的关系如何？

2-4 检测装置的静态特性指标有哪些？

2-5 某采购员分别在三家商店购买100kg大米、10kg苹果、1kg巧克力，发现均缺少约0.5kg，但该采购员对卖巧克力的商店意见最大，在这个例子中，产生此心理作用的主要因素是什么？

2-6 已知待测拉力约为70N左右。现有两只测力仪表，一只为0.5级，测量范围为0～500N；另一只为1.0级，测量范围为0～100N。问选用哪只测力仪表较好？为什么？

2-7 对某零件长度进行12次等精度测量，测量数据如下：20.46，20.52，20.50，20.52，20.48，20.47，20.50，20.49，20.47，20.49，20.51，20.51。设系统误差已基本消除，试进行误差分析，并写出最后的测量结果。

第 3 章　检测技术与检测元件

3.1　机械式检测元件

机械式检测元件可用于压力、力、加速度、温度等参数的测量，将被测量转化为机械信号如位移、振动频率、转角等，由于其结构简单、使用安全可靠、抗干扰性强，在检测技术领域有着非常广泛的应用。最常用的机械式检测元件包括弹性式检测元件和振动式检测元件。

3.1.1　弹性式检测元件

弹性式检测元件就是基于弹性变形原理的一种敏感元件。弹性变形是指在外力作用下，物体的形状和尺寸会发生变化，若去掉外力，物体能恢复原来的形状和尺寸。弹性元件通常将被测量（如力、力矩、压力、温度等）的变化转换成变形或应变输出，还可经转换元件将被测量变为电信号。

1. 弹性元件的基本性能

（1）弹性特性

弹性特性是指弹性元件的输入量与输出量之间的关系。弹性特性主要有刚度和灵敏度。

① 刚度　弹性元件产生单位变形所需要的外加作用力，即

$$k=\frac{dF}{dx} \tag{3-1}$$

式中，k 为弹性元件的刚度；x 为弹性元件的变形；F 为作用在弹性元件上的外力。

② 灵敏度　刚度的倒数，定义为单位作用力所引起的形变，即

$$S=\frac{dx}{dF} \tag{3-2}$$

（2）弹性元件的滞弹性效应

弹性元件指材料在弹性变形的同时可能伴有微塑性变形，从而产生的非线性现象称为滞弹性效应，其表现形式很多，主要有弹性滞后、弹性后效（蠕变）、应力松弛等。

① 弹性滞后　如图 3-1 所示，弹性元件在加载和卸载的正反行程中应力 σ 和应变 ε 曲线不重合的现象称为弹性滞后。由图可以看出，弹性滞后随应力 σ 的不同而不同。通常采用最大相对滞后百分数表示弹性材料的弹性滞后，即

$$\gamma=\frac{\Delta\varepsilon_{max}}{\varepsilon_{max}}\times 100\% \tag{3-3}$$

式中，$\Delta\varepsilon_{max}$ 为最大的应变滞后，ε_{max} 为最大载荷下的总应变。

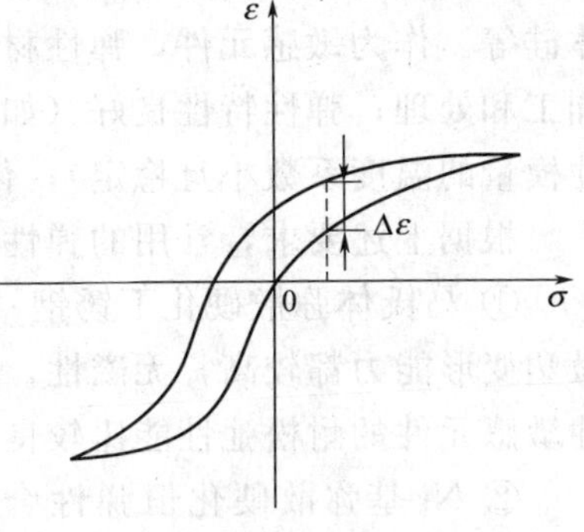

图 3-1　弹性滞后示意

② 弹性后效　弹性元件在其弹性变形范围内，若应力 σ 保持不变，应变 ε 将随时间的延续缓慢增加直至达到平衡应变值。这种现象就是弹性后效，有时也称为蠕变。弹性后效的衰减常常需要延续很长时间，一般采用应力保持 15min 作参考值。若弹性材料的弹性后效值用 $N_{(15)}$

来表示，则有

$$N_{(15)}=\frac{\Delta\varepsilon_{(15)}}{\varepsilon_0}=\frac{E}{\sigma}\Delta\varepsilon_{(15)}=\frac{E}{\sigma}(\varepsilon_{(15)}-\varepsilon_0) \tag{3-4}$$

式中，E 为材料的弹性模量；σ 为材料的正应力；$\varepsilon_{(15)}$ 为施加应力保持 15min 后对应的应变值；ε_0 为施加应力恒定时刻的应变值。

③ 应力松弛　弹性材料在高温下工作时，在应力的作用下将产生应变。当其总的应变量在恒定情况下，应力随时间的延续而逐渐降低的现象称为应力松弛。一般希望弹性元件的抗松弛能力越强越好。若应力松弛率用 r_σ 来表示，σ_0 为初始应力；σ_t 为经过 t 时间后的应力，则有

$$\gamma_\sigma=\frac{\sigma_0-\sigma_t}{\sigma_0}\times 100\% \tag{3-5}$$

(3) 弹性元件的热弹性效应

当温度变化时，材料的弹性模量温度系数、频率温度系数和线胀系数等都会发生变化，这种效应称为热弹性效应。

① 弹性模量的温度系数　弹性材料的弹性模量随温度会发生改变，通常采用温度系数 β_E 来表示弹性模量随温度变化的情况。

$$\beta_E=\frac{E-E_0}{E_0(t-t_0)}=\frac{\Delta E}{E_0\Delta t} \tag{3-6}$$

式中，E_0 为温度为 t_0 时材料的弹性模量；E 为温度为 t 时材料的弹性模量。

② 频率温度系数　温度的变化还将引起弹性材料的谐振频率发生变化。谐振频率随温度的变化通常采用频率温度系数 β_f 来进行表示：

$$\beta_f=\frac{f-f_0}{f(t-t_0)}=\frac{\Delta f}{f_0\Delta t} \tag{3-7}$$

式中，f 为温度为 t 时弹性元件的谐振频率；f_0 为温度为 t_0 时弹性元件的谐振频率。

③ 线胀系数　温度的变化引起的材料的热膨胀现象通常用线胀系数 β_1 进行表示，β_1 的物理意义表示温度每升高 1℃时，单位长度的相对变化量。

$$\beta_1=\frac{l-l_0}{l_0(t-t_0)}=\frac{\Delta l}{l_0\Delta t} \tag{3-8}$$

式中，l_0 为温度为 t_0 时材料的长度；l 为温度为 t 时材料的长度。

2. 弹性元件的材料及种类

(1) 弹性元件的材料

弹性元件大多由金属及其合金材料制成，但也有非金属弹性元件，如石英、陶瓷及半导体硅等。作为敏感元件，弹性材料应当具有良好的力学性能及机械加工热处理性能，以便于加工和处理；弹性特性良好（如输入-输出关系稳定，滞弹性效应小）；温度特性良好（如弹性模量的温度系数小且稳定）；化学性能良好，有较强的抗氧化性和耐蚀性。

根据上述要求，常用的弹性材料有以下几种。

① 马氏体弥散硬化不锈钢　常见的有 17-4PH 和 15-5PH，这类钢的弹性和耐久性及抗微塑变形能力都较高，无磁性，且焊接性能好，对很多种介质有较强的耐蚀能力，制成的弹性敏感元件的耐松弛性能比较良好。

② Ni 基弥散硬化恒弹性合金　常用的有 3J53（Ni42CrTiAl）和 3J58（Ni44CrTiAl）等。这类合金弹性高、滞弹性和漂移小，在制造弹性敏感元件和谐振敏感元件时是首选的弹

性材料。但其耐蚀性差，如在潮湿空气中会产生锈斑，焊接性能也远不如17-4PH，且具有弱磁性。

③ Nb恒弹性合金　常见的材料有3J53和3J58，其恒弹性温度一般在－60～80℃，若测量温度超过该温度区最大值，弹性模量的温度系数将增大，影响元件和仪表的稳定性。Nb基弹性材料为高温（大于等于180℃）恒弹性合金，其使用温度范围宽（－60～200℃）。这种合金的弹性模量低，弹性极限高，可用来制造高温、高灵敏度的精密弹性敏感元件，由于其耐蚀性较好，在高温或腐蚀性较强的环境下应用较多。

④ 石英晶体　其化学成分为SiO_2，纯度一般高于99.9%，密度为$2.65g/cm^3$，是一种理想的弹性敏感元件材料。这种材料机械强度较大且力学性能比较稳定，抗微塑变形能力极强，机械、电气损耗很小，且滞后和蠕变极小。

⑤ 半导体硅材料　这类材料电学性质及力学性能都比较良好，且抗微塑变形能力强，滞后和蠕变极小，动态响应较快，也是一种理性的弹性敏感元件材料。

⑥ 陶瓷材料　氧化铝（Al_2O_3）是典型的结构陶瓷，其热稳定性和力学性能良好，化学反应时稳定性较好，使用温度范围宽，综合性能略次于石英和硅，也是一种较理想的弹性敏感元件材料。

(2) 弹性元件的种类

常见的弹性元件有弹簧管、波纹管、膜片、膜盒、筒等类型。它们大多是将被测量转换成为自身的变形来进行检测的。

① 弹簧管　用于压力检测。如图3-2所示，弹簧管由截面为椭圆形或扁圆形且弯曲成一定弧度的空心管所构成，其中，弹簧管的一端封闭，作为自由端，另一端开口，作为固定端供被测压力进入。

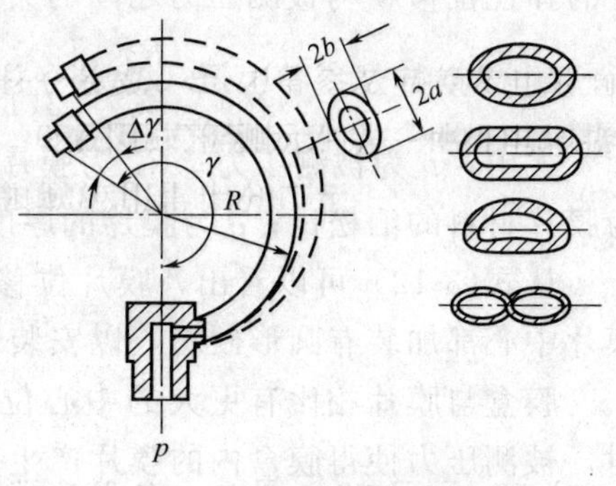

图3-2　弹簧管结构原理

在压力作用下，管截面将趋于圆形，弹簧管的弧度将发生变化，管趋于伸直，从而弹簧管的自由端将产生位移，通过自由端的位移来反映输入压力。对于椭圆形截面的薄壁弹簧管，其自由端的位移d和所受压力p之间的关系可表示为

$$d=p\left(\frac{1-\mu^2}{E}\right)\frac{R^3}{bh}\left(1-\frac{b^2}{a^2}\right)\frac{\alpha}{\beta+x^2}\sqrt{(\gamma-\sin\gamma)^2+(1-\cos\gamma)^2} \tag{3-9}$$

式中，R为弹簧管的曲率半径；a，b分别为弹簧管的长半轴和短半轴长度；h为弹簧管的壁厚；μ，E分别为弹簧管材料的泊松比和弹性模量；x为弹簧管的基本参数，$x=\frac{Rh}{a^2}$；α，β为与a/b比值有关的参数；γ为弹簧管的中心角。

由式(3-9)可知，在一定压力范围内，自由端的位移d和所受压力p之间的关系是线性的。

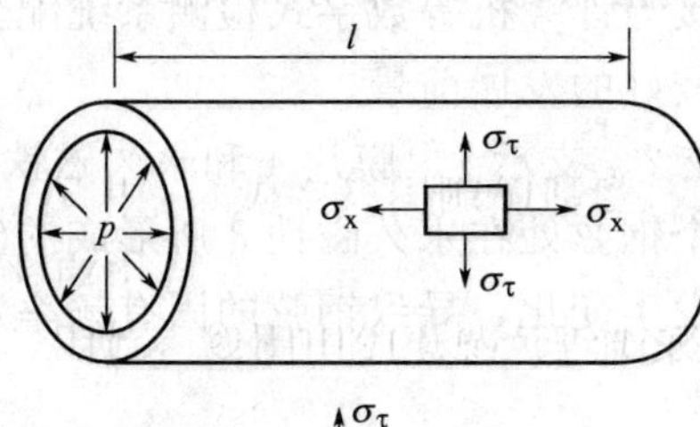

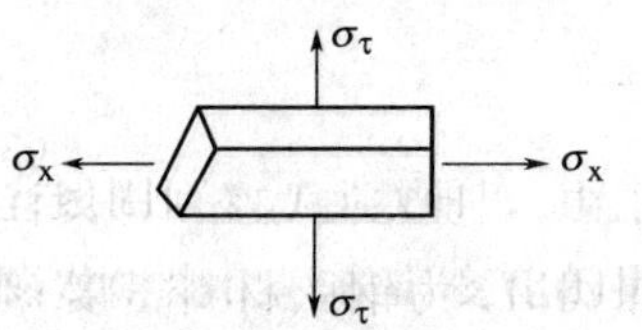

图3-3　薄壁圆筒受力示意图

② 薄壁圆筒　如图3-3所示，其壁厚一般小于筒径的0.05倍。当筒内腔受到压力作用时，筒壁不发生弯曲变形，只是均匀向外扩散。所以，筒壁的每个单元面积都将受到轴向和径向应力而产生相应的应变。轴向拉伸应力σ_x和径向拉伸应力σ_τ可以通过下式求得：

$$\sigma_x = \frac{\gamma_0}{2h} p \tag{3-10}$$

$$\sigma_\tau = \frac{\gamma_0}{h} p \tag{3-11}$$

式中，γ_0 为筒的内半径；h 为筒的壁厚。

由式(3-10) 和式(3-11) 可知，在相同压力下，薄壁圆筒所承受的径向应力大于轴向应力。根据胡克定律，应变 ε 与应力 σ 成正比，因此，在进行应变片检测时，沿径向方向粘贴应变片是有利的。

③ 膜片　在测量压力时也被广泛采用，它是一种有挠性的薄片，当受到不平衡力作用后，其中心将沿垂直于膜片的方向移动。若将两个膜片的外边缘密封焊接，则由此形成的弹性元件即为膜盒。膜片有平膜片和波纹膜片（其波纹有锯齿形、梯形、正弦形、圆弧形等各种形状）。

边缘固定的圆形平膜片，在材料的弹性范围内，当一面受到压力 p 作用时，膜片中心处的弹性位移 d 与被测压力之间的关系可用下式表示：

$$p\frac{R_1^4}{E\delta^4} = \frac{16}{3(1-\mu^2)} \times \frac{d}{\delta} + \frac{2}{21} \times \frac{23-9\mu}{1-\mu}\left(\frac{d}{\delta}\right)^3 \tag{3-12}$$

式中，p 为被测压力；R_1 为膜片自由变形部分的外半径；E 为膜片材料的弹性模量；μ 为膜片材料的泊松比；δ 为膜片的厚度；d 为膜片中心处的位移。

从式(3-12) 可以看出，膜片位移与所受压力之间的关系是非线性的，在实际使用中，膜片中心都加装有圆形硬芯，以安装传动机构。

膜盒与膜片相比有更大的中心位移和更高的灵敏度，当膜盒外作用的是环境大气压力时，被测压力使得膜盒内的膜片产生变形，用膜片中心的位移来反应被测压力值。若将膜盒抽成真空密封起来，当外界大气压力变化时，膜盒中心位移就反映被测的绝对压力值。

3.1.2 振动式检测元件

振动式检测元件利用谐振技术完成参数的检测，在测量时，将被测量的变化转换为谐振元件的固有频率的变化。振动式检测元件的输出信号为振动频率信号，体积小、重量轻、分辨率高、精度高，便于信号的传输和处理。目前较为常用的是振弦式和振筒式检测元件。

1. 振弦式检测元件

振弦式检测元件将被测量（如力或压力）转换为弹性元件的固有频率的变化。由于输出信号为频率信号，便于数据的传输、处理和存储，易于直接与计算机等数字式检测系统配套使用。振弦式检测元件体积小、重量轻、分辨率高，具有较好的发展前景。

振弦式检测元件的结构原理如图 3-4 所示，它是由钢弦 2、支承 1、膜片 4 和永久磁铁 3 所组成，钢弦 2 的两端分别固定在支承 1 和膜片 4 上，整个钢弦处在永久磁铁 3 所形成的磁场之中。膜片 4 下部所受到力的作用使得钢弦的原始张力发生变化，导致钢弦的固有频率发生变化，钢弦的固有频率为

$$f_0 = \frac{1}{2l}\sqrt{\frac{\sigma}{\rho}} = \frac{1}{2l}\sqrt{\frac{T}{\rho'}} \tag{3-13}$$

式中，l 为钢弦长度；σ 为钢弦所受应力；T 为钢弦所受张力；ρ 为钢弦材料密度；ρ' 为钢弦的线密度，即单位弦长的质量。

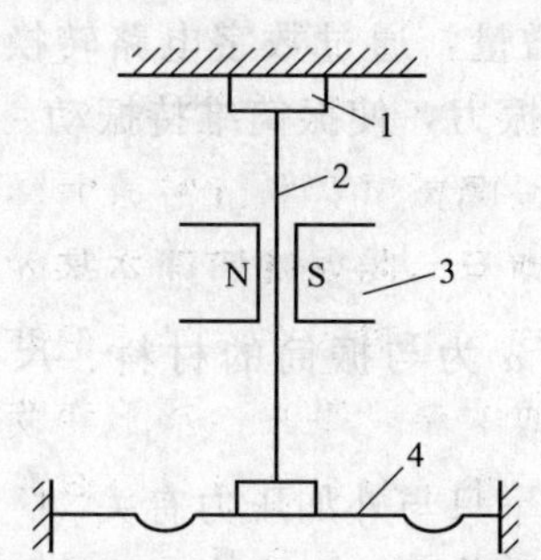

图 3-4　振弦式检测元件的结构原理

1—支承；2—钢弦；3—永久磁铁；4—膜片

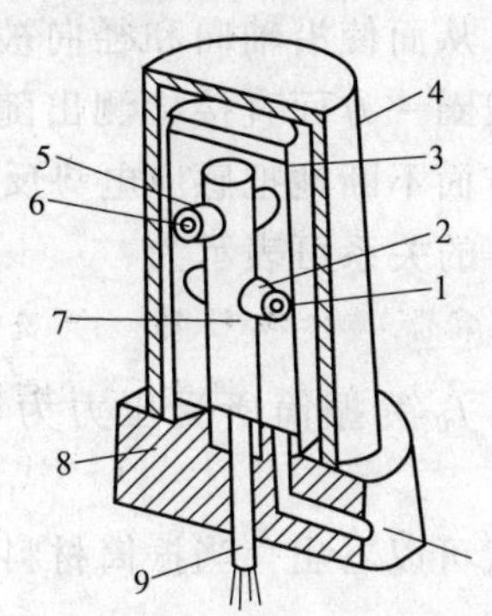

图 3-5　振筒式检测元件的结构原理

1—永磁棒；2—拾振线圈；3—振筒；4—外壳；5—励磁线圈；6—磁芯；7—支柱；8—基座；9—引线

钢弦发生激振时，将按其固有频率发生振动。由于振动而切割它周围由永久磁铁形成的磁力线，从而在振弦上产生交变的感应电势，此电势的频率与钢弦的振动频率相等。由式(3-13) 可知，当钢弦选定时（长度和密度可视为常数），感应电势的频率即钢弦的振动频率就只与被测量（所加的力或应力）有关。

2. 振筒式检测元件

振筒式检测元件主要用于测量气体的压力和密度，将其转换为弹性元件的固有振动频率来进行测量。

如图 3-5 所示，振筒式检测元件由振筒 3、外壳 4、基座 8、励磁线圈 5 和其内的磁芯 6、拾振线圈 2 和其内的永磁棒 1、引线 9 以及环氧树脂制成的支柱 7 等组成。振筒为敏感元件，通常采用壁厚约为 0.08mm 的铁镍合金制成（通过改变筒壁厚度，可获得不同的测压范围）。振筒的一端密封，另一端固定在基座上，其内腔与进气的通道相通，在基座上还固定有支柱 7，支柱上装有相互垂直的且有一定距离的励磁线圈和拾振线圈。这种安装方式是为了防止和减少两只线圈间的电磁耦合，其中，外壳可以防止外磁场的干扰，同时对内腔有一定的机械保护作用。外壳与振动筒之间为真空参考室。

当振筒所受压力为零时，并假定在理想条件（即无周围介质的影响）圆筒的固有频率 f_0 可表示为

$$f_0=\frac{1}{2\pi R}\sqrt{\frac{E\Delta}{\rho(1-\mu^2)}} \tag{3-14}$$

式中，R，ρ 分别为振筒的半径和振筒材料的密度；E，μ 分别为振筒材料的弹性模量和泊松比；Δ 为一个参变量。

励磁线圈未通励磁电流时，振筒处于静止状态，当励磁线圈通以励磁电流时，放大器的固有噪声使励磁线圈中产生微弱的随机脉冲，该脉冲使励磁线圈的磁场改变，从而形成脉动力，引起振筒发生位移变形。振筒的位移变形改变了拾振磁场中的磁阻，使拾振磁路中的磁通发生变化，在拾振线圈中产生感应电势。该电势经放大器进行放大后，又反馈给励磁线圈进一步增加激振力，使振筒变形变大，从而使振筒在一定固有频率下振动。拾振线圈将振筒的机械振动频率转换成电脉冲信号输出。振筒的固有频率与筒壁所受的应力有关，当所受压力为零时，振筒工作在谐振状态；当筒内气体压力发生变化时，该变化引起筒臂所受的应力

发生变化，从而使沿轴向和径向被张紧的振筒的刚度发生变化，这样就改变了筒的谐振频率。拾振线圈一方面直接检测出随压力而变的振动频率增量，通过数字电路转换并显示出来；另一方面不断地把感应电势反馈到感应线圈，产生激振力，使振筒维持振动。振动频率 f 与压力 p 的关系可表示为

$$f=f_0\sqrt{1+\alpha p} \tag{3-15}$$

式中，f_0 为振筒所受压力为零时振筒的固有频率；α 为与振筒的材料、尺寸有关的常数。

从上式可以看出，当振筒材料选定时，振筒的振动频率只与外加压力有关。

3.2 电阻式检测元件

电阻式检测元件的基本原理是将被测物理量转换成电阻值的变化，通过测量电路将电阻值转化成方便显示记录的电压或电流信号，从而达到对被测物理量检测的目的。

电阻式检测元件的种类很多，在检测技术领域有着广泛的应用。常用电阻材料有导体、半导体等。电阻式检测元件可用于位移、形变、加速度、压力及温度等多种参数的检测，常见的电阻检测元件有应变式检测元件、热电阻、湿敏电阻和气敏电阻等。

3.2.1 应变式检测元件

电阻应变片是将被测量的变化通过自身的应变转化成电阻变化的敏感元件。电阻应变片粘贴在膜片、薄壁圆筒、悬臂梁等弹性元件上，当力、压力、位移、扭矩、加速度等被测物理量作用在弹性元件上时，弹性元件产生的应变使粘贴在弹性元件上的应变片“感受”同样的应变，应变片将这种应变转换成本身的电阻变化。

应变式检测元件在进行压力测量时，其测量范围从几百帕到几百兆帕，准确度高达0.05% F. S.；在进行位移测量时，测量范围从微米级到厘米级，且测量速度快。由于应变式检测元件使用寿命长、性能稳定可靠，价格便宜、品种繁多，可以测量力、力矩、压力、加速度、重量等许多物理量，同时可在高低温、高速、高压、强振动、强磁场、核辐射和化学腐蚀性强等恶劣环境下工作等优点，应变式检测元件在工业生产中得到了广泛的应用。应变片根据材料不同分为金属电阻应变片和半导体电阻应变片两类。

1. 电阻应变片的工作原理

电阻应变片是基于应变效应工作的。应变效应是指导体或半导体材料在外力作用下产生机械变形，其阻值将发生变化。

假设有一根半径为 r 的圆形截面电阻丝，长度为 l，电阻率为ρ，则其电阻初值 R 可表示为

$$R=\rho\frac{l}{A} \tag{3-16}$$

当电阻丝受到外力的作用时，其长度 l、截面积 A、电阻率ρ相应发生变化，从而引起电阻的相对变化量为

$$\frac{\Delta R}{R}=(1+2\mu)\frac{\Delta l}{l}+\frac{\Delta\rho}{\rho} \tag{3-17}$$

式中，μ 为材料的泊松比，对于大多数金属材料，$\mu=0.3\sim0.5$；$\Delta l/l$ 为拉伸应力所引

起的轴向应变ε。

式(3-17)等号右边第一项表示应变片的几何效应；第二项表示应变引起的电阻率变化效应，通常称为压阻效应。上式进行变换可得

$$\frac{\Delta R}{R}=(1+2\mu)\varepsilon+\frac{\Delta\rho}{\rho} \tag{3-18}$$

电阻的应变灵敏系数是指单位应变所引起的电阻相对变化量。因此电阻的应变灵敏系数为

$$K=\frac{\Delta R/R}{\varepsilon}=(1+2\mu)+\frac{\Delta\rho/\rho}{\varepsilon} \tag{3-19}$$

由上式可知，应变片的灵敏系数是由两个因素决定的：一个是$1+2\mu$，它是由电阻丝几何尺寸改变引起的，也称为电阻丝的几何效应；另一个是$\frac{\Delta\rho/\rho}{\varepsilon}$，它是由电阻丝的电阻率$\rho$随应变片的改变而引起的。对于大多数的金属应变片，由于材料的电阻率ρ受应变ε的影响很小，$1+2\mu$对K起主要作用，其应变效应主要由几何效应引起；而半导体材料却刚好相反，$\Delta\rho/\rho$起主导作用，其应变效应主要由压阻效应引起。

2. 应变片的结构及种类

(1) 金属应变片

金属应变片一般分为丝式应变片和箔式应变片两种。

① 丝式应变片　如图3-6所示，丝式应变片由敏感栅、基底、引线等组成。敏感栅是由具有高电阻率、直径为0.015～0.05mm的金属丝密密排列成栅状形式而成的。通过黏合剂固定粘贴在绝缘基底及盖片之间。

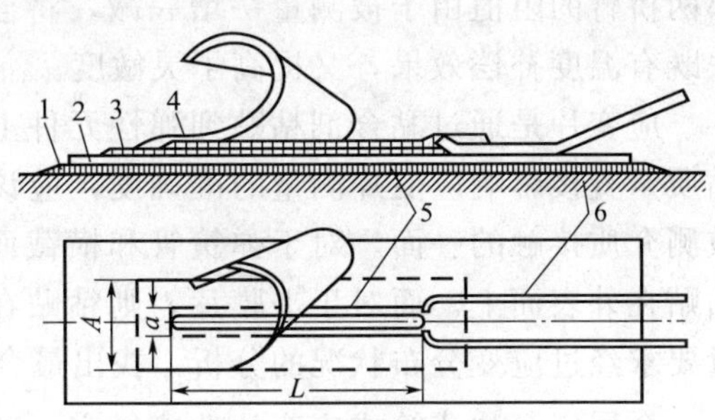

图3-6　丝式应变片结构

1，3—黏合剂；2—基底；4—盖片；5—敏感栅；6—引线

基底将所感受到的应变准确地传递到敏感栅上，通常做得很薄，且必须有良好的绝缘性能及抗潮和耐热性能。基底有纸基、纸浸胶基等种类，其厚度约为0.02～0.04mm。其中，纸基应变片制造简单、价格便宜、便于粘贴，但耐热和耐潮性较差，一般只在短期的室内实验中使用，使用温度一般在70℃以下。纸浸胶基是用酚醛树脂、聚酯树脂等胶液将纸浸透，同时进行硬化处理，特性较纸基得到了较大的改善，使用温度可达180℃，抗潮性能也较好，可长期使用。盖片主要用于保护敏感栅，所采用材料与基底基本相同。

黏合剂根据应变片所处环境的不同，所采用的通常有机和无机两大类。有机黏合剂适合于低温、常温和中温，常用的有聚丙烯酸酯、有机硅树脂、聚酰亚胺等。无机黏合剂则适用于高温，常用的有聚丙烯酸酯、硅酸盐、硼酸盐等。敏感栅电阻丝两端焊接的引线，用以和外接线路相接，常用的是直径为0.1～0.15mm的镀锡铜线，或用扁带形其他金属材料制成。

② 箔式应变片　是采用光刻技术在极薄的厚度为3～10μm康铜或镍铬金属片上腐蚀而成的。制造时，首先在康铜薄片的一面涂上一薄层聚合胶，使之固化为基底，而康铜薄片的另一面涂感光胶，用光刻技术印刷上所需要的丝栅形状，然后放在腐蚀剂中将多余部分腐蚀掉，再焊上引出线就构成了箔式应变片。常见的箔式应变片如图3-7所示。其中图3-7(a)

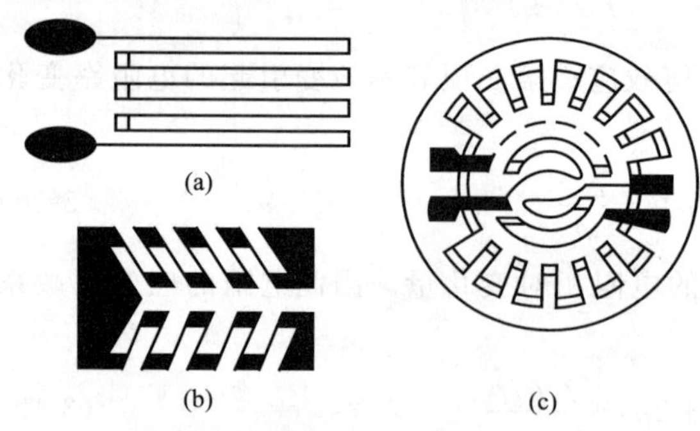

图 3-7 常见的箔式应变片

所示应变片常用于单应力测量，图 3-7(b) 所示应变片常用于测量扭矩，图 3-7(c) 所示应变片一般用于压力的测量。

箔式应变片的敏感栅尺寸准确、线条均匀，可以根据测量要求制成任意形状，易于大批量生产。应变片与试件接触面积大，粘贴牢固，机械滞后小，散热性能好，允许通过较大的工作电流，且输出信号较大，因此，箔式应变片获得了日益广泛的应用。

普通应变片使用时，粘贴在弹性元件上，利用电桥测出阻值以获得被测量。电阻应变片在工作过程中容易受到环境和温度的影响而产生误差，误差产生的原因大体有两个方面：一是电阻应变片本身具有电阻温度系数；二是弹性元件与应变片电阻两者的线胀系数不同。所以必须采用适当的温度补偿措施。在各种补偿方式中，最常用的方法是电桥补偿法，即利用两个完全相同的应变片粘贴在弹性元件的不同部位。在外力作用下，其中一片受压，另一片受拉；一个作为工作应变片，另一个作为补偿应变片，然后把这两片接在电桥的相邻桥臂上，如图 3-8 所示。在外力为零时，调整电桥使之平衡，温度升降将使相邻两桥臂的阻值同时增减，不影响电桥的平衡。同时在外力作用时，相邻两桥臂的阻值由于被测量一增一减，将会提高灵敏度，这种方法既有温度补偿效果，又提高了灵敏度。

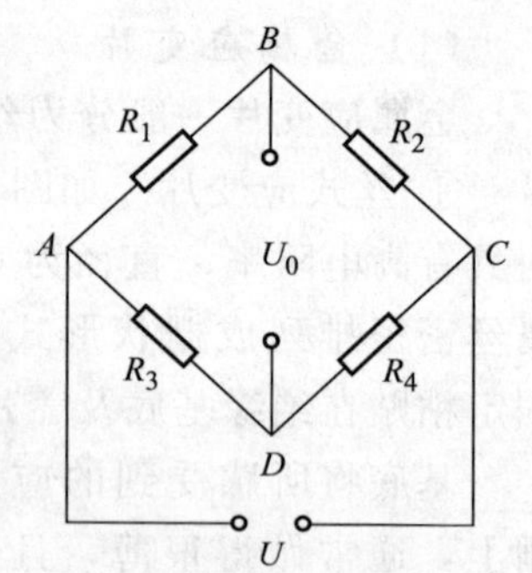

图 3-8 应变片补偿电桥

应变片是通过黏合剂粘贴到弹性元件上的。由于应变片的粘贴质量直接影响应变片测量的准确度，应该粘贴在弹性元件不与被测介质接触的一面。对于弹簧管和横截面为椭圆形的直管，应粘贴在外表面上。而对于平膜片，则粘贴在大气压侧，可按照测量要求经过应变分布状况的分析，找出最合理的粘贴位置。

金属应变片或箔式应变片性能稳定，准确度高，但由于其应变灵敏系数 K 较小，对粘贴工艺要求严格，且不利于使用，20 世纪 50 年代出现了半导体应变片。

(2) 半导体应变片

半导体应变片是以单晶膜片为敏感元件，应用固体物理原理和半导体集成工艺制成的。半导体应变片的灵敏系数较高，比金属应变片高 50～80 倍，且尺寸小、滞后小、动态特性好。缺点是半导体应变片温度稳定性较差，在测量较大应变时非线性严重。

当半导体应变片感受到应力 σ 时，其电阻率的相对变化为

$$\frac{\Delta\rho}{\rho}=\beta\sigma=\beta E\varepsilon \tag{3-20}$$

式中，β 为材料的压阻系数；E 为材料的弹性模量；ε 为应变片在应力作用下产生的应变。

将式(3-20) 代入式(3-18)，可得电阻的相对变化为

$$\frac{\Delta R}{R}=(1+2\mu)\varepsilon+\beta E\varepsilon=(1+2\mu+\beta E)\varepsilon=K\varepsilon \tag{3-21}$$

对于半导体而言，由于 βE 远远大于 $1+2\mu$，则半导体应变片的灵敏系数可表示为

$$K \approx \beta E \tag{3-22}$$

由于β、E和晶向有关，所以灵敏系数K也是和晶向有关的系数。

最常用的半导体应变片材料有硅和锗，在其中掺入其他物质可形成P型或N型半导体。半导体应变片主要有体型半导体应变片、薄膜型半导体应变片和扩散型半导体应变片三种类型。其中体型半导体应变片是将原材料按所需晶向切割成片或条粘贴在弹性元件上使用。而薄膜型应变片是采用真空蒸镀的方法将锗敷在绝缘的支持片上形成的，薄膜厚度一般在0.1μm以下，也可以将薄膜直接蒸镀在传感器的弹性元件上，去掉粘贴工艺，从而提高测量的稳定性。

扩散型半导体应变片是在电阻率很大的单晶硅支持片上直接扩散一层P型或N型半导体，形成一层极薄的导电层；有时用硅支持片作为弹性元件（硅梁或硅杯），在它上面直接扩散P型或N型半导体，制成整体式检测计。

图3-9所示为一种基于扩散硅半导体应变片的压力传感器结构。在硅杯的膜片上共有四个扩散电阻，并将它们接成电桥。杯的内腔承受被测压力p，如用来检测差压，则可分别接正压和负压。此类检测元件体积小、机械滞后小、蠕变性小、稳定性较好，应用非常普遍。

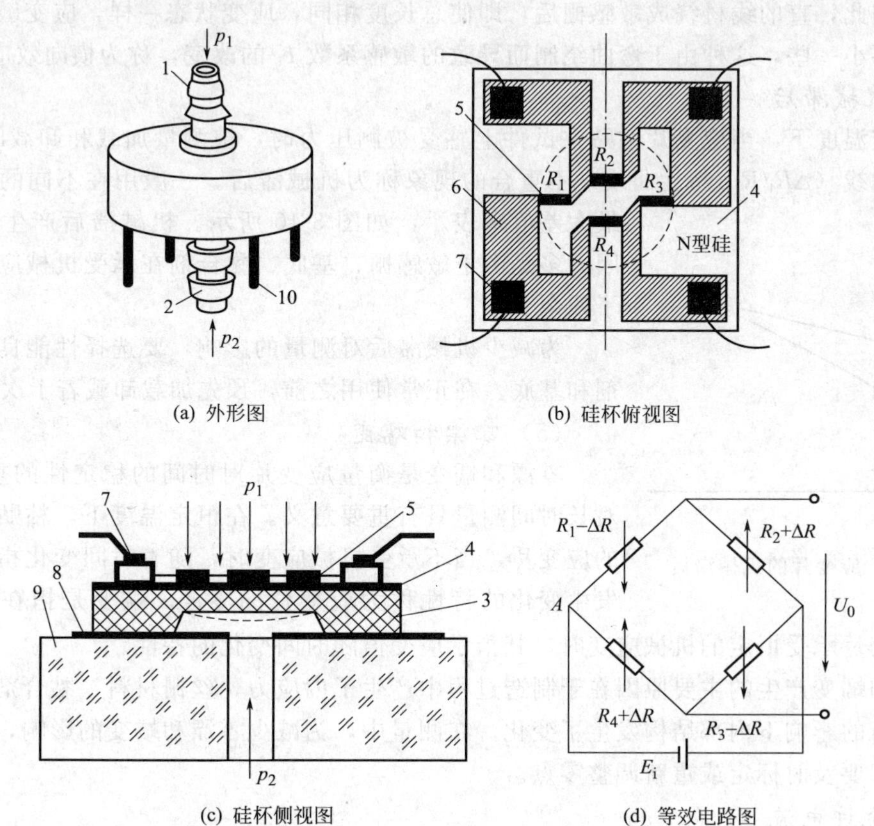

图3-9　扩散硅压力传感器

1—高压进气口（p_1）；2—低压进气口（p_2）；3—硅杯；4—单晶硅膜片；5—扩散型应变片
6—扩散电阻引线；7—电极及引线；8—玻璃黏合剂；9—玻璃基板；10—端子

3. 应变片的主要特性

（1）*灵敏系数K*

当应变片在被测量的作用下工作时，应变片的阻值相对变化$\Delta R/R$与应变片的应变ε之

比，即为灵敏系数，可表示为

$$K=\frac{\Delta R/R}{\varepsilon} \tag{3-23}$$

K 值的准确度直接影响测量结果，一般要求 K 值尽量大而且稳定。实验表明电阻应变片的灵敏系数 K 在很大范围内是常数。

(2) 绝缘电阻

绝缘电阻是指已安装的应变计的敏感栅和引线与被测件之间的电阻值，一般应大于 $10^{10}\Omega$。

(3) 横向效应

将丝式应变片粘贴在单位拉伸试件上，应变片的敏感栅与试件一起变形，在电阻丝的直线段上，只感受到轴向拉伸应变 ε_x，故其电阻值是增加的，但在电阻丝弯曲的圆弧处，应变片不但承受沿轴向的拉伸应变 ε_x，同时在与轴向相垂直方向产生压应变（横向应变）ε_y。根据材料力学原理有 $\varepsilon_y=-\mu\varepsilon_x$。因此，圆弧段的电阻变化是由纵向应变 ε_x 和横向应变 ε_y 两部分造成的。由于横向应变的影响圆弧段的电阻变化必然小于其等长电阻沿轴向直线段的电阻变化。因此，直的线材绕成敏感栅后，即使总长度相同，应变状态一样，应变敏感栅的电阻变化仍要小一些，这种由于弯曲绕制而导致的敏感系数 K 的改变，称为横向效应。

(4) 机械滞后

在一定温度下，当应变片粘贴在试件上感受被测压力时，被测量加载和卸载时的输入-输出特性曲线（$\Delta R/R$-ε 特性曲线）不重合的现象称为机械滞后。一般用在不同的应变下的最大差值来表示，如图 3-10 所示。机械滞后产生的主要原因大多是由于敏感栅、基底、黏合剂在承受机械应变后产生了残余变形。

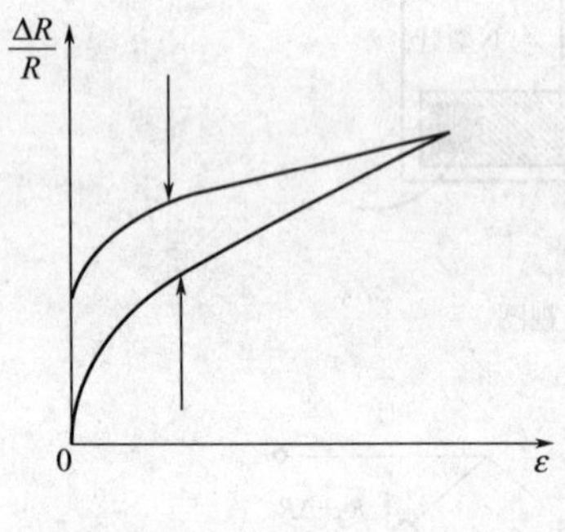

图 3-10 应变片的机械滞后

为减少机械滞后对测量的影响，要选择性能良好的黏合剂和基底。在正常使用之前，预先加载卸载若干次。

(5) 零漂和蠕变

零漂和蠕变是衡量应变片对时间的稳定性的重要指标，对长时间测量具有重要意义。在恒定温度下，粘贴在试件上的应变片，当不承受机械应变时，随着时间变化指示应变值发生变化的特性称为应变片的零漂。蠕变是指在恒定温度下，当应变片承受恒定的机械应变时，其指示应变值随时间变化的特性。

零漂和蠕变产生的主要原因在于制造过程中产生了内应力，丝栅材料、黏合剂及基底在温度和载荷的影响下内部结构发生了变化。在测量中，为减少零漂和蠕变的影响，在条件允许状况下，要及时标定或重新调整零点。

(6) 允许电流

在测量中，应变片不因电流产生的热量而影响测量准确度所允许通过的最大电流称为应变片的允许电流。允许电流的大小与应变片的尺寸、线栅材料、黏合剂、试件材料和尺寸及环境有关。在实际测量过程中，静态测量时允许电流为 25mA，动态测量时可达 75～100mA。

(7) 应变极限

理想情况下，应变片的灵敏系数为常数，即其电阻的相对变化与所承受的轴向应变成正比，但这种情况只能保持在一定范围内。当试件表面的应变超过某一数值时，应变计的输出将出现非线性，如图 3-11 所示。由于非线性而造成非线性误差，指示应变与真实应变的相对误差可表示为

$$\varepsilon=\frac{|\varepsilon_i-\varepsilon_s|}{\varepsilon_i}\times 100\% \tag{3-24}$$

式中，ε_i，ε_s 分别为应变片的指示应变和真实应变。

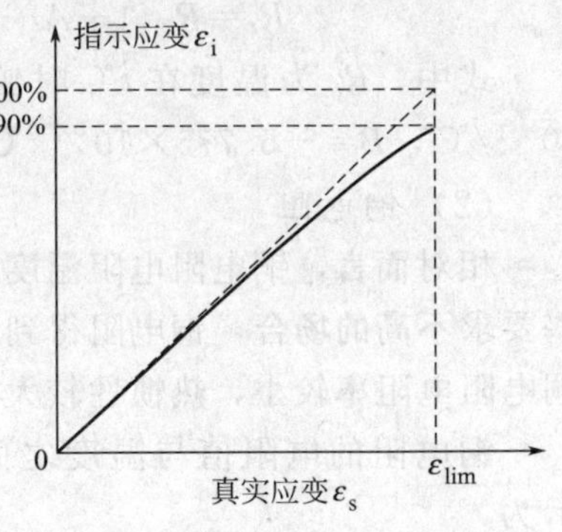

图 3-11　应变片的应变极限

应变片的应变极限是指在规定的使用条件下，指示应变与真实应变的相对误差不超过规定值（一般为 10%）时的最大真实应变值 ε_{lim}。若规定值为 10%，则指示应变值为真实应变值的 90%时的真实应变值即为应变极限。当应变片承受的应变超过本身的应变极限时，构件的真实应变不能全部作用在敏感栅上，测得的值就会产生误差。应变极限是衡量应变片的测量范围和过载能力的指标。通常要求较高的应变极限 $\varepsilon_{lim}\geqslant 800\mu\varepsilon$。

3.2.2　热电阻式检测元件

某些物质的电阻率随温度的变化而变化，这种特性即为热电阻效应，热电阻就是利用热电阻效应进行检测的元件。

根据所采用的材料不同，热电阻式检测元件分为两大类，一是金属热电阻，二是半导体热敏电阻。大多数金属热电阻具有正的电阻温度系数，即随着温度的升高电阻变大。一般温度每升高 1℃，电阻约增加 0.4%～0.6%。由半导体制成的热敏电阻大多具有负温度系数，温度每升高 1℃，电阻约减少 2%～6%。

1. 金属热电阻

虽然绝大部分金属的电阻值与温度有关，但作为温度敏感元件的金属材料应满足以下要求：电阻温度系数大，灵敏度高；在工作范围内的物理和化学性能稳定，具有较强的耐蚀性；电阻率较高，电阻随温度变化保持单值函数，最好是线性关系；易于得到高纯物质，复现性好，价格较便宜。

目前使用较多的金属热电阻材料有铂、铜、镍、铁等，铂和铜材料应用得最为广泛，且已实现了标准化生产，稳定性和准确度极高。

（1）铂电阻

铂电阻电阻率较高，且物理化学性能非常稳定，耐氧化率强，可用作基准电阻和标准热电阻。但铂电阻的电阻温度系数较小，在还原性介质中工作时易于氧化，且铂价格较高。铂电阻的温度测量范围为－200～850℃，在高温下测量时，只能在氧化气氛中使用，真空和还原气氛中使用时会导致电阻值与温度的关系发生改变。

作为热电阻的铂丝，一般要求有尽可能高的化学纯度，在温度测量领域中，铂丝纯度一般用温度 $t=100℃$ 和 0℃ 时的电阻值之比来表示。制作标准化铂丝电阻的纯度不小于 1.39250，工业用铂热电阻的纯度不小于 1.3900～1.3920，铂丝线的直径一般为 0.03～0.07mm。铂电阻的电阻值与温度之间呈现非线性关系，一般工业用的铂电阻的电阻和温度的关系可以用下面两式表示：

$$R_t=R_0(1+At+Bt^2)\quad (0℃\leqslant t<850℃) \tag{3-25}$$

$$R_t=R_0\{1+At+Bt^2+C[t^3(t-100)]\}\quad(-200℃<t<0℃)\tag{3-26}$$

式中，R_t 为温度在 t℃时铂电阻的电阻值；A，B，C 为常数，分别为 $A=3.9083\times10^{-3}/℃$，$B=-5.775\times10^{-7}/℃^2$，$C=-4.183\times10^{-12}/℃^4$。

(2) 铜电阻

相对而言，铜电阻电阻温度系数大，容易加工和提纯，线性较好，价格便宜，因此在一些要求不高的场合，铜电阻得到了广泛的应用。但由于当温度超过100℃时容易被氧化，且铜电阻电阻率较小，热惯性较大，其最大测量范围为－50～150℃。

铜电阻的电阻值与温度之间也是非线性关系，铜电阻的电阻值和温度关系可以表示为

$$R_t=R_0(1+At+Bt^2+Ct^3)\tag{3-27}$$

式中，R_t 为温度在 t℃时铜电阻的电阻值；A，B，C 为常数，分别为 $A=4.28899\times10^{-3}/℃$，$B=-2.133\times10^{-7}/℃^2$，$C=1.2333\times10^{-9}/℃^3$。

2. 热敏电阻

热敏电阻大多是采用半导体材料制成的热敏元件。测温范围一般为－100～300℃。根据其电阻值随温度的变化，热敏电阻主要分为负温度系数（NTC）热敏电阻和正温度系数（PTC）热敏电阻两类。它们的温度特性曲线如图 3-12 所示。

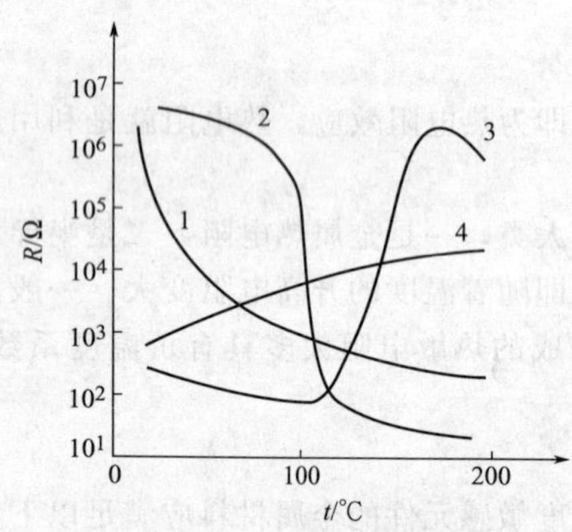

图 3-12 热敏电阻温度特性曲线

1—负温度系数热敏电阻；

2—临界负温度系数热敏电阻；

3—开关型正温度系数热敏电阻；

4—缓交变型正温度系数热敏电阻

(1) NTC 热敏电阻

NTC 热敏电阻的电阻值随着温度的升高而减小。NTC 热敏电阻研制的时间较早，主要由 Mn、Ni、Fe 等不同的金属氧化物烧结而成，不同的热敏电阻有着不同的温度特性。NTC 热敏电阻具有灵敏度高、热惰性小、寿命长和价格便宜等优点。NTC 热敏电阻呈现负的温度系数，从电阻与温度的关系来分可有两种类型。第一类常用于温度测量元件，如图 3-12 中曲线 1 所示。这种类型的热敏电阻的阻值与温度关系近似表示为

$$R_T=R_{T_0}\mathrm{e}^{B\left(\frac{1}{T}-\frac{1}{T_0}\right)}\tag{3-28}$$

式中，R_T，R_{T_0} 分别为绝对温度为 T 时和 T_0 时热敏电阻的电阻值；B 为热敏电阻的材料常数。

将上式进行变换可得热敏电阻的温度系数为

$$\alpha_T=\frac{1}{R_T}\times\frac{\mathrm{d}R_T}{\mathrm{d}T}=-\frac{B}{T^2}\tag{3-29}$$

由此可见，热敏电阻的温度系数 α_T 是温度 T 的非线性函数，T 越小，B 值越大，温度系数越大，灵敏度越高。常用 NTC 热敏电阻的 B 在 1500～6000K 之间。

第二类 NTC 热敏电阻的电阻值与温度的特性曲线如图 3-12 中曲线 2 所示，这种类型热敏电阻是在某一温度点附近，电阻发生突变，且在极度小温区内随温度的增加，电阻降低 3～4个数量级的热敏元件，具有很好的开关特性，常作为温度控制元件。

热敏电阻根据需要可以制成珠状、片状、杆状、薄膜状等不同的结构，其直径或厚度约 1mm，长度往往小于 3mm。在温度为－50～300℃范围内，珠状和杆状的金属氧化物热敏电

阻的稳定性较好，可作为温度检测和补偿元件。

(2) PTC 热敏电阻

PTC 热敏电阻呈现正温度系数特性，是用 $BaTiO_3$ 掺入稀土元素使之半导体化而成的。典型的电阻温度特性如图 3-12 曲线 3、4 所示。曲线 3 为开关（突变）型，从曲线上可以看出，当流过的电流超过一定限度或感受到的温度超过某一温度点其电阻值将产生阶跃式增加，因而适宜作为控制元件。

PTC 热敏电阻在温度较低时其灵敏度低，而温度高时灵敏度迅速增加，工作范围较窄，在工作范围内，其电阻与温度的特性可以近似表示为

$$R_T = R_{T_0} e^{B_p (T - T_0)} \tag{3-30}$$

式中，B_p 为热敏电阻材料常数。

图 3-12 中，曲线 4 为缓变型，在一定的温度范围内电阻与温度呈现近似线性关系，因而适宜作温度检测和补偿用。

热敏电阻的优点是电阻温度系数大，α_T 在 $-3\times10^{-2}\sim-6\times10^{-2}$/℃之间，是金属电阻的几十倍，且灵敏度高。另外热敏电阻的电阻值高，通常在常温下为数千欧以上，从而连接导线的电阻值与其相比可以忽略，从而给使用带来了方便。热敏电阻体积小、热惯性小、结构简单可靠且价格低廉、化学稳定性好，在工程测量中得到了广泛的应用。

3.2.3 其他电阻式检测元件

1. 湿敏电阻

湿度是指空气中水蒸气的含量，常用的表示方法有绝对湿度和相对湿度。在一定温度及压力条件下，每单位体积的混合气体中所含水蒸气的质量称为绝对湿度，其单位为 g/m^3。相对湿度是指气体的绝对湿度与同一温度下达到饱和状态的绝对湿度的比值，记作 RH，单位用%表示。

(1) 湿敏电阻的工作原理

湿敏电阻由于原理简单、易于实现，成为应用最广泛的湿度检测元件。图 3-13 所示为高分子电阻式湿敏元件的结构，由基体、感湿层和电极等组成。其中，基片为不吸水且耐高温的绝缘材料（如聚碳酸酯板氧化铝瓷），在基片之上，常用掩膜法真空蒸镀上薄膜，或用丝网印刷法加工出梳状电极（电极常用不易氧化的导电材料，如金、银等制成），并在电极端处焊接出引线。将感湿膜高分子溶液用含浸或旋转涂步法涂在带有电极的基板上，再经过烘干、老化最终形成微型孔状结构的感湿层，它极易吸收周围空气中的水分。感湿层的电阻率或电导率随感湿膜中的水分子含量增多而发生变化，通过测量电阻或电导就可以达到测量湿度的目的。

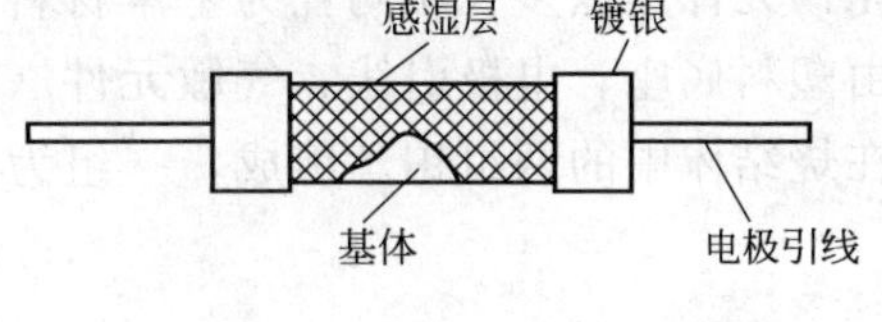

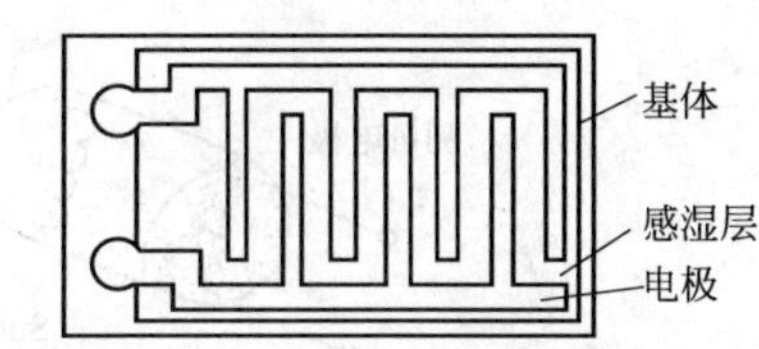

图 3-13　湿敏元件结构原理

(2) 湿敏电阻的特性

被测环境下湿度与湿敏电阻的电阻值变化之间的关系称为湿敏电阻的特性。图 3-14 所示为一种高分子湿敏电阻的特性曲线。由图看出，湿敏电阻的阻值随湿度增加而减小。这种湿敏元件的测量范围较宽，RH 值下限达 1%，上限达 100%，响应时间短（可小至几秒）。湿敏电阻受温度的影响比较严重，图 3-15 给出了同一元件在不同的环境温度下的特性曲线。

可以看出，在相同的环境湿度下，当湿敏元件的使用环境温度不同时，湿敏电阻的电阻值也会有所不同，从而造成测量误差。所以在使用中，要采用温度补偿措施。一般在检测电路中利用热敏电阻进行补偿。

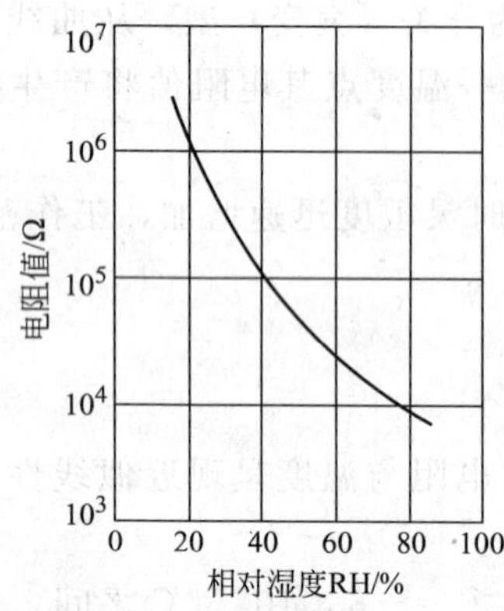

图 3-14 湿敏电阻特性曲线

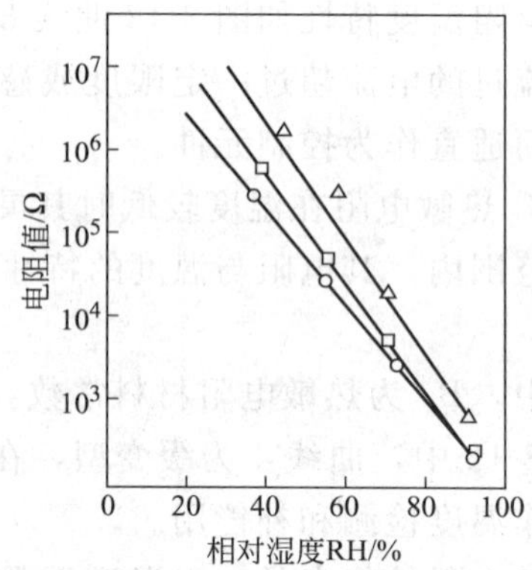

图 3-15 湿敏电阻的温度曲线

△—150℃；□—30℃；○—45℃；

2. 气敏电阻

气敏电阻是利用某些半导体与特定气体接触时，其电阻值发生变化的效应进行测量的。它主要用于检测可燃性气体的含量，测量时灵敏度高、响应速度快。常见的半导体材料有二氧化锡（SnO_2）、氧化锌（ZnO）、三氧化二铁（Fe_2O_3）和五氧化二钒（V_2O_5）等。其中二氧化锡（SnO_2）和氧化锌（ZnO）最为常用，图 3-16 所示为二氧化锡元件的结构原理图。

二氧化锡元件是典型的 N 型半导体，包括烧结体型、薄膜型、厚膜型。烧结体型二氧化锡元件是以多孔质陶瓷为基本材料，添加不同的物质进行烧结而成的，见图 3-16(a)，它由塑料底座、电极引线、气敏元件（即烧结体）、具备防爆功能的双层不锈钢网罩以及包裹在烧结体中的两组铂丝组成，一组为工作电极。

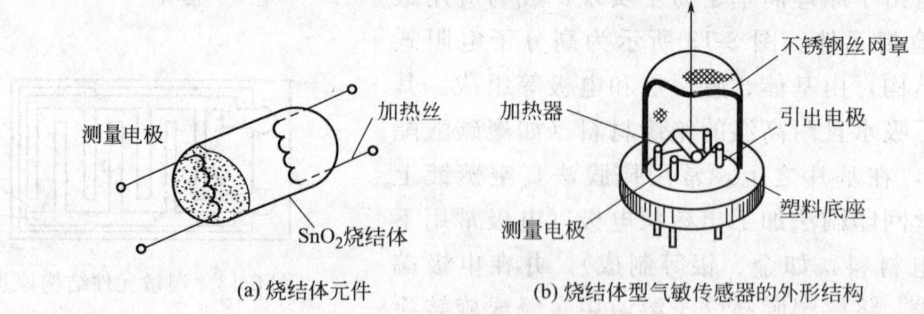

(a) 烧结体元件　(b) 烧结体型气敏传感器的外形结构

图 3-16 二氧化锡元件结构原理

无论哪一种类型，气敏元件工作时必须加热，其作用是烧去附在元件表面上的油污和尘埃，同时加速气体的吸附、脱出过程，提高元件的灵敏度和响应速度，加热温度与氧化材料和被测气体种类有关，一般在 200～400℃范围内。在测量氧化性气体（如 O_2 或 NO_X 等）时，其电阻值随浓度增加而增大，在测量还原性气体（如 H_2、CO 等）时电阻值随浓度上升而减小。为提高其灵敏度和选择性，通常在 SnO_2 中掺入少量催化剂，如 Pd。为了改善烧结的工艺性，可加入少量的添加剂如 MnO、CuO 等，使元件有较好的长期稳定性。另外，在实际使用中，要避免环境温度和湿度对元件的灵敏度产生干扰。

3. 电位器式检测元件

电位器式检测元件可用来测量位移、压力、加速度等物理量。这种检测元件结构简单、价格便宜、性能稳定、输出信号大、能在恶劣条件下工作，但精度不高、动态响应较差、不适合测量快速变化量。

电位器式检测元件的电阻元件通常有线绕电阻、薄膜电阻、导电塑料等。其中线绕电阻准确度较高，应用最广。

如图 3-17 所示，电位器式检测元件是由触点机构和电阻器组成的。触点机构的电刷相对于电位器的运动可以是圆周运动，也可以是直线运动。因此，利用电刷的运动，电位器式检测元件可将直线位移、角位移等转换为与之成一定关系的电阻变化量，从而实现线位移或角位移的测量。

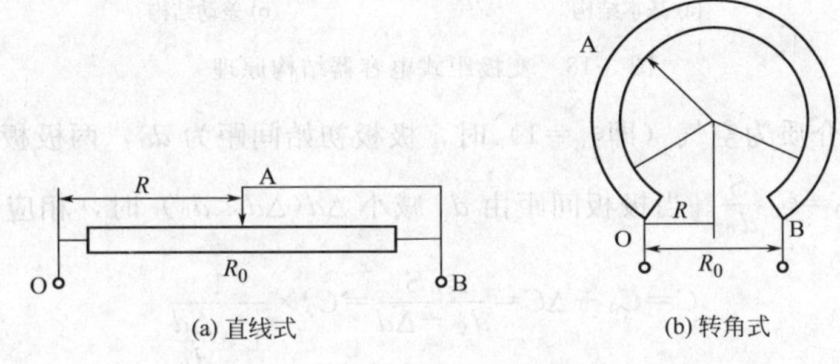

图 3-17 电位器式检测元件结构

3.3 电容式检测元件

电容式检测元件可以将某些物理量的变化转换为电容量的变化。它的转换元件实际上就是一个具有可变参数的电容器，被广泛地用于位移、振动、角位移、加速度等机械量以及压力、差压、物位等生产过程参数的测量。由于电容式检测元件结构简单，工作适应性强，可进行非接触式测量，且动态性能良好，得到了广泛的应用。

3.3.1 电容式检测元件的工作原理

电容式检测元件实际上是各种类型的可变电容器，它可将被测量的改变转换为电容量的变化，通过测量线路将电容的变化量再转换为电压、电流、频率等电信号。最简单的电容器用两块金属平板作电极即可构成。若忽略此电容器的边缘效应，则其电容量为

$$C=\frac{\varepsilon S}{d}=\frac{\varepsilon_0 \varepsilon_r S}{d} \tag{3-31}$$

式中，S 为两极板间相互覆盖的面积（相对面积）；d 为两极板间的距离；ε 为两极板间介质的介电常数；ε_0 为真空介电常数，$\varepsilon_0=8.85\times10^{-12}\,\mathrm{F/m}$；$\varepsilon_r$ 为两极板间介质的相对介电常数，$\varepsilon_r=\varepsilon/\varepsilon_0$。

由式(3-31) 可见，当电容器的 S、d 和 ε 这三个参数中任意一个发生改变时，电容量 C 就会发生变化。因此，电容器按照变化参数的不同可分为变极距式、变面积式和变介电常数式三种类型。

3.3.2 电容元件的结构和特性

1. 变极距式电容器

图 3-18 所示为变极距式电容器的结构原理。当某个被测量变化时，会引起电容器极板的位移发生改变，从而引起极板间的间距 d 发生改变，导致电容器电容量 C 发生变化。

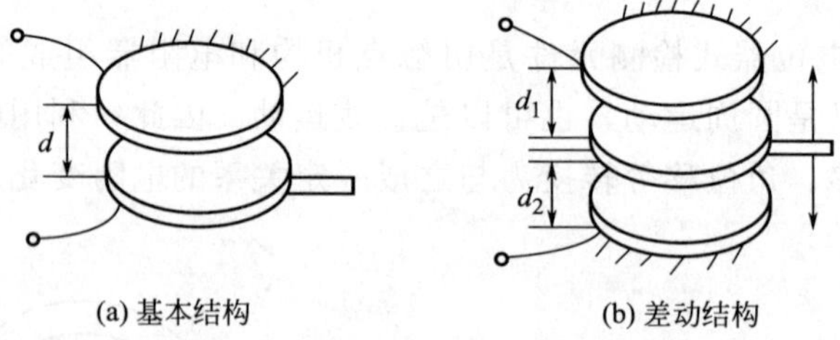

图 3-18 变极距式电容器结构原理

假设极板间的介质为空气（即$\varepsilon_r=1$）时，极板初始间距为 d_0，两极板间相对面积为 S，则初始电容量为 $C_0=\varepsilon_0\dfrac{S}{d_0}$。当极板间距由 d_0 减小 $\Delta d(\Delta d\ll d_0)$ 时，相应的电容量变为

$$C=C_0+\Delta C=\frac{\varepsilon_0 S}{d_0-\Delta d}=C_0\times\frac{1}{1-\dfrac{\Delta d}{d_0}} \tag{3-32}$$

$$\frac{\Delta C}{C_0}=\frac{\dfrac{\Delta d}{d_0}}{1-\dfrac{\Delta d}{d_0}} \tag{3-33}$$

当$\dfrac{\Delta d}{d_0}\leqslant 1$ 时，将式(3-33) 按幂级数展开，则

$$\frac{\Delta C}{C_0}=\frac{\Delta d}{d_0}\left[1+\frac{\Delta d}{d_0}+\left(\frac{\Delta d}{d_0}\right)^2+\cdots\right] \tag{3-34}$$

因此，电容的相对变化量 $\Delta C/C_0$ 与输入位移的相对变化量 $\Delta d/d_0$ 为非线性关系，但由于$\dfrac{\Delta d}{d_0}\leqslant 1$，略去高次项后，可得到

$$\frac{\Delta C}{C_0}\approx\frac{\Delta d}{d_0} \tag{3-35}$$

令
$$K_c=\frac{\Delta C}{\Delta d}=\frac{C_0}{d_0}=\frac{\varepsilon S}{d_0^2} \tag{3-36}$$

K_c 即为电容器的位移检测灵敏度，其大小与初始极板间距 d_0 的平方成反比，它反映了单位输入位移变化量 Δd 所能引起的电容量 C 的相对变化量。

若在两个固定极板之间设置可移动极板，使固定极板相对中间可移动极板成对称结构，即可构成差动变极距式电容位移检测元件，如图 3-18(b) 所示。当可移动极板位移变化 Δd 时，会使其中一个电容器的电容量增加，另一个电容器的电容量减小，即

$$C_1=C_0\left[1+\frac{\Delta d}{d_0}+\left(\frac{\Delta d}{d_0}\right)^2+\cdots\right] \tag{3-37}$$

$$C_2=C_0\left[1-\frac{\Delta d}{d_0}+\left(\frac{\Delta d}{d_0}\right)^2-\cdots+\cdots\right] \tag{3-38}$$

则电容总的变化为

$$\Delta C=C_1-C_2=C_0\left[2\frac{\Delta d}{d_0}+2\left(\frac{\Delta d}{d_0}\right)^3+2\left(\frac{\Delta d}{d_0}\right)^5+\cdots\right] \tag{3-39}$$

因此，电容的相对变化可近似为

$$\frac{\Delta C}{C_0}\approx 2\frac{\Delta d}{d_0} \tag{3-40}$$

从而可计算出电容器的灵敏度为

$$K_c=\frac{\Delta C}{\Delta d}=2\frac{C_0}{d_0} \tag{3-41}$$

由式(3-36) 和式(3-41) 可见，差动式电容器在检测过程中不仅线性度得到了有效的改善，灵敏度也得以提高，同时温度等环境因素和静电引力给测量带来的影响也得到有效的缓解，因此在实际测量中差动式电容器的应用更为广泛。

2. 变面积式电容器

图 3-19 所示为几种常见的变面积式电容器结构原理，根据动极板相对定极板的移动情况，变面积式电容传感器又分为角位移式和直线位移式两种。

(1) 角位移式

图 3-19(a)、图 3-19(b) 所示为角位移式变面积性电容器。当被测量的变化引起动极板发生角位移 θ 的转动时，两极板间相互覆盖的面积就改变了，从而两极板间的电容量 C 将发生改变。以图 3-19(a) 为例，当 $\theta=0$ 时，初始电容量为

$$C_0=\frac{\varepsilon S}{d} \tag{3-42}$$

当 $\theta\neq 0$ 时，电容量就变为

$$C=\frac{\varepsilon S\frac{\pi-\theta}{\pi}}{d}=\frac{\varepsilon S}{d}\left(1-\frac{\theta}{\pi}\right) \tag{3-43}$$

由此可见，电容量 C 与角位移 θ 呈线性关系。

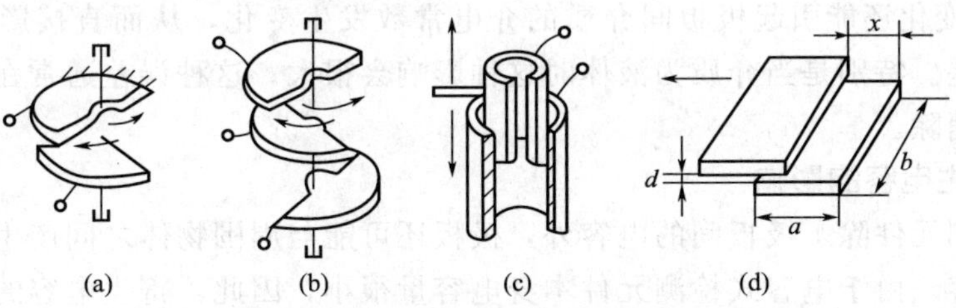

图 3-19　变面积式电容器结构原理

(2) 直线位移式

图 3-19(c)、图 3-19(d) 所示为直线位移式变面积式电容器。以图 3-19(d) 为例，当被测量的变化引起动极板移动距离 x 时，则两极板的相对面积 S 发生变化，使得电容器的电容量 C 也发生了改变。有

$$C=\frac{\varepsilon b(a-x)}{d}=\frac{\varepsilon ba}{d}\left(1-\frac{x}{a}\right)=C_0\left(1-\frac{x}{a}\right) \tag{3-44}$$

可见，电容量 C 与直线位移 x 也呈线性关系，则电容器的灵敏度可用下式表示：

$$K=\frac{\Delta C}{\Delta x}=\frac{C-C_0}{x-0}=\frac{C_0\left(-\frac{x}{a}\right)}{x}=-\frac{C_0}{a}=-\frac{\varepsilon b}{d} \tag{3-45}$$

显然，减小两极板间的距离 d，增大极板的宽度 b 可提高电容器的灵敏度。但 d 的减小受到电容器击穿电压的限制，而增大 b 受到传感器体积的限制。另外，位移 x 不能太大，否则引起的边缘效应会使电容器的特性产生非线性变化。

变面积式电容器还可以做成其他多种形式，常用来检测位移等参数。

3. 变介电常数式电容器

当两极板间介质的介电常数 ε 发生变化 $\Delta\varepsilon$ 时，由此引起的电容改变量为

$$\Delta C=\frac{A}{d_0}\Delta\varepsilon \tag{3-46}$$

介质含水量、介质厚度或高度、介质组分含量的变化等因素均可引起两极板间介质介电常数发生变化，因此，电容式检测元件也可以用来测量含水量、物位以及介质厚度等物理参数。但当变介电常数式电容极板间为导电介质时，极板表面应涂绝缘层，以防止电极间短路。

3.3.3 电容式检测元件的温度补偿及其抗干扰

本节前面的分析均是在理想条件下进行的，在实际测量中，由于温度、电场边缘效应以及寄生电容等因素的存在，使得电容式检测元件的特性不稳定，严重时甚至造成检测元件无法工作。

1. 电容式检测元件的温度补偿

① 温度变化会引起电容式检测元件各组成零部件的几何尺寸和相对几何位置的变化，使电容器极板间隙或面积发生改变，从而引起电容的变化产生附加误差。减少温度引起的这种误差的方法是元件要选用温度系数小并且几何尺寸稳定的材料，如近年来采用在陶瓷、石英等材料上喷镀金、银的工艺，另外一种办法是采用差动对称结构，在测量电路中加以补偿。

② 温度的变化还能引起极板间介质的介电常数发生变化，从而直接影响电容量，给测量结果带来误差。特别是当介质为液体时这种影响会很大。这种误差通常在转换电路中采用补偿措施进行消除。

2. 消除寄生电容的影响

电容式检测元件除了极板间的电容外，极板还可能与周围物体之间产生电容联系，该电容即为寄生电容。由于电容式检测元件本身电容量很小，因此，寄生电容的影响可能会引起电容式检测元件的电容量发生明显改变，而且由于寄生电容的不稳定性，从而造成检测元件的特性不稳定。为减少和消除寄生电容的影响，通常采用“驱动电缆技术”和“屏蔽接地技术”。

“驱动电缆技术”又称“双层屏蔽等电位传输技术”，即电容器与转换电路之间的连接电缆采用内外双层屏蔽，而且其内屏蔽层与信号传输线通过 1∶1 放大器实现等电位，以有效消除引线层与内屏蔽层之间的容性泄漏，而外屏蔽层仍接地起屏蔽作用，图 3-20 所示为驱动电缆原理示意图。

“屏蔽接地技术”是经常采用的抗干扰措施。为了消除寄生电容的影响，对电容器检测元件及引出线要进行屏蔽，且需良好接地。这种整体式屏蔽是将电容器、输出电路和引线放

在一个金属壳体内，整个屏蔽起来，并将壳体良好接地，图 3-21 所示为整体屏蔽的示意图。这种技术屏蔽效果比较好，应用也较为广泛。

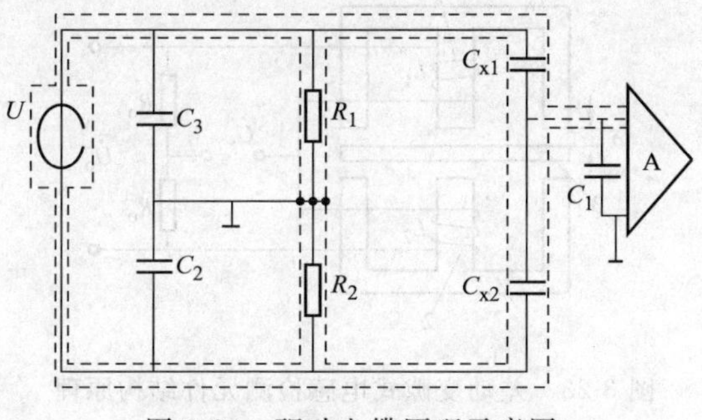

图 3-20　驱动电缆原理示意图

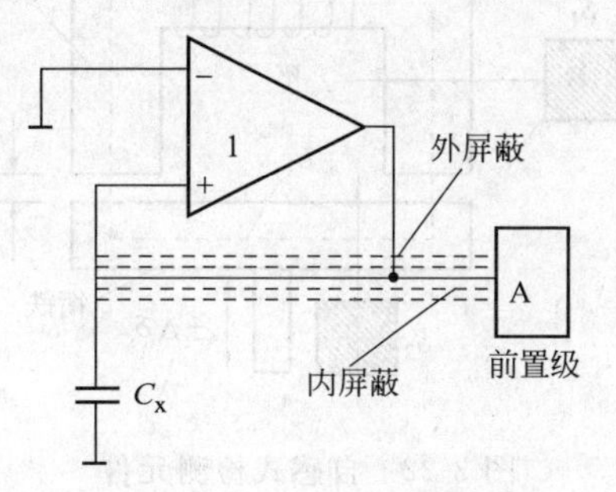

图 3-21　整体屏蔽示意图

3.4 变磁阻式检测元件

变磁阻式检测元件可将输入的各种机械物理量如位移、振动、压力等参数转换成电量输出，是利用线圈电感或互感的改变来实现非电量检测的。变磁阻式检测元件是一种机电转换装置，在现代工业生产和科学技术上，尤其在自动控制领域应用得十分广泛。

3.4.1 自感式检测元件

1. 基本自感式检测元件

(1) 工作原理

基本自感式检测元件的结构由线圈、铁芯和衔铁三部分组成，如图 3-22 所示。工作时衔铁与被测物体相连，被测物体的移动将引起气隙厚度 δ 的改变，从而使得磁路中磁阻发生变化，线圈电感量将产生变化，因此电感量的变化可反映出被测物体位移量的大小和方向。

根据电感定义，线圈中电感量可由下式确定：

$$L=\frac{N^2}{R_m} \tag{3-47}$$

式中，R_m 为磁路总磁阻；N 为线圈的匝数。

磁路总磁阻由铁芯、衔铁与空气间隙的磁阻组成，一般情况下，铁芯、衔铁的磁阻与空气间隙的磁阻相比很小，所以磁路总磁阻可以近似取气隙磁阻，即

$$R_m\approx\frac{2\delta}{\mu_0 S_0} \tag{3-48}$$

式中，δ 为空气间隙的厚度；μ_0 为空气的磁导率；S_0 为铁芯与衔铁之间的空气间隙的相对面积。

因此，线圈中的电感可近似表示为

$$L=\frac{N^2\mu_0 S_0}{2\delta} \tag{3-49}$$

当线圈匝数为常数时，由上式可知，只要改变气隙厚度 δ 或相对面积 S_0 均可导致线圈的电感发生变化，根据变化的因素不同，电感式检测元件又可分为变气隙厚度 δ 的检测计和变气隙面积 S_0 的检测计。前者常用于测量直线位移，后者常用于测量角位移。

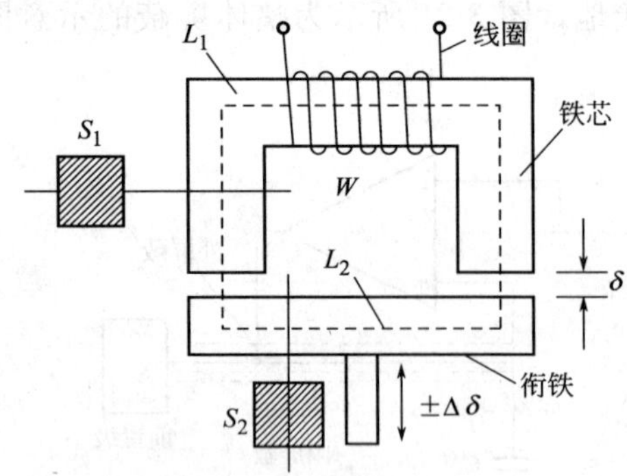

图 3-22　自感式检测元件

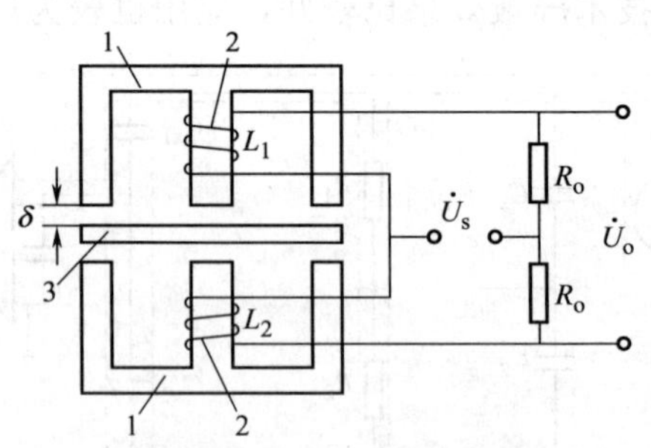

图 3-23　差动变隙式电感检测元件结构原理

1—铁芯；2—线圈；3—衔铁

(2) 灵敏度

设基本自感式检测元件的初始气隙厚度为 δ_0，面积为 S_0。若衔铁上移 $\Delta\delta$，根据式(3-49)，线圈的电感将增大为

$$L=L_0+\Delta L=\frac{N^2\mu_0 S_0}{2(\delta_0-\Delta\delta)}=\frac{L_0}{1-\dfrac{\Delta\delta}{\delta_0}} \tag{3-50}$$

$$\Delta L=L_0\frac{\Delta\delta}{\delta_0} \tag{3-51}$$

因此，可求得基本自感式检测元件的相对灵敏度为

$$K_0=\frac{\dfrac{\Delta L}{L_0}}{\Delta\delta}=\frac{1}{\delta_0} \tag{3-52}$$

由上式可知，δ_0 越小，灵敏度越高；但 δ_0 越小，$\Delta\delta/\delta_0\ll1$ 的条件越不易满足，线性度越差。为了减小非线性误差，实际测量中广泛采用差动变隙式电感检测元件。

2. 差动变隙式电感检测元件

图 3-23 所示为差动变隙式电感检测元件的结构原理图。由图可知，差动变隙式电感检测元件由两个相同的电感线圈和磁路组成。测量时，衔铁通过导杆与被测体相连，当被测体上下移动时，导杆带动衔铁也以相同的位移上下移动，从而使两个磁回路中磁阻发生大小相等、方向相反的变化，导致一个线圈的电感量增加，另一个线圈的电感量减小，形成差动形式。

对于差动形式输出的总电感变化量，当 $\Delta\delta/\delta_0\ll1$ 时，可得

$$\Delta L=\Delta L_1+\Delta L_2=2L_0\frac{\Delta\delta}{\delta_0} \tag{3-53}$$

因此电感的相对变化量的灵敏度为

$$K_0=\frac{\dfrac{\Delta L}{L_0}}{\Delta\delta}=\frac{2}{\delta_0} \tag{3-54}$$

通过单线圈基本结构和差动结构的特性分析，可以看出：差动式比单线圈式的灵敏度高一倍；差动式的非线性项等于单线圈非线性项乘以因子 $\Delta\delta/\delta_0$，因为 $\Delta\delta/\delta_0\ll1$，所以，差动式的线性度得到明显改善。

需要注意的是，在测量过程中，为了使输出特性得到有效改善，构成差动的两个变隙式

电感检测元件在结构尺寸、材料、电气参数等方面均应完全一致。

3.4.2　变压器式检测元件

变压器式检测元件可把被测量的非电量变化转换为线圈之间互感量的变化。由于它是根据变压器的基本原理制成的，且次级绕组通常都是用差动连接，故又称为差动变压器。

差动变压器结构形式较多，有变间隙式、变面积式和螺线管式等，其中应用最多的是螺线管式差动变压器，其基本结构如图 3-24 所示，由一个初级线圈、两个次级线圈和插入线圈中央的圆柱形铁芯等组成。螺线管式差动变压器可以检测 1～100mm 的机械位移，并具有检测精度高、灵敏度高、结构简单、性能可靠等优点。

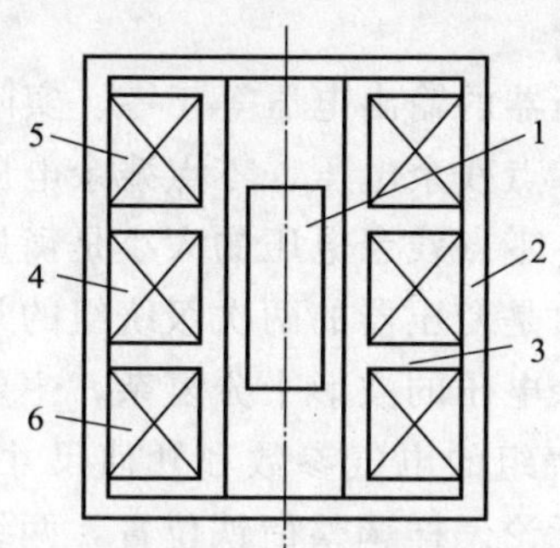

图 3-24　螺线管式差动变压器的基本结构

1—活动衔铁；2—导磁外壳；3—骨架；
4—匝数为 w_1 的初级绕组；5—匝数为 w_{2a} 的次级绕组；
6—匝数为 w_{2b} 的次级绕组

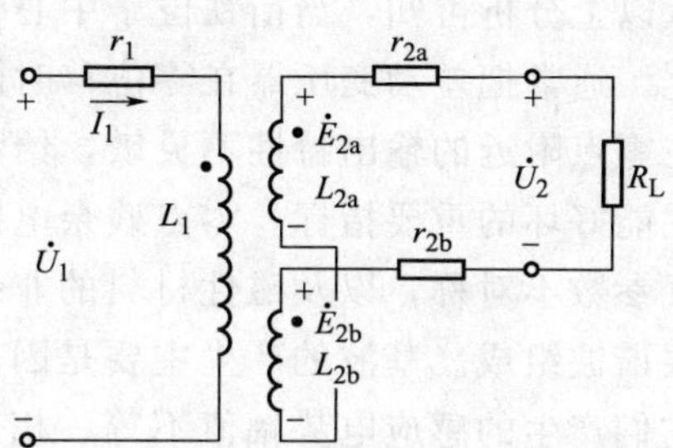

图 3-25　差动变压器等效电路

差动变压器中两个次级线圈反向串联。在忽略铁损、导磁体磁阻和线圈分布电容的理想条件下，其等效电路如图 3-25 所示。当次级开路时，有

$$\dot{I}_1=\frac{\dot{U}_1}{r_1+j\omega L_1} \tag{3-55}$$

式中，ω 为励磁电压 $\dot{U}_1$ 的角频率；$\dot{U}_1$ 为初级线圈励磁电压；$\dot{I}_1$ 为初级线圈励磁电流；r_1，L_1 分别为初级线圈直流电阻和电感。

根据电磁感应定律，次级绕组中感应电势的表达式分别为

$$\dot{E}_{2a}=-j\omega M_1\dot{I}_1 \tag{3-56}$$

$$\dot{E}_{2b}=-j\omega M_2\dot{I}_1 \tag{3-57}$$

式中，M_1，M_2 分别为初级绕组与两次级绕组的互感系数。

由于两次级绕组反向串联，且次级开路，则由以上关系可得

$$\dot{U}_2=\dot{E}_{2a}-\dot{E}_{2b}=-\frac{j\omega(M_1-M_2)\dot{U}_1}{r_1+j\omega L_1} \tag{3-58}$$

输出电压的有效值为

$$\dot{U}_2=\frac{\omega(M_1-M_2)\dot{U}_1}{[r_1^2+(j\omega L_1)^2]^{1/2}} \tag{3-59}$$

下面分三种情况进行分析。

① 活动衔铁处于中间位置

$$M_1=M_2=M$$

故 $\dot{U}_2=0$。

② 活动衔铁向上移动

$$M_1=M+\Delta M \qquad M_2=M-\Delta M$$

故 $\dot{U}_2=2\omega\Delta M\dot{U}_1/[r_1^2+(j\omega L_1)^2]^{1/2}$，与 $\dot{E}_{2a}$ 同极性。

③ 活动衔铁向下移动

$$M_1=M-\Delta M \qquad M_2=M+\Delta M$$

故 $\dot{U}_2=-2\omega\Delta M\dot{U}_1/[r_1^2+(j\omega L_1)^2]^{1/2}$，与 $\dot{E}_{2b}$ 同极性。

从以上分析可知，当衔铁位于中心位置时，差动变压器的输出电压等于零。实际上，并不如此。通常把差动变压器在零位移时的输出电压称为零点残余电压。零点残余电压使得变压器在零点附近的输出特性不灵敏，给测量带来了误差。零点残余电压的大小是衡量差动变压器性能好坏的重要指标。零点残余电压产生的原因主要是变压器的两次级绕组的几何尺寸和电气参数不对称，以及磁性材料的非线性等。零点残余电压的波形十分复杂，主要由基波和高次谐波组成。基波的产生主要是因变压器的两次级绕组的电气参数和几何尺寸不对称，导致它们产生的感应电势幅值不等、相位不同。因此，无论怎样调整衔铁位置，两线圈中感应电势都不能完全抵消。高次谐波中起主要作用的是三次谐波，产生的原因是磁性材料磁化曲线的非线性（磁饱和、磁滞）。零点残余电压一般在几十毫伏以下。在实际使用时，应设法减小，以便提高检测的精度。

为了减小零点残余电压，可采用以下方法。

① 变压器尺寸、线圈电气参数和磁路尽可能保证对称。磁性材料要经过处理，以消除内部的残余应力，使其性能均匀稳定。

② 测量电路根据情况进行合理选用。例如，采用相敏整流电路，既可判别衔铁移动方向又可改善输出特性，减小了零点残余电压。

③ 采用补偿线路。在差动变压器二次侧串、并联适当数值的电阻、电容元件，调整这些元件使零点残余电压减小。

3.4.3 电涡流式检测元件

电涡流式检测元件是20世纪70年代以来得到迅速发展的一类检测元件。它结构简单、灵敏度高、频率响应范围宽、抗干扰能力强、不受油污等介质影响，可实现多种物理量的测量，并能进行非接触测量，可用于无损探伤，在工业生产和科学技术的各个领域中都有广泛的应用。

1. 工作原理

若将金属导体置于变化着的磁场中，或在磁场中运动时，金属导体内部就会产生感应电流，该感应电流称为电涡流或涡流，这种现象称为涡流效应。如图3-26所示，有一通以交变电流 $\dot{I}_1$ 的线圈，由于电流 $\dot{I}_1$ 的存在，线圈周围就产生一个交变磁场 H。若被测导体置于该磁场范围内，导体内便产生电涡流 $\dot{I}_2$，电涡流 $\dot{I}_2$ 的存在也将产生一个与磁场 H 反方向的新磁场，力图削弱原磁场 H，从而导致线圈的电感量、阻抗和品质因数发生变化。这些参数变化与导体的几何形状、电导率、磁导率、线圈的几何参数、电流的频率以及线圈到被测导体间的距离有关。如果控制上述参数中一个参数改变，余者皆不变，就能检测该参数。

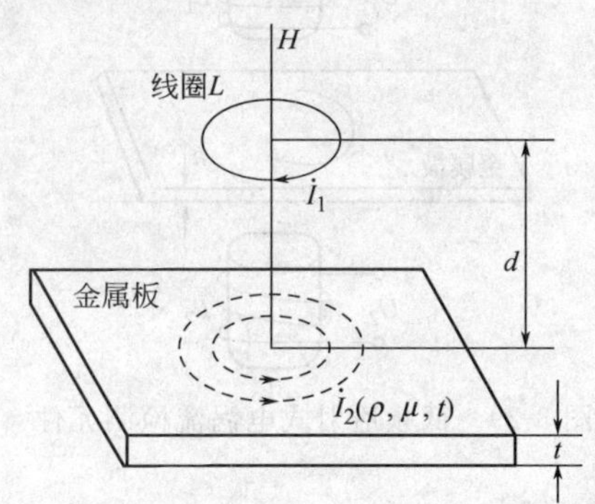

图 3-26 电涡流式检测元件的工作原理

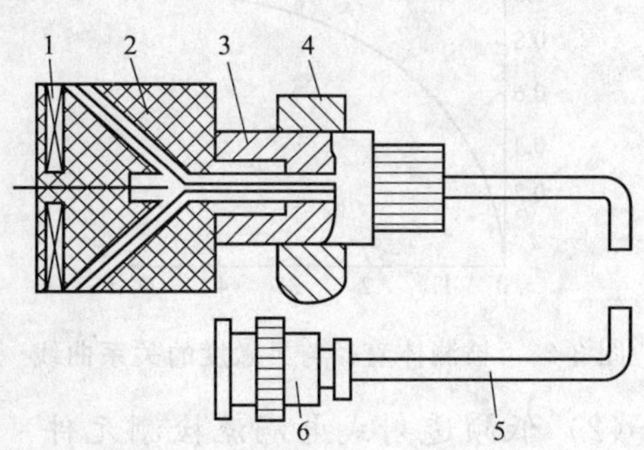

图 3-27 高频反射式电涡流检测元件的结构

1—线圈；2—框架；3—框架衬套；

4—支架；5—电缆；6—插头

2. 种类

在电涡流式传感器中，磁场变化频率越高，涡流的穿透深度越小，因此根据励磁频率的高低可以分为高频反射式和低频透射式两大类。

（1）高频反射式电涡流检测元件

目前，高频反射式电涡流检测元件应用十分广泛。图 3-27 所示为高频反射式电涡流检测元件结构。它由一个扁平线圈固定在框架上构成。线圈用高强度漆包铜线或银线绕制而成，用黏合剂粘在框架端部或绕制在框架内。线圈框架常用高频陶瓷、聚酰亚胺、环氧玻璃纤维、氮化硼和聚四氟乙烯等损耗小、电性能好、热线胀系数小的材料制成。

需要指出的是，由于电涡流检测元件是利用线圈与被测导体之间的电磁耦合进行工作的，因而被测导体作为实际检测元件的一部分，其材料的物理性质、尺寸与形状都与检测特性密切相关。因此有必要对被测导体进行讨论。

被测导体的电导率、磁导率影响检测的灵敏度。通常情况下，被测导体的电导率越高，灵敏度也越高；而磁导率则相反，当被测物为磁性体时，灵敏度较非磁性体低。因此如果被测导体中有剩磁，应予以消磁，以防止影响测量结果。

如果被测导体表面有镀层，镀层的性质和厚度的不均匀也会影响测量精度。在测量中，当被测体转动或移动时，镀层的不均匀将对测量结果形成干扰信号。尤其当励磁频率较高，电涡流的贯穿深度减小时，这种不均匀干扰影响更加突出。

另外，被测导体的大小和形状也与灵敏度密切相关。从分析知，当被测体为圆柱体时，只有其直径为线圈直径的 3.5 倍以上，才不影响测量结果；两者相等时，灵敏度降低为70％左右。图 3-28 为被测体直径与灵敏度的关系曲线图，图中 D 为被测体直径，d 为线圈直径，K_r 为相对灵敏度。

若被测体为平面，在涡流环的直径为线圈直径的 1.8 倍处，电涡流密度已衰减为最大值的 5％。当被测体环的直径为线圈直径的一半时，灵敏度将减小一半；更小时，灵敏度下降更严重。为充分利用电涡流效应，被测体环的直径不应小于线圈直径的 1.8 倍。

同样，对被测导体的厚度也有要求。一般情况下，被测导体厚度大于 0.2mm 即不影响测量结果（视励磁频率而定），铜铝等材料的厚度可减薄为 70μm。

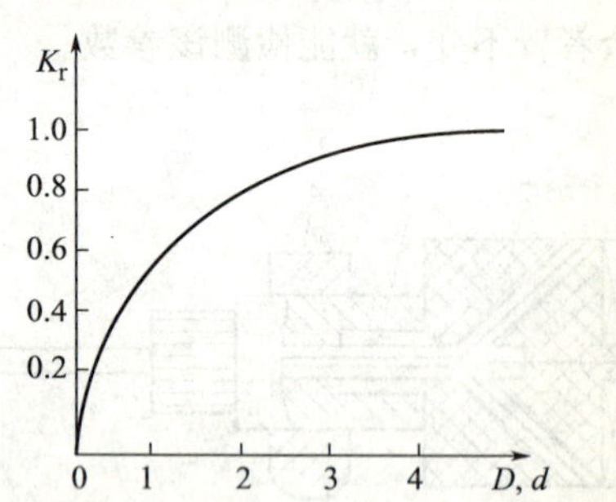

图 3-28 被测体直径与灵敏度的关系曲线

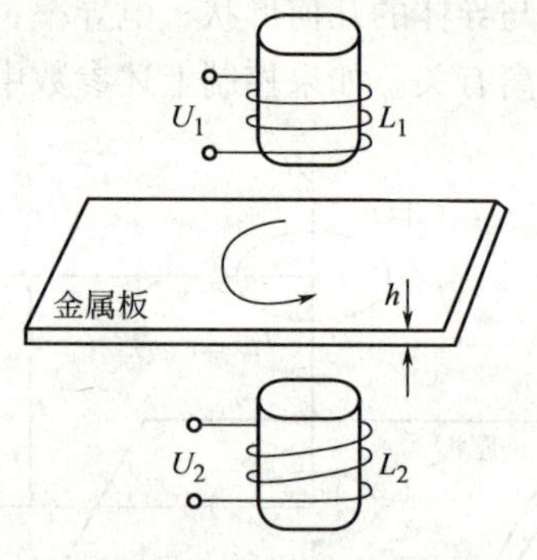

图 3-29 低频透射式电涡流检测元件

(2) 低频透射式电涡流检测元件

如图 3-29 所示，低频透射式电涡流检测元件有两个线圈：一个是发射线圈 L_1，在其上加上电压产生磁场；另一个是接收线圈 L_2，用以感应电势。低频透射式与高频反射式的区别在于它采用低频励磁，贯穿深度大，适用于测量金属材料的厚度。

发射线圈 L_1 和接收线圈 L_2 分别位于被测材料的上方和下方。当振荡器产生的高频电压 U_1 加到 L_1 的两端时，线圈中即流过一个同频交变电流，并在其周围产生一交变磁场。若两线圈中间不存在被测金属材料，则线圈 L_1 的磁场就能直接贯穿线圈 L_2，因此在 L_2 的两端将会产生感应电势 U_2。

如果在 L_1 与 L_2 之间放置一块金属板，L_1 产生的磁力线经过金属板，将在金属板中产生涡流，该涡流的存在削弱了 L_1 产生的磁力线，使到达接收线圈 L_2 的磁力线减少，从而使 L_2 两端的感应电势 U_2 减小。

金属板越厚，其内部产生的涡流就越大，削弱的磁力线也就越多，接收线圈中产生的感应电势也越小，因此，可根据接收线圈输出电压的大小来反映金属板的厚度。金属板中涡流的大小除了受金属板厚度的影响外，还与其电阻率有关，而电阻率与温度有关。温度的变化会对测量结果带来误差。因此，在用涡流法测量金属板厚度时，要求被测材料温度恒定。

对于低频投射式电涡流检测元件，为了更好地进行厚度测量，励磁频率应选得较低，通常选 1kHz 左右。若频率太高，则贯穿深度小于被测厚度，不利于进行厚度测量。

为保证在测量不同材料时得到较好的线性度和灵敏度，通常测量薄金属板时，频率可略高些，测量厚金属板时，频率应低些。在测量电阻率较小的材料时，应选 500Hz 左右的较低的频率；在测量电阻率较大的材料时，则应选用 2kHz 的较高的频率。

3.5 压电式检测元件

压电式检测元件是一种自发电型检测元件，采用压电材料作为敏感元件，当压电材料受外力作用时，在晶体表面将产生电荷，这种效应即为压电效应。利用压电效应，压电式检测元件可以把力、压力、加速度和扭矩等各种物理量转换成电信号输出。

压电式检测元件具有使用频带宽、灵敏度高、结构简单、工作可靠、重量轻等优点。近年来由于电子技术的飞速发展，随着与之配套的二次仪表以及低噪声、小电容、高绝缘电阻电缆的出现，使压电式检测元件的使用更为方便，在工程力学、生物医学、电声学等许多技术领域获得了广泛的应用。

3.5.1　压电效应与压电材料

1. 压电效应

某些材料在沿一定方向受外力（压力与拉力）作用时，几何尺寸发生变化而产生变形的同时材料内部电荷分布发生变化，使得在其一定的两个相对表面上产生符号相反、数值相等的电荷，若去掉外力，又恢复到不带电状态，这种现象称为正压电效应。所受的作用力越大，则机械变形越大，所产生的电荷越多。而当在材料的特定面上施加电场后，则会在相应的面上产生形变和压力；去掉电场后，形变和应力消失，这种效应称为逆压电效应。可见，压电效应是可逆的。习惯上常把正压电效应称为压电效应，具有这种效应的材料则称为压电材料。最常用的压电材料有石英晶体和压电陶瓷。

石英是一种性能良好的天然压电单晶体，石英晶体俗称水晶，有天然和人工之分。图3-30所示为天然结构的石英晶体。在晶体学上，可以把它用三根互相垂直的轴来表示。其中纵向轴 z 轴称为光轴，经过六面体棱线并垂直于光轴的 x 轴称为电轴，与 x 轴和 z 轴都垂直的 y 轴称为机械轴。通常把沿电轴方向的力作用下产生电荷的现象称为纵向压电效应，而把沿机械轴方向上的力作用下产生电荷的现象称为横向压电效应，在光轴方向受力时不产生压电效应。

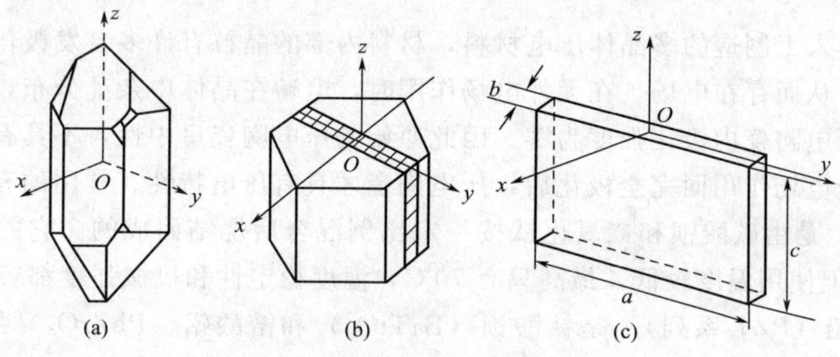

图 3-30　天然结构的石英晶体

下面以晶体切片为对象来进行研究。晶体切片是指从晶体上沿轴线方向切下的薄片，如图 3-30(c) 所示。在每一切片上，当沿电轴方向施加作用力 F_x 时，在与电轴垂直的平面上会产生电荷，其大小为

$$Q_x = d_{11} F_x \tag{3-60}$$

式中，d_{11} 为电轴 x 轴方向受力的压电系数，它与机械变形方向有关，电荷的符号取决于作用力的方向，即压电晶体变形的形式（受压或受拉）。

从上式可以看出，电荷的大小与其切片的几何尺寸无关。若对同一切片沿机械轴方向施加作用力 F_y，其产生电荷仍会出现在与 x 轴垂直的平面上，但极性相反，其电荷大小可以表示为

$$Q_y = d_{12} \frac{a}{b} F_y = -d_{11} \frac{a}{b} F_y \tag{3-61}$$

式中，a 和 b 分别为切片的长度和厚度；d_{12} 为机械轴 y 轴方向受力时的压电系数，对石英晶体而言 $d_{12} = -d_{11}$。

从式(3-61) 可以看出，沿机械轴方向的力作用在晶体上产生的电荷大小与晶体切片的几何尺寸有关。式中“－”号说明沿 y 轴的压力所引起的电荷极性与沿 x 轴的压力所引起

的电荷极性是相反的。

若施加的作用力的方向改变，则电荷的符号也发生变化。晶体切片上受力后产生电荷的极性与受力方向的关系如图 3-31 所示。

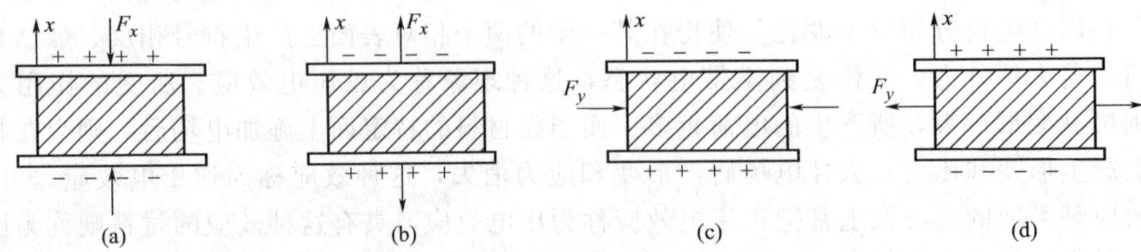

图 3-31 晶体切片受力后电荷极性与受力方向的关系

2. 压电材料

常用的压电材料有压电晶体、压电陶瓷、高分子材料。

最典型的压电晶体是石英晶体，石英是一种天然单晶体，它具有不需要人工极化，没有热释电效应，介电常数和压电系数的温度稳定性好，且自振频率高、动态响应好、机械强度高、绝缘性好、迟滞小、重复性好、线性范围宽等优点。但是，石英晶体的压电系数较低，且价格较高。

压电陶瓷是人工制造的多晶体压电材料，材料内部的晶粒有许多自发极化的电畴，有一定的极化方向，从而存在电场。在无外电场作用时，电畴在晶体中杂乱分布，它们的极化效应相互抵消，压电陶瓷内极化强度为零。因此原始的压电陶瓷呈中性，不具有压电性质，只有在压电陶瓷受电场作用而完全极化后，压电陶瓷才具有压电特性。常用的有以下两种。

① 钛酸钡 是由碳酸钡和二氧化钛按一定比例混合后烧结而成的。它的压电系数约为石英的 50 倍，但使用温度较低，最高只有 70℃，温度稳定性和机械强度都较石英晶体差。

② 锆钛酸铅（PZT 系列） 是钛酸钡（$BaTiO_3$）和锆酸铅（$PbZrO_3$）组成的固溶体。具有较高的压电系数，居里温度在 300℃以上，各项机电参数受温度影响较小、稳定性好，能承受较高的压力。

某些高分子聚合物薄膜经拉伸延展和电场极化处理后也具有较高的压电特性，其中聚二氟乙烯（PVF2）压电薄膜具有极高的压电灵敏度，比 PZT 压电陶瓷高十几倍，在 10^{-5} Hz～500MHz 频率范围内具有平坦的响应特性，且机械强度高，易加工，耐冲击，不易破碎，具备较强的防水性，可大量连续控制，价格便宜，容易加工成大面积元件和阵列元件。在其中掺入压电陶瓷粉末制成复合材料还将大大提高其压电性能。

几种常用压电材料的主要特性见表 3-1。

表 3-1 常用压电材料的主要特性

压电材料	形状	压电系数/(10^{-12}C/N)	相对介电常数ε_r	居里温度/℃	机械品质因数	密度/(10^3kg/m^3)	最大安全能力/(10^6N/m^3)	体积电阻率/Ω·m
石英	单晶	$d_{11}=2.31$ $d_{14}=0.73$	4.5	573	10^5～10^6	2.65	95～100	$>10^{12}$
钛酸钡	陶瓷	$d_{15}=260$ $d_{31}=-78$ $d_{33}=200$	1200	120	300	5.7	81	10^{10}
锆钛酸铅 PZT-4	陶瓷	$d_{15}=410$ $d_{31}=-100$ $d_{33}=200$	1050	310	≥500	7.45	76	$\geqslant 10^{10}$

续表

压电材料	形状	压电系数/(10^{-12}C/N)	相对介电常数ε_r	居里温度/℃	机械品质因数	密度/(10^3kg/m^3)	最大安全能力/(10^6N/m^3)	体积电阻率/Ω·m
聚二氟乙烯 PVF2	薄膜	6.7	5	120		1.8		
复合材料 PVF-PZT	薄膜	15～25	100～120				5.5～6	

3.5.2 压电式检测元件的等效电路

当压电元件在某个方向受到外力作用时，会在压电元件一定方向的两个极板表面上产生电荷，一个极板表面上聚集正电荷，另一个极板表面上聚集等量的负电荷，因此，压电元件可等效为一个电荷源。同时，当压电元件电极表面聚集电荷时，相当于一个以压电材料为介质的电容器，其电容量为

$$C_a=\frac{\varepsilon A}{d}=\frac{\varepsilon_r\varepsilon_0 A}{d} \tag{3-62}$$

式中，A 为压电元件的极板面积；d 为压电元件极板间的厚度；ε为压电材料的介电常数；ε_r 为压电材料的相对介电常数；ε_0 为真空介电常数，$\varepsilon_0=8.85\times10^{-12}$F/m。

压电元件及等效电路如图 3-32 所示。由于它既是电荷源，又是电容器，因此，又可以等效为一个电荷源 q 和一个电容器 C_a 的并联，图 3-32(b) 所示为其等效电路。电容器上的电压 U、电荷 q 与电容 C_a 三者存在如下关系：

$$q=UC_a \tag{3-63}$$

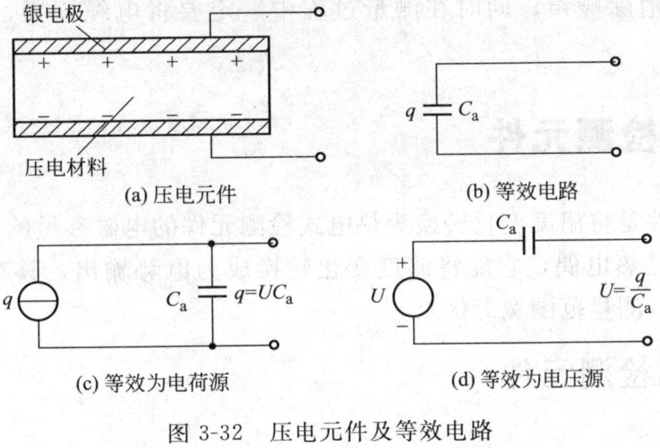

(a) 压电元件 (b) 等效电路

(c) 等效为电荷源 (d) 等效为电压源

图 3-32 压电元件及等效电路

因此，压电式检测元件也可等效为一个电压源和一个电容器的串联，如图 3-32(c) 所示。

若等效为电压源，在实际的电压放大器中电荷会通过放大器输入电阻和检测元件本身漏电阻漏掉，故不能用于静态力的测量，此外电压源与前置放大器之间连接电缆也不能随意更换，否则会引起测量误差。

当等效为电荷源时，实际的电荷放大器的输入电压与电缆电容无关，且与电荷量成正比，电荷源与放大器之间的电缆可以随意更换。

3.5.3 压电式检测元件的误差

1. 温度引起的误差

压电材料的压电系数、介电常数、体电阻和弹性模量等参数受到环境温度的影响而将发

生变化。此外，温度对检测元件的电容量和体电阻也有较大的影响，当温度升高时，压电式检测元件的电容量增大，体电阻减小，从而导致电荷灵敏度和压电灵敏度发生变化。例如100℃降到常温的过程中，电荷灵敏度变化将由百分之几变为百分之几十。因此，在高温度下需要精密测量时，要选用灵敏度受温度影响变化较小的检测元件。此外，由于风吹或红外线等因素引起环境温度的瞬态变化，对检测元件也会产生较大的影响。甚至，在高温下测量小信号时，瞬变温度引起的热电势输出有时会大于有用信号。为此，必须采取补偿措施。由于检测元件的结构不同将影响压电元件的热电效应，故可以采用受瞬变温度影响较小的检测元件，如剪断式检测元件。另外，也可以采用隔热片，即在压电元件与膜片之间放置氧化铝或非极化的陶瓷片等热导率小的绝缘片，以减少温度的影响；或采用温度补偿片，在压电元件与膜片之间放置适当的材料及尺寸的温度补偿片，用温度补偿片的热膨胀变形来抵消壳片等部件的变形所带来的误差，从而消除温度引起的输出漂移。

检测元件的压电材料、电缆、绝缘材料等耐热性能决定着压电式检测元件的最高使用温度，通常压电材料的压电效应温度上限为1/2居里温度，若超过有效温度将会引起较大的测量误差。

2. 电缆噪声

不带有阻抗变换器的检测元件呈现纯电容性，输出阻抗非常高，若电缆受到振动或弯曲变形而使屏蔽线与绝缘层分离，则电缆线与绝缘体之间以及绝缘体与金属屏蔽线之间可能发生相对移动，从而出现的摩擦会产生静电感应电荷，此电荷将与压电元件的输入信号一起输入到电荷放大器中给测量过程带来较大误差。为此，所选用的电缆的绝缘层表面一定要经过导电膜处理，以便消除噪声；同时在测量过程中一定要将电缆固紧，以免相对运动引起摩擦。

3.6 热电式检测元件

热电式检测元件是将温度变化转换为热电式检测元件的电磁参量的变化的装置。最典型的热电式检测元件是热电偶，它能将温度变化转换成为电势输出，具有结构简单、使用方便、测量准确度高、测量范围宽等优点。

3.6.1 热电偶检测元件

1. 热电效应

将两种不同材料的导体A、B两端相接组成闭合回路，如图3-33所示。当它们的两个接点分别置于温度为T和T_0（设$T>T_0$）的两种不同的温度场中时，在该回路内部就会产生热电势，形成回路电流。这种现象即为热电效应，这两种不同材料导体组成的回路即为热

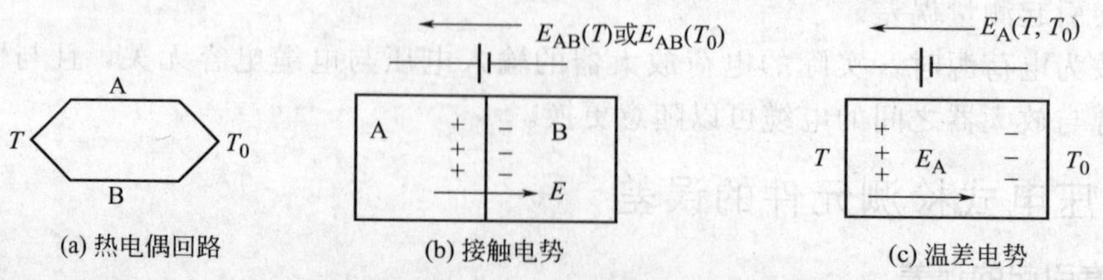

(a) 热电偶回路　(b) 接触电势　(c) 温差电势

图3-33 热电偶的结构

电偶，导体A和B称为热电极。温度高的接点称为热端或工作端，温度低的接点称为冷端或自由端。热电偶回路中所产生的电势通常由两种导体的接触电势和单一导体的温差电势两部分组成。

(1) 接触电势

当两种不同材料的导体A、B接触时，由于不同材料其电子密度不同，在接触面上会发生电子扩散，电子的扩散速率与两种导体的电子密度有关。设导体A和B的电子密度分别为N_A和N_B，且有$N_A>N_B$，则在接触面上由A扩散到B的电子将必然比由B扩散到A的多。显然，导体A失去电子而带正电，导体B得到电子而带负电，从而在A、B的接触面上便形成一个从A到B的静电场，这个电场阻碍了电子的继续扩散，当扩散作用与阻碍扩散的作用相等时，即达到动态平衡时，在接触面上就形成一个稳定的电位差，称为接触电势，可表示为

$$E_{AB}(T)=\frac{kT}{e}\ln\frac{N_A(T)}{N_B(T)} \tag{3-64}$$

式中，$E_{AB}(T)$为导体A和B的接点在温度为T时形成的接触电势；k为玻尔兹曼常数，$k=1.38\times10^{-23}$J/K；e为电子电荷量，$e=1.602\times10^{-19}$C。

可见，接触电势的大小与接点处温度的高低和导体的电子密度有关，温度越高，接触电势越大；两种材料的电子密度的比值越大，接触电势越大。

(2) 温差电势

单一导体中，如果两端温度不同($T>T_0$)，导体内自由电子在高温端具有较大的动能，从而向低温端扩散，使得高温端失去电子而带正电，低温端得到电子而带负电，这样在导体两端便产生了一个由高温端指向低温端的静电场，该电场阻碍电子继续扩散。当达到动态平衡时，在导体的两端便产生一个相应的电位差，称为温差电势。可用下式表示：

$$E_A(T,T_0)=\frac{k}{e}\int_{T_0}^{T}\frac{1}{N_{AT}}\times\frac{\mathrm{d}(N_{At}t)}{\mathrm{d}t}=-E_A(T_0,T) \tag{3-65}$$

式中，$E_A(T, T_0)$为导体A两端为温度T、T_0时形成的温差电势。

可见温差电势只与导体材料和两端温度有关，与中间温度分布无关。

(3) 热电偶回路热电势

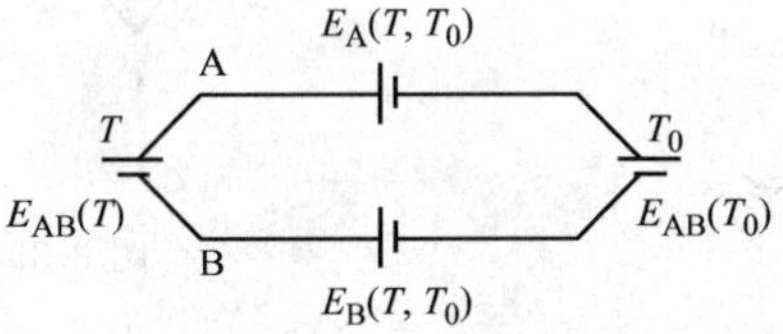

对于由不同材料导体A、B组成的热电偶闭合回路，当温度为$T>T_0$，$N_A>N_B$时，热电偶回路的接触电势和温差电势的分布如图3-34所示，则闭合回路总的热电势为

图3-34 热电偶闭合回路

$$E_{AB}(T,T_0)=[E_{AB}(T)-E_{AB}(T_0)]+[-E_A(T,T_0)+E_B(T,T_0)]$$

$$=\frac{kT}{e}\ln\frac{N_A(T)}{N_B(T)}-\frac{kT_0}{e}\ln\frac{N_A(T_0)}{N_B(T_0)}-\frac{k}{e}\int_{T_0}^{T}\frac{1}{N_{AT}}\times\frac{\mathrm{d}(N_{At}t)}{\mathrm{d}t}\mathrm{d}t+\frac{k}{e}\int_{T_0}^{T}\frac{1}{N_{BT}}\times\frac{\mathrm{d}(N_{Bt}t)}{\mathrm{d}t}\mathrm{d}t \tag{3-66}$$

对其进行变换，有

$$E_{AB}(T,T_0)=E_{AB}(T,0)-E_{AB}(T_0,0) \tag{3-67}$$

由式(3-67)可知以下几个结论。

① 若两个电极是同种导体，则$N_A=N_B$，无论T与T_0有多大差异，无论导体截面如何以及

温度如何分布，都不产生接触电势，温差电势相抵消，回路总电势 $E_{AB}(T, T_0)=0$。

② 若 $T=T_0$，即便热电偶采用两种不同材料导体组成，回路总电势 $E_{AB}(T, T_0)=0$，故热电偶必须采用两种不同材料组成，且产生热电势的条件是两接点的温度不同。

③ 热电势的大小只与热电极材料及两端温度有关，与热电极的尺寸形状无关。

④ 热电偶材料确定之后，热电势的大小只与 T、T_0 有关，若保持 T_0 一定，则热电偶回路总热电势即可以看成是温度 T 的单值函数。

2. 热电偶的基本定律

(1) 均质导体定律

如果热电偶回路中的两个热电极的材料相同，不论导体的截面积和长度如何，也不论各处的温度如何都不产生热电势。用这个定律可检验两个热电极材料的成分是否相同，也可检查热电极材料的均匀性。

(2) 中间导体定律

在热电偶回路中接入第三种导体C，只要中间导体两端温度相同，则中间第三种导体的接入对热电偶回路总热电势 $E_{AB}(T, T_0)$ 没有影响。证明如下。

根据式(3-67)，图 3-35(a) 所示热电偶回路的热电势为

$$E_{ABC}(T,T_0)=E_{AB}(T,0)+E_{BC}(T_0,0)+E_{CA}(T_0,0)$$

若 $T=T_0$，则 E_{ABC} 应当为零，即

$$0=E_{AB}(T_0,0)+E_{BC}(T_0,0)+E_{CA}(T_0,0)$$

将上面两式进行综合，可得

$$E_{ABC}(T,T_0)=E_{AB}(T,0)-E_{AB}(T_0,0)$$

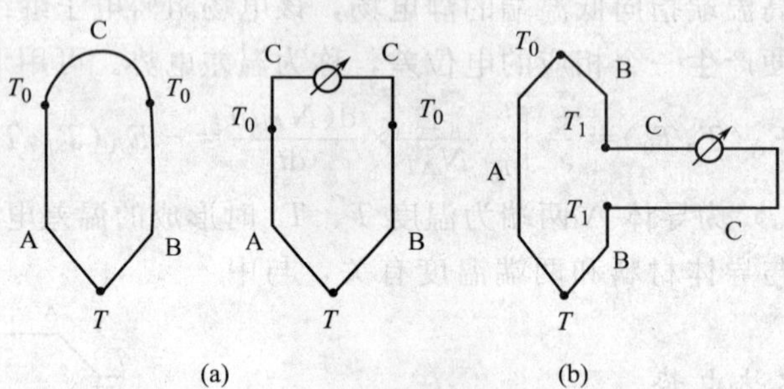

图 3-35 接入第三种导体的热电偶回路示意

根据这种性质可以在热电偶回路中引入各种测量仪表、连线等，也可以将热电偶的两端不焊接而直接接入液态金属中或直接焊在金属表面进行温度测量，但必须保证所接入的第三种导体的两端温度相同。

如果接入的第三种导体两端温度不相等，则热电偶回路中的热电势将会发生变化，变化的大小取决于导体的性质和接点的温度。在测量过程中接入的第三种导体不宜采用与热电偶热电性质相差很大的材料；否则，一旦该材料的两端温度有所变化，将会产生较大的热电势变动。

(3) 中间温度定律

热电偶的 A、B 在接点温度为 T、T_0 时的热电势 $E_{AB}(T, T_0)$，等于热电偶的 A、B 在温度为 T、T_n 和 T_n、T_0 的热电势 $E_{AB}(T, T_n)$ 与 $E_{AB}(T_n, T_0)$ 的代数和，即

$$E_{AB}(T,T_0)=E_{AB}(T,T_n)+E_{AB}(T_n,T_0) \tag{3-68}$$

根据这一定律，热电偶分度表按冷端温度为0℃时进行分度，若冷端温度不为0℃，则可视实际冷端温度 T_0 为中间温度 T_n，从而可计算出总热电势值。

3. 热电偶的误差

（1）分度引起的误差

由于热电偶的输出电势与温度之间呈现非线性关系，工业上常用的热电偶分度都用标准分度表来进行。而一些特殊的热电偶的单独分度其分度误差是不可避免的，其值必须限定在规定的误差范围内。

（2）冷端温度引起的误差

根据分度表进行刻度显示的仪表和工业上使用的热电偶分度表都是在冷端温度为零时进行的。在实际测量中，如果冷端温度不为零，则会引入误差，必须采用适当的温度补偿措施。

（3）测量线路及仪表误差

测量中必须使用与热电偶配套的测量电路和相应的仪表，热电偶与仪表相连接时应选用电阻值小且恒定的导线，以免在测量过程中产生较大的测量误差。

（4）干扰和漏电引起的误差

测量过程中，若热电偶周围存在电磁场将会在回路中产生附加电势，从而引起误差。若绝缘不好可能造成热电势的分流，也可能把被测对象所用电源泄漏到热电偶回路中，造成漏电误差，因此，热电偶必须保证具备良好的绝缘性。

除上述误差外，在热电偶测温时，热电偶的材料不均匀、补偿导线与热电偶的热电特性不完全一致等因素均会给测量带来误差。

3.6.2　晶体管温度检测元件

1. PN结温度检测元件

PN结温度检测元件是利用晶体管的PN结的伏安特性与温度有关而进行温度测量的一类温度检测元件。

设流经晶体二极管的正向电流为 I_d，则它与PN结上的电压 V_d 的关系可表示为

$$I_d = I_s e^{\frac{qV_d}{kT}} \tag{3-69}$$

式中，q 为电子电荷量；k 为波尔兹曼常数；T 为绝对温度；I_s 为反向饱和电流。

将式(3-69)取对数，得

$$V_d = \frac{kT}{q}\ln\frac{I_d}{I_s} \tag{3-70}$$

由上式可知，PN结温度检测元件的正向电压与温度的变化呈现线性关系。但实际测量中，这种线性关系是在一定的温度范围内的。图3-36所示为锗（Ge）二极管及硅（Si）二极管的 V_d 与 T 的关系，由图可知，在－40～100℃的温度范围内，其PN结电压与温度具有较好的线性关系，温度升高导致了电压下降，与热电偶相比，PN结温度检测元件具有较高的灵敏度。

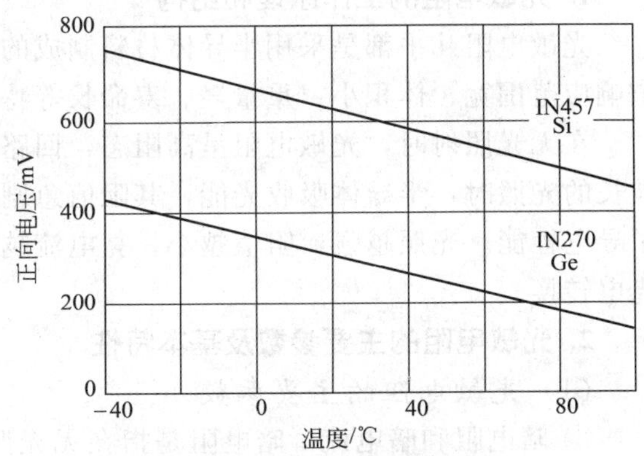

图3-36　二极管的温度特性

2. 晶体三极管温度检测元件

根据半导体原理，处于正向工作状态的晶体三极管，其发射极电流 I_e 与基极、发射极间的电压 V_{be}的关系为

$$I_e = I_{se}(e^{\frac{qV_{be}}{kT}} - 1) \tag{3-71}$$

式中，I_{se}为发射极的反向饱和电流。

当发射结处于正向偏置时，$V_{be} \gg kt/q$，故

$$I_e = I_{se} e^{\frac{qV_{be}}{kT}} \tag{3-72}$$

将式(3-72) 取对数，得

$$V_{be} = \frac{kT}{q} \ln \frac{I_e}{I_{se}} \tag{3-73}$$

由上式可知，在一定温度范围内，晶体三极管的输出电压与温度具有较好的线性关系。

3.7 光电式检测元件

光照射到物质上引起其电特性（电子发射、电导率、电流等）发生变化的现象称为光电效应，光电式检测元件就是基于光电效应将光信号转换为电信号而进行工作的。光电式检测元件一般由光源、光学元件、光电变换器三部分组成。光源发射出一定光强的光线，由光学元件形成光路照射到光电变换器上，在测量过程中，被测量的变化转换成光信号的变化，从而引起电信号的相应变化。这种检测方法结构简单，具有非接触、高可靠性、高精度和反应快等特点。

在光线作用下，物体的电阻率发生改变的现象称为内光电效应，又称光电导效应，如光敏电阻就属于这类光电器件。在光线作用下能使电子逸出物体表面的现象称为外光电效应，如光电管、光电倍增管等。在光线作用下，能使物体产生一定方向的电势的现象称为光生伏特效应，即阻挡层光电效应，如光电池、光敏二极管、光敏三极管等就属于这类光电器件。基于外光电效应的光电器件属于真空光电器件，基于内光电效应和半导体光生伏特效应的光电器件属于半导体光电器件。

3.7.1 光敏电阻

1. 光敏电阻的工作原理和结构

光敏电阻几乎都是采用半导体材料制成的光电元件，又称为光导管，具有灵敏度高、光谱响应范围宽、体积小、重量轻、寿命长等特点，其结构如图 3-37 所示。

在无光照射时，光敏电阻呈高阻态，回路中仅有微弱的暗电流流过。当半导体受到一定波长的光照时，半导体吸收光能，其阻值急剧减小，回路中有较强的亮电流流过，从而加强了导电性能。光照越强，阻值越小，亮电流越大。光照停止后，电阻恢复原值，从而实现了光电转换。

2. 光敏电阻的主要参数及基本特性

(1) 光敏电阻的主要参数

① 暗电阻和暗电流　暗电阻是指在无光照时光敏电阻的阻值，这时在给定工作电压下流过的电流称为暗电流。

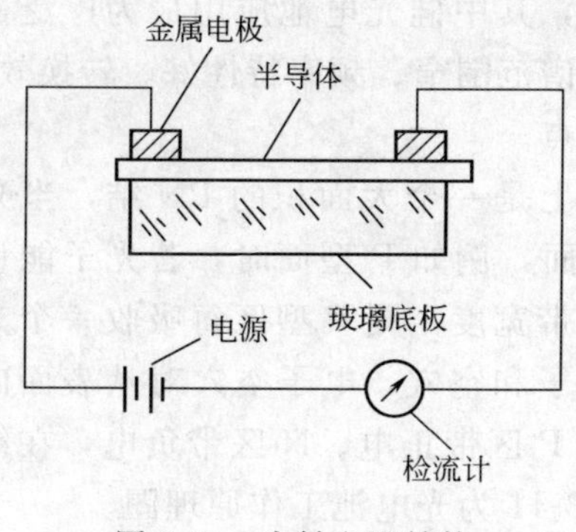

图 3-37　光敏电阻结构

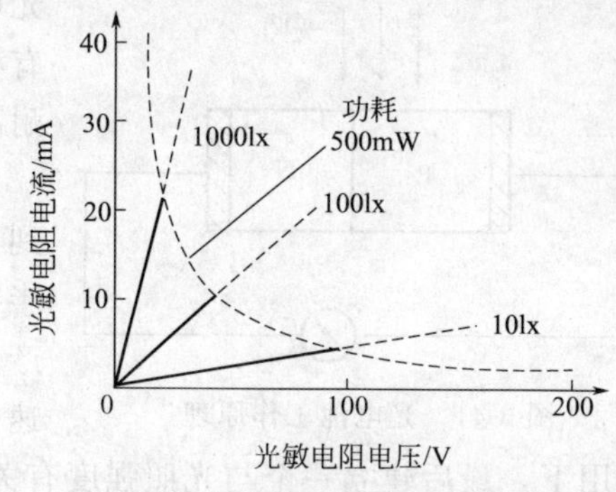

图 3-38　光敏电阻的伏安特性

② 亮电流与亮电阻　光敏电阻在受到光照射时的电阻值称为亮电阻，此时的电流称为亮电流。

③ 光电流　亮电流与暗电流的差值称为光电流。亮电阻与暗电阻相差越大，说明光敏电阻性能越好。实际用的光敏电阻，其暗电阻一般为1～100MΩ，而亮电阻在几千欧以下。

(2) 基本特性

① 伏安特性　光敏电阻的伏安特性是指在一定光照度下光敏电阻的电流和光敏电阻两端所加的电压的关系。光敏电阻的光电流随外加电压而线性增加，如图 3-38 所示。

② 光谱特性　光敏电阻的光谱特性是指光敏电阻的相对灵敏度与入射波长的关系。硫化镉元件的光谱特性在可见光或近红外区对照度变化有较高的灵敏度。光谱响应峰很尖，而硫化铅光敏电阻响应于近红外和中红外区，常用作火焰探测器的探头。光敏电阻的光谱特性曲线如图 3-39 所示。可见不同材料的光谱特性不同，光谱响应的峰值波长不同。

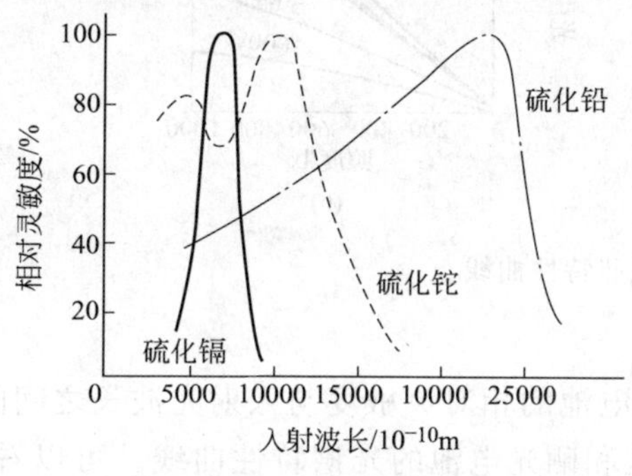

图 3-39　光敏电阻的光谱特性曲线

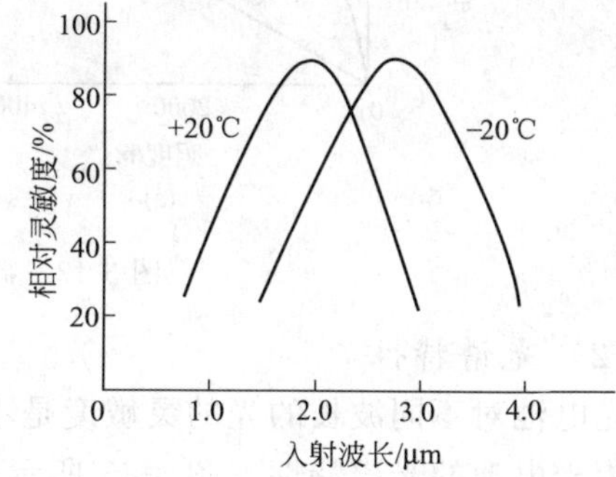

图 3-40　硫化铅光敏电阻的光谱温度特性曲线

③ 温度特性　光敏电阻的光电效应受温度影响很大，很多光敏电阻在低温下光电灵敏度较大，而在高温下灵敏度较低。温度变化不仅影响灵敏度、暗电阻，而且对光谱特性也有很大影响，图 3-40 为硫化铅光敏电阻的光谱温度特性曲线，它的峰值随着温度上升向波长短的方向移动。因此，硫化铅光敏电阻在低温、恒温的条件下使用时效果更好。

3.7.2　光电池

1. 光电池的工作原理和结构

光电池是一种基于光生伏特效应而直接将光能转换为电能的光电器件，是一种自发电型有源器件。光电池在有光线作用下实质就是电源，电路中有了这种器件就不需要外加电源。

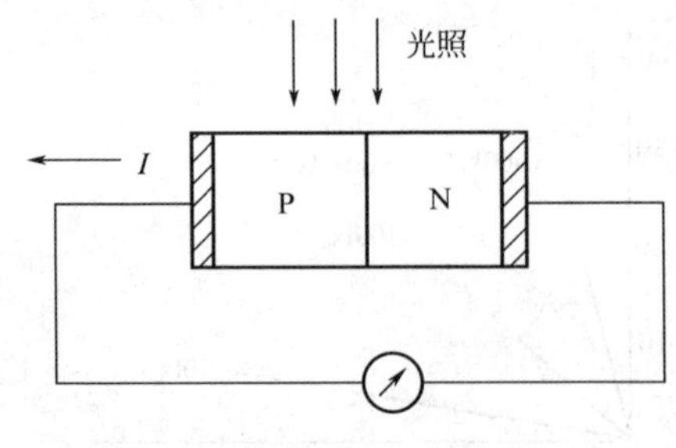

图 3-41 光电池工作原理

光电池种类繁多，其中硅光电池应用最为广泛，它具有稳定性好、光谱范围窄、频率特性好、转换效率高、耐高温辐射等特点。

光电池实质上是一个大面积的 PN 结，当光照射到 PN 结的一个面，例如 P 型面时，若光子能量大于半导体材料的禁带宽度，则 P 型区每吸收一个光子就产生一对自由电子和空穴，电子空穴对从表面向内迅速扩散，结果使 P 区带正电、N 区带负电，在结电场的作用下，最后建立一个与光照强度有关的电势。图 3-41 为光电池工作原理图。

2. 光电池的基本特性

(1) 光照特性

光电池在不同光照度下，光电流和光生电势是不同的，它们之间的关系就是光照特性。图 3-42 所示为硅光电池的光照特性曲线。从图中看出，在外接电阻为零时，光生电流随光照强度的增加而线性增加，光生电流与光照度的线性关系保持在一定的照度范围内。当负载电阻 R_L 无限大时，其光生电势与光照度的关系是非线性的，并且当光照度在 2000lx 时就趋于饱和了。因此把光电池作为测量元件时，应把它作为电流源的形式来使用，不能用作电压源。

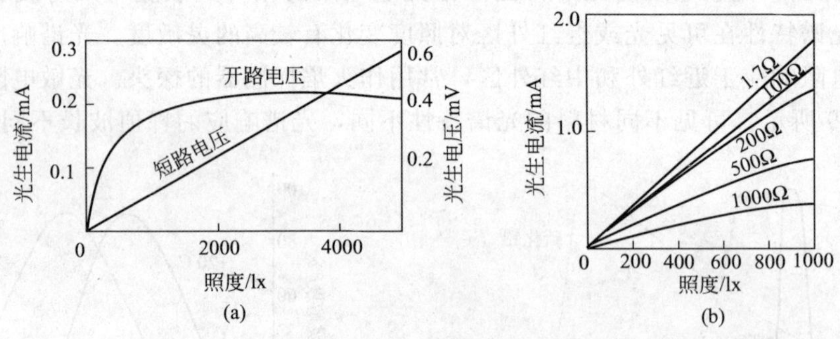

图 3-42 硅光电池的光照特性曲线

(2) 光谱特性

光电池对不同波长的光的灵敏度是不同的。光电池的相对灵敏度与入射光波长之间的关系称为光电池的光谱特性。图 3-43 所示为硅光电池和硒光电池的光谱特性曲线。可以看出，不同材料的光电池，光谱响应峰值所对应的入射光波长是不同的，硅光电池在 0.8μm 附近，硒光电池在 0.5μm 附近。光谱响应波长范围也是不相同的，硒光电池的光谱响应范围为 0.38～0.75μm，而硅光电池的光谱响应波长范围为 0.4～1.2μm。在实际应用时，要根据光源性质选择光电池，但要注意光电池的光谱响应峰值不仅与制造光电池的材料有关，而且也与使用温度有关。

(3) 温度特性

光电池的温度特性描述的是光电池的开路电压和短路电流随温度变化的情况。光电池的温度特性曲线如图 3-44 所示。可以看出，开路电压随温度增加而急速下降，而短路电流随温度升高而缓慢增加。由于光电池的工作受温度影响较大，在测量过程中最好能保证温度恒定或采取温度补偿措施。

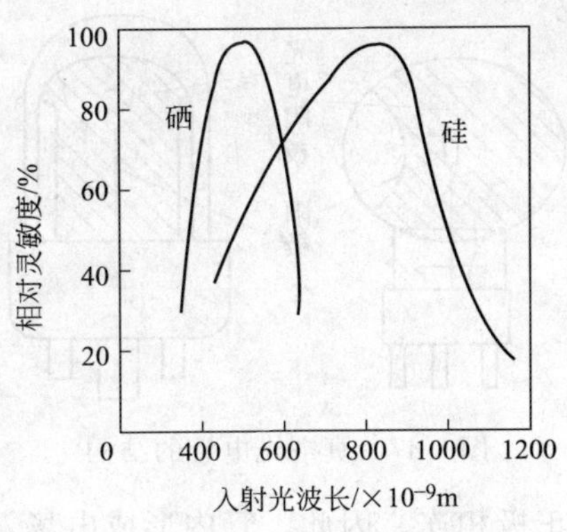

图 3-43 光电池的光谱特性曲线

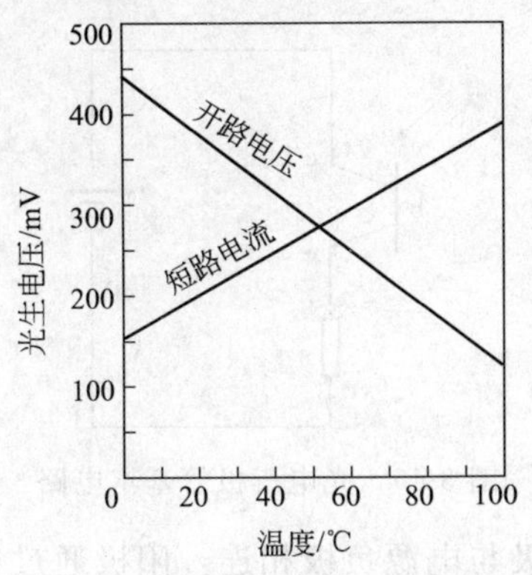

图 3-44 光电池的温度特性曲线

3.7.3 光敏晶体管

1. 光敏二极管

光敏二极管是基于半导体光生伏特效应的原理制成的光敏元件，其结构与一般二极管相似。它装在透明玻璃外壳中，其PN结装在管的顶部，可以直接受到光照射，其结构如图3-45(a)所示。光敏二极管在电路中通常处于反向偏置工作状态，如图3-45(b)所示。在没有光照射时，光敏二极管处于截止状态，反向电阻很大，反向电流即暗电流很小。当光照射在PN结上时，光子打在PN结附近，使PN结附近产生光生电子和光生空穴对，它们在PN结处的内电场作用下做定向运动，形成光电流，即短路电流。光电流随光照度的增大而成比例增大。因此光敏二极管在不受光照射时，处于截止状态，受光照射时，处于导通状态。

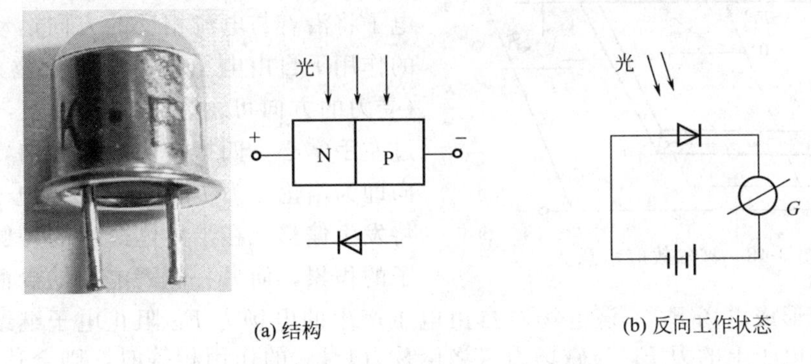

(a) 结构　　(b) 反向工作状态

图 3-45 光敏二极管

2. 光电三极管

光电三极管也是基于光生伏特效应而制成的光敏元件，其基本电路如图3-46所示。它有两个PN结，入射光在发射极与基极之间的PN结附近产生的光电流，相当于三极管的基极电流，由于基极电流的增加，使得集电极电流是光电流的β倍，光电三极管比光敏二极管具有更高的灵敏度。

除此之外还有常见的真空光电管，其结构如图3-47所示。光电管是根据外光电效应制成的，其种类很多。真空光电管由一个阴极和一个阳极构成，且共同封装在一个真空玻璃泡

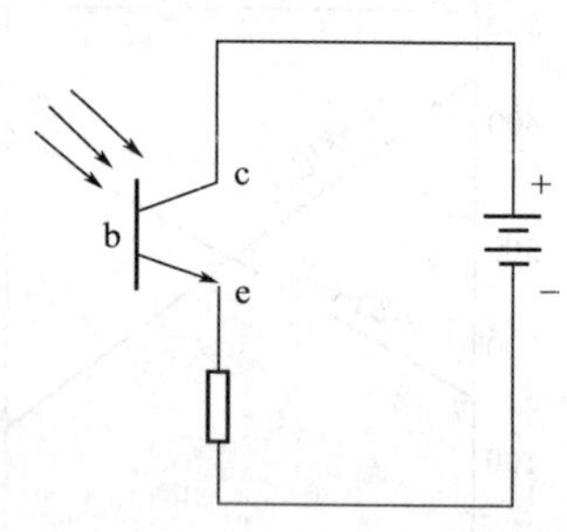

图 3-46 光电三极管基本电路

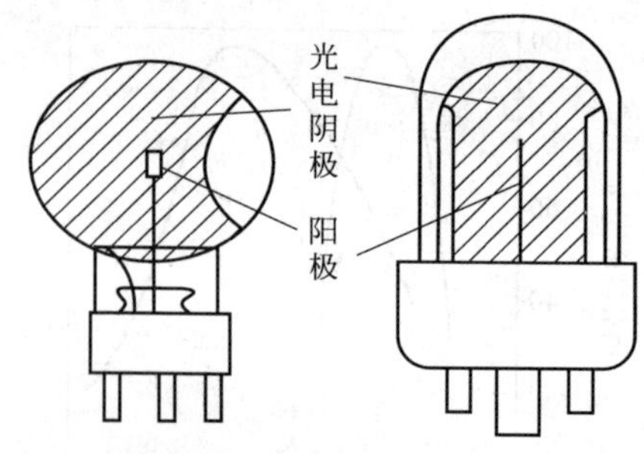

图 3-47 真空光电管的结构

内，阴极与电源负极相连，阳极通过负载电阻与电源正极相连。因此，管内形成电场，当光照射到阴极时，电子便从阴极逸出，在电场作用下，被阳极收集，形成电流。光照的强弱引起该电流及负载电阻上的电压发生变化，实现光电信号的转换。

3.8 霍尔检测元件

霍尔检测元件是以霍尔效应作为理论基础，以霍尔元件为核心部件的检测元件。霍尔检测元件可将电流、磁场、位移、压力等被测量转换成霍尔电势输出。这类检测元件结构简单、工艺成熟、线性好、频带宽、体积小、使用寿命长，在工程测量中得到了广泛的应用。

1. 霍尔效应

图 3-48 所示为一片状半导体材料，垂直放置于磁感应强度为 B 的磁场中，当有电流通过时，在垂直于电流和磁场的方向上将产生电势，这种现象即为霍尔效应。设在 N 型半导体薄片某方向通以电流 I，N 型半导体中的自由电子将沿着与电流相反的方向运动，在外磁场的作用下自由电子将受到洛伦兹力 F_L 的作用（受力的方向可由左手定则判定，即磁力线穿过左手掌心，四指指向电流方向，而拇指的方向即为洛伦兹力 F_L 的方向），电子的运动轨迹将发生偏移，在半导体薄片的一侧形成自由电子的积累，而另一侧因电子缺少而带负电，从而两侧面之间形成电场 E_H。该电场对自由电子产生的电场力 F_E 阻止电子继续偏移，当电场作用在运动电子上的力 F_E 与磁场力（洛伦兹力）F_L 的作用相等时，则会达到动态平衡。此时，在半导体两侧面建立的电场称为霍尔电场 E_H，相应的电动势就称为霍尔电势 U_H。

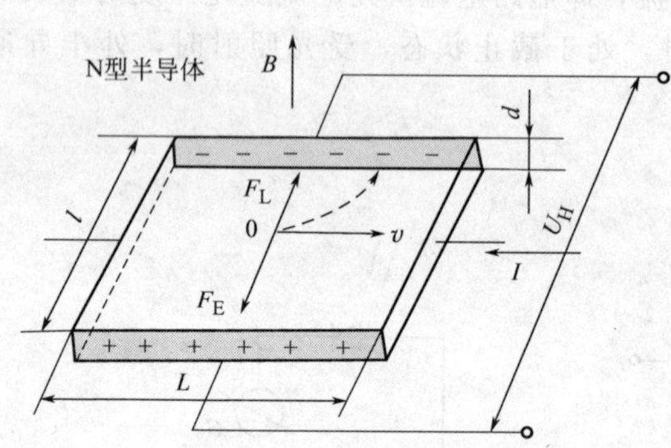

图 3-48 霍尔效应示意

假设霍尔元件长度为 L，宽度为 l，厚度为 d，自由电子匀速运动，则所受的洛伦兹力的大小为

$$F_L = evB \tag{3-74}$$

式中，F_L 为洛伦兹力；e 为电子电量，$e=1.602\times10^{-19}C$；v 为电子运动速度；B 为磁感应强度。

同时，每个电子所受的电场力为

$$F_E = eE_H = e\frac{U_H}{l} \tag{3-75}$$

因为 F_E 与 F_L 的方向相反，所以当达到动态平衡时，有

$$evB=e\frac{U_H}{l} \tag{3-76}$$

若以 n 表示半导体的电子浓度，即单位体积中的电子数，则

$$I=-nevld$$

或写成

$$v=-\frac{I}{neld}$$

式中，负号表示电流方向与电子运动方向相反，将上式代入式(3-76)，整理得

$$U_H=\frac{IB}{ned}=K_H IB \tag{3-77}$$

式中，K_H 为霍尔元件的灵敏度，$K_H=\frac{1}{ned}$。

由式(3-77) 可见，在外加磁感应强度 B 和电流 I 不变的情况下，K_H 越大，则霍尔元件的输出电势越大。而霍尔元件的灵敏度 K_H 与元件材料和几何尺寸有关。若电子浓度 n 较高，则 K_H 较小，若电子浓度 n 较低，则导电能力就差。所以希望半导体材料的电子浓度适中，而且可以通过掺杂来获得所希望的电子浓度。另一方面，霍尔元件的厚度 d 越小，灵敏度越高，一般 $d=0.1\sim0.2$mm，薄型霍尔元件只有 1μm 左右，但随着厚度 d 的减小，霍尔元件的机械强度下降，且输入、输出电阻增大，因此霍尔元件也不能做得太薄。霍尔元件在半导体片的材料和尺寸选定以后，K_H 保持常数，霍尔电压 U_H 和 I 与 B 的乘积成正比。

2. 基本结构及主要技术参数

（1）基本结构

目前最常用的霍尔元件的材料主要有锗（Ge）、硅（Si）、砷化铟（InAs）和锑化铟（InSb）。由这些半导体材料做成的矩形薄片即霍尔片的四个侧面各有一个金属欧姆接触电极，分别焊接上两对导线，如图 3-49(a) 所示。导线 1、2 称为控制电流引线端，与之焊接的一对电极称为控制电极，用以输入控制电压或控制电流；导线 3、4 称为霍尔电势输出端，与之焊接的一对电极即为霍尔电极。

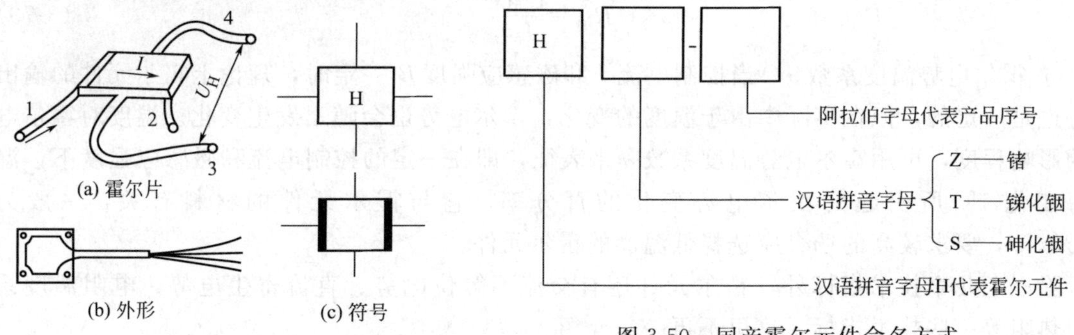

图 3-49 霍尔元件

图 3-50 国产霍尔元件命名方式

将霍尔片用非导磁金属、陶瓷、环氧树脂等进行封装就制成了霍尔元件，典型的外形如图 3-49(b) 所示，一般控制电流引线端以红色导线标记，霍尔电势输出端以绿色导线标记。霍尔元件在电路中常用的表示符号如图 3-49(c) 所示。

国产霍尔元件的命名方法如图 3-50 所示。常见的国产霍尔元件型号有 HZ-1、HZ-2、

HZ-3、HZ-4、HT-1、HT-2、HS-1 等。

(2) 主要技术指标

① 额定控制电流 I_c 和最大控制电流 I_{cm} 额定控制电流 I_c 是指霍尔元件在空气中产生 10℃的温升时所施加的控制电流值。在相同的磁感应强度下，I_c 值较大则可获得较大的霍尔输出，因此在实际应用中，总希望选用较大的励磁电流。但励磁电流增大，霍尔元件的功耗增大，造成霍尔元件的温度升高，霍尔电势的温漂增大，因此每种型号的元件均规定了相应的最大控制电流 I_{cm}。当霍尔元件的温升达到 ΔT_m 时的 I_c 就是最大控制电流 I_{cm}。一般锗元件的最大允许温升 $\Delta T_m < 80℃$，硅元件的 $\Delta T_m < 175℃$。

② 乘积灵敏度 K_H 由式(3-77) 可知：

$$K_H = \frac{U_H}{IB} \tag{3-78}$$

霍尔元件的乘积灵敏度定义为在单位控制电流和单位磁感应强度下，霍尔电势输出端开路时的电势值，其单位为 V/(AT)。霍尔元件的乘积灵敏度反映了霍尔元件本身所具有的磁电转换能力，一般希望它越大越好。

③ 输入电阻 R_i 和输出电阻 R_0 霍尔片中两个控制电极之间的电阻称为输入电阻 R_i，而两个霍尔电极之间的电阻称为输出电阻 R_0。由于 R_i 和 R_0 容易受环境温度影响，测量要求在没有外磁场和室温（20℃±5℃）条件下进行。一般 R_i、R_0 为几欧姆到几百欧姆，通常情况下输入电阻大于输出电阻，使用时一定要根据两对电极上的不同颜色进行区分，不能搞错。

④ 不等位电势 U_M 和不等位电阻 R_M 由于霍尔电势 $U_H \propto IB$，当 $I \neq 0$ 而 $B = 0$ 时，理论上应有 $U_H = 0$。但在实际中由于两个霍尔电极安装位置不对称或不在同一等电位面上，半导体材料的电阻率不均匀或几何尺寸不均匀，以及控制电极接触不良等原因，使得当 $I \neq 0$、$B = 0$ 时 $U_H \neq 0$。在额定直流控制电流 I_c 作用下，不加外磁场时霍尔电极之间的空载（即开路）电势定义为不等位电势 U_M。一般要求霍尔元件的 $U_M < 1\text{mV}$，好的霍尔元件的 U_M 可以小于 0.1mV。在实际使用中多采用电桥法来补偿不等位电势引起的测量误差。

不等位电势 U_M 与额定控制电流 I_c 之比，称为不等位电阻 R_M，即

$$R_M = \frac{U_M}{I_c} \tag{3-79}$$

⑤ 霍尔电势温度系数 α 当控制电流 I 和磁感应强度 B 一定时，理论上霍尔元件的输出电势也是一定的，但在实际中由于温度的变化，霍尔电势也会随之发生变化。温度对霍尔电势的影响程度，可用霍尔电势温度系数 α 来表征，即在一定的控制电流和磁感应强度下，温度每变化 1℃ 所引起的霍尔电势变化的百分率。它与霍尔元件的材料有关，一般为 0.1%/℃，要求较高的场合应选择低温漂的霍尔元件。

除以上几个技术指标外，霍尔元件还有交流不等位电势、直流寄生电势、电阻温度系数、热阻等一些技术指标，这里不再一一介绍。

本章小结

在信号的检测过程中，常用的检测装置大多是基于其物理效应和化学效应进行工作的，在实际测量中要根据现场情况和各个检测元件的特点进行选择，常用的检测元件有机械式检测元件、电阻式检测元件、电容式检测元件、变磁阻式检测元件、压电式检测元件、热电式

检测元件、光电式检测元件和霍尔检测元件等。

思考与练习

填空题

3-1　电容式检测元件是将被测物理量的变化转换成______的器件。

3-2　变极距式电容检测元件的工作原理：变间隙式电容器有一个______和一个______。当______极板随着被测参数的变化相对______移动时，引起______的变化，从而引起______发生变化。

3-3　电容式检测元件可分为______、______和______三种。

3-4　霍尔效应是导体中的载流子在磁场中受______作用产生______的结果。

3-5　螺线管式差动变压器主要由一个______、两个______和插入线圈中央的______组成。

3-6　螺线管式差动变压器在活动衔铁位于______位置时，输出电压应该为零，实际不为零，称它为______。

3-7　减少螺线管式差动变压器零点残余电压最有效的办法是尽可能保证变压器的两次级绕组的______和______的相互对称。

3-8　光敏二极管的工作原理：光敏二极管的材料和结构与______相似，光敏二极管在电路中一般是处于______工作状态。无光照射光敏二极管时，电路中仅有很小的______电流，相当于二极管截止；当有光照射光敏二极管时，光子激发出______对，它们在PN结处的内电场作用下做______运动，形成______电流，相当于光敏二极管导通。______电流随着______的增加而线性增加。

3-9　热电偶所产生的热电势由__________和__________组成。

3-10　热电偶的补偿导线起到了________________的作用。

3-11　热敏电阻主要有______、______和______三种。

3-12　气敏电阻是由某些半导体材料制成的，它是利用半导体与特定气体接触时，其______发生变化的效应进行测量的。

3-13　机械式振动检测元件将被测量（如力、压力、密度等）的变化转换为______的变化，利用谐振技术完成参数的检测。

选择题

3-14　当变极距式电容传感器两极板间的初始距离 d 增加时，将引起传感器的(　　)

A. 灵敏度增加　　B. 灵敏度减小

C. 非线性误差增加　　D. 非线性误差减小

3-15　霍尔效应中，霍尔电势与(　　)

A. 乘积灵敏度成反比　　B. 乘积灵敏度成正比

C. 霍尔元件的厚度成反比　　D. 霍尔元件的厚度成正比

3-16　霍尔效应中，霍尔电势与(　　)

A. 励磁电流成正比　　B. 励磁电流成反比

C. 磁感应强度成正比　　D. 磁感应强度成反比

问答题

3-17　试述电容式传感器的工作原理与分类。

3-18 简述霍尔元件灵敏系数的定义。

3-19 试述霍尔元件的简单结构。

3-20 试述霍尔电势建立的过程。霍尔电势的大小和方向与哪些因素有关？

3-21 简述涡流效应。

3-22 被测体对电涡流检测元件的灵敏度有何影响？

3-23 什么是正压电效应和逆压电效应？什么是纵向压电效应和横向压电效应？

3-24 石英晶体 x、y、z 轴的名称及特点是什么？

3-25 什么是金属导体的电阻-应变效应和热电阻效应？

3-26 什么是弹性变形？

计算题

3-27 一个用于位移测量的电容式传感器，两个极板是边长为 6cm 的正方形，间距为 1mm，气隙中恰好放置一个边长为 6cm、厚度为 1mm、相对介电常数为 4 的正方形介质板，该介质板可以在气隙中自由滑动。试计算当输入位移（即介质板向某一方向移出极板相互覆盖部分的距离）分别为 0cm、3cm、6cm 时，该传感器的输出电容值各为多少？

3-28 图 3-51 所示为一个霍尔式转速测量仪的结构原理图。调制盘上固定有 200 对永久磁极，N、S 极交替放置，调制盘与被测转轴刚性连接。在非常接近调制盘面的某位置固定一个霍尔元件，调制盘上每有一对磁极从霍尔元件下面转过，霍尔元件就会产生一个方脉冲，发送到频率计。假定在 $t=5$min 的采样时间内，频率计共接收到 30 万个脉冲，求被测转轴的转速 n(r/s) 为多少？

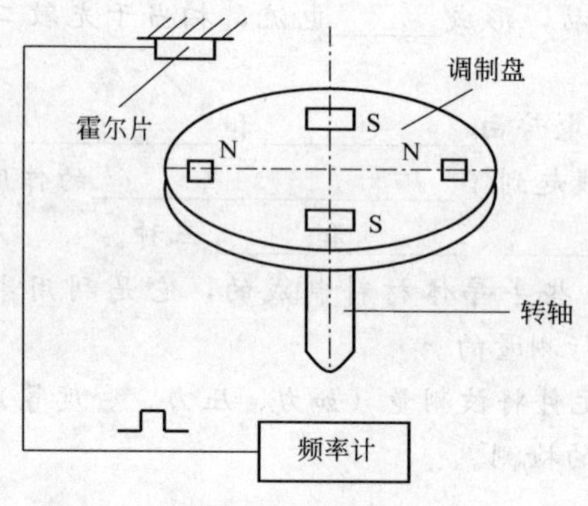

图 3-51 题 3-28 图

3-29 已知分度号为 K 的热电偶传感器冷端温度为 30℃，现测得热电偶回路的总电势为 30.011mV，根据表 3-2 求热端温度为多少摄氏度？

表 3-2 K 型热电偶分度表

工作端温度/℃	热电势/mV			
	30	40	50	60
0	1.203	1.611	2.022	2.436
600	26.176	26.599	27.022	27.445
700	30.383	30.799	31.214	31.629

第 4 章　信号调理电路

检测元件输出的电信号，大多数不能直接输送到显示、记录或分析仪器中去。其主要原因是：大多数检测元件输出的电信号很微弱，需要进一步放大，有的还要进行阻抗变换；有些检测元件输出的是电参量，要转换为电能量；有的输出信号中混杂有干扰噪声，需要去掉噪声，提高信噪比；若测试工作仅针对部分频段的信号，则有必要从输出信号中分离出所需的频率成分；当采用数字式仪器、仪表和计算机时，模拟输出信号还要转换为数字信号等。因此，检测元件的输出信号要经过适当的变换调理，使之与后续测试环节相适应。

本章主要介绍变送器、阻抗匹配、测量电桥、信号放大电路、滤波器这些常用的信号调理手段的基本知识。

4.1　变送器

在自动化系统中，各种变量的获取，都要通过检测元件——传感器，它直接响应被测变量，并输出一个对应关系的信号。如热电偶测温时，将被测温度转化为热电势后输出；热电阻测温时，将被测温度转化为电阻后输出。检测元件的输出信号，一般都需要经过变送器转换成标准统一的电气信号再送往显示仪表，指示或记录工艺变量，或同时送往控制器对被控变量进行控制。

变送器（transmitter）是从传感器发展而来的，凡能直接感受非电的被测变量并将其转换成标准信号的输出传感转换装置就称为变送器。标准信号是物理量的形式和数值范围都符合国际标准的信号。例如 4～20mA 直流电信号，20～100kPa 气压信号都是当前通用的标准信号。变送器是基于负反馈原理工作的，包括测量（输入转换）、放大和反馈三个部分。变送器的外形如图 4-1 所示。

(a) 差压变送器

(b) 带法兰的变送器

(c) 温度变送器

图 4-1　变送器的外形

4.1.1　温度变送器

1. 温度变送器

温度变送器的作用是将热电偶、热电阻的检测信号转换成标准统一信号，如 4～20mA 直流电流、1～5V 直流电压输出给显示仪表或控制器，实现对温度的显示、记录或自动控制。温度变送器还可以作为直流毫伏转换器来使用，将其他能够转换成直流毫伏信号的工艺参数也变成标准统一信号输出。

温度变送器输入信号有热电偶、热电阻和直流毫伏信号三种，但温度变送器总体结构相同，都分为量程单元和放大单元两部分，只是输入回路和反馈回路有所不同。在图 4-2 中，空心箭头“⇩”表示供电回路，实心箭头“←”表示信号回路。毫伏输入信号 V_i 或由测温元件送来的反映温度高低的输入信号与调零信号 V_z 及反馈信号 V_f 相叠加，送入集成运算放大器，放大后的电压信号再由功率放大器和隔离输出电路转换成 4～20mA 直流电流 I_0 和 1～5V 直流电压 V_0 输出。由于输入和输出之间具有隔离变压器，并且采取安全火花防爆措施，因此温度变送器具有良好的抗干扰性能，且能测量来自危险场所的直流毫伏或温度信号。

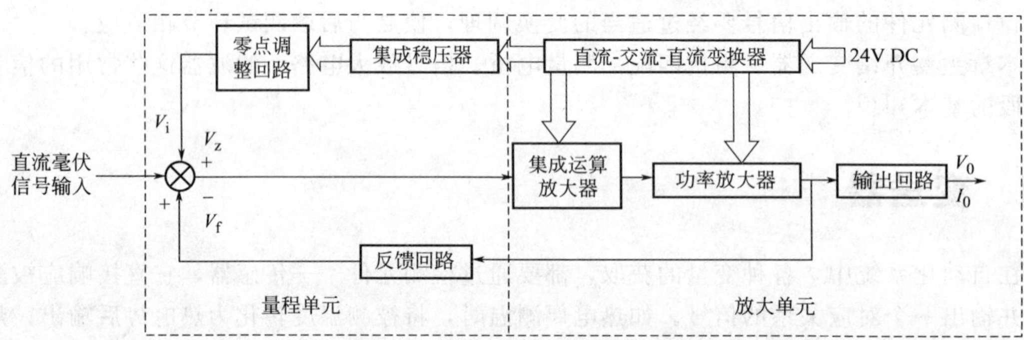

图 4-2 直流毫伏信号变送器原理框图

在热电阻和热电偶温度变送器中，采取了线性化电路，从而使温度变送器的输出信号和被测温度呈线性关系，以便显示记录。图 4-3(a)、图 4-3(b) 为这两种温度变送器原理框图。

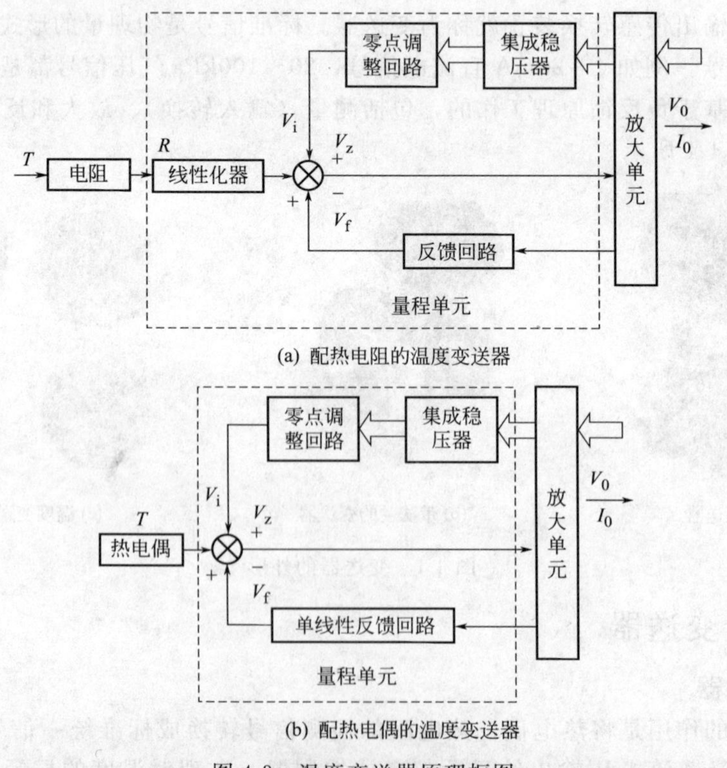

(a) 配热电阻的温度变送器

(b) 配热电偶的温度变送器

图 4-3 温度变送器原理框图

温度变送器使用前都需要根据测量范围进行量程调整、零点调整或零点迁移。这些工作都是由量程单元完成的。

2. 一体化温度变送器

一体化温度变送器是超小型温度检测仪表。它主要由测温元件（热电偶或热电阻）以及变送器模块组成。变送器模块把测温元件输出信号 E 或 R 转换成统一标准信号，主要是 4～20mA 的直流电流信号，供电电压为 24V DC。

一体化温度变送器是指将变送器模块安装在测温元件接线盒或专用接线盒内的一种温度变送器。其变送器模块和测温元件形成一个整体，可以直接安装在被测温度的工业设备上，输出为统一标准信号。这种变送器具有体积小、重量轻、现场安装方便以及输出信号抗干扰能力强、便于远距离传输等优点。对于测温元件采用热电偶的变送器，还具有不必采用昂贵的补偿导线而节省安装费用的优点，因而一体化温度变送器在工业生产中得到广泛应用。

一体化热电偶温度变送器的变送器模块，对热电偶输出的热电势经滤波、运算放大、非线性校正、V/I 转换等电路处理后，转换成与温度呈线性关系的 4～20mA 标准直流电流信号输出。其原理框图如图 4-4 所示。

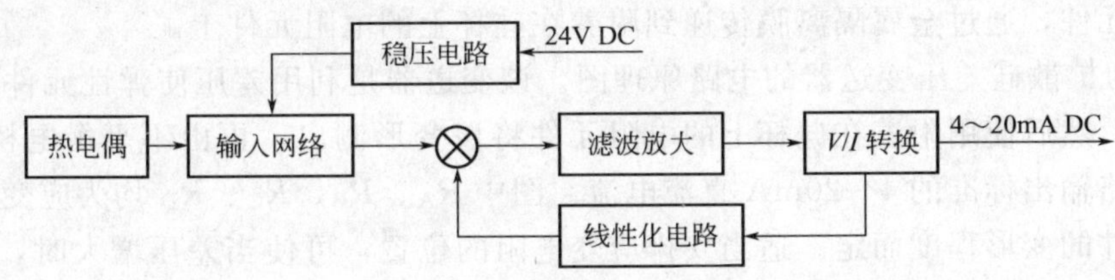

图 4-4　一体化温度变送器工作原理框图

由于一体化温度变送器直接安装在现场，因此变送器模块一般采用环氧树脂浇注全固化封装，以提高对恶劣使用环境的适应性能。但由于变送器模块内部的集成电路一般情况下工作温度在－20～80℃范围内，超过这一范围，电子元件性能会发生变化，变送器将不能正常工作，因此在使用中应特别注意变送器模块所处的环境温度。

一体化温度变送器品种较多，其变送器模块大多数以一片专用变送器芯片为主，外接少量元件构成，常用的变送器芯片有 AD693、XTR101、XTR103 等。变送器模块也有由通用的运算放大器构成或采用微处理器构成的。

4.1.2　差压变送器

差压变送器用于测量液体、气体和蒸气的液位、密度和压力，然后将其转变成 4～20mA DC 的电流信号输出。差压变送器是工业实践中最常用的一种变送器，其广泛应用于各种工业自控环境，涉及水利水电、铁路交通、智能建筑、生产自控、航空航天、军工、石化、油井、电力、船舶、机床、管道等众多行业，下面简单介绍一些常用差压变送器原理及其应用。

1. 陶瓷差压变送器

抗腐蚀的陶瓷差压变送器没有液体的传递，压力直接作用在陶瓷膜片的前表面，使膜片产生微小的形变，厚膜电阻印刷在陶瓷膜片的背面，连接成一个惠斯通电桥（闭桥）。由于压敏电阻的压阻效应，使电桥产生一个与压力成正比的高度线性、与励磁电压也成正比的电压信号，标准的信号根据压力量程的不同标定为 2.0/3.0/3.3mV/V 等，可以和应变式传感器相兼容。通过激光标定，传感器具有很高的温度稳定性和时间稳定性，变送器自带温度补偿 0～70℃，并可以和绝大多数介质直接接触。

陶瓷是一种公认的高弹性、耐蚀、耐磨损、耐冲击和振动的材料。陶瓷的热稳定特性及它的厚膜电阻可以使它的工作温度范围达到－40～135℃，而且具有测量的高精度、高稳定性。电气绝缘程度大于 2kV，输出信号强，长期稳定性好。高特性、低价格的陶瓷变送器将是差压变送器的发展方向，在欧美国家有全面替代其他类型传感器的趋势，在中国也有越来越多的用户使用陶瓷传感器替代扩散硅差压变送器。

2. 扩散硅差压变送器

被测介质的压力直接作用于变送器的膜片上（不锈钢或陶瓷），使膜片产生与介质压力成正比的微位移，使传感器的电阻值发生变化，用电子线路检测这一变化，并转换输出一个对应于这一压力的标准测量信号。

扩散硅差压变送器的测量元件结构比较简单，如图 4-5 所示。整个力敏元件由两片研磨后胶合成杯状的硅片组成，即图中的硅杯。其上各电阻元件的引线由金属丝引到印刷电路板上，再穿过玻璃密封引出。硅杯浸在硅油中，硅油与被测介质间用金属隔离膜分开。被测压力引入测量元件，通过金属隔离膜传递到附着在硅杯上的电阻元件上。

图 4-6 为扩散硅差压变送器的电路原理图。该变送器是利用差压使弹性元件（硅杯底面膜片）变形，然后使用附着在硅杯上的电阻元件将该变形测出，再由不平衡电桥产生电压，经过转换电路输出标准的 4～20mA 直流电流。图中 R_A、R_B、R_C、R_D 均为应变电阻，其阻值随弹性元件的变形程度而定。适当安排应变电阻的位置，可使当差压增大时，R_A、R_D 的阻值增大，而 R_B、R_C 的阻值减小。此时电桥出现不平衡，于是测量电路将该不平衡结果调制放大，最终转换成需要的具有比例关系的电流输出。

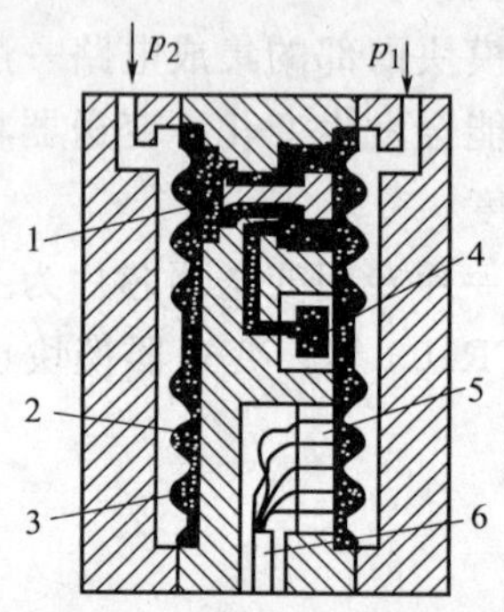

图 4-5 扩散硅差压变送器结构

1—过载保护装置；2—金属隔离膜；3—硅油；4—硅杯；5—玻璃密封；6—引出线

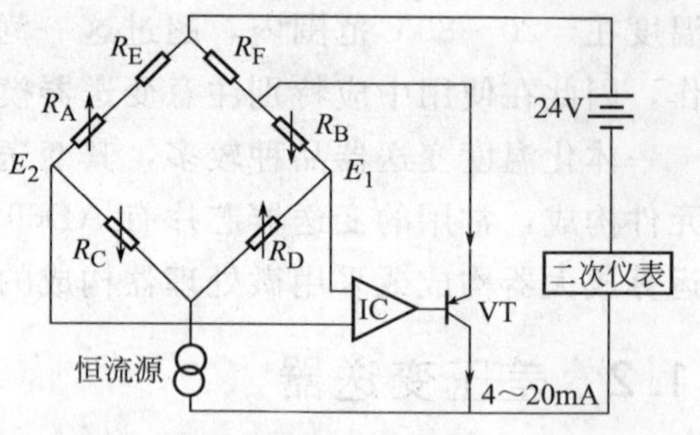

图 4-6 扩散硅差压变送器电路原理

3. 电容式差压变送器

电容式差压变送器的被测介质的两种压力通入高、低两压力室，作用在敏感元件的两侧隔离膜片上，通过隔离片和元件内的填充液传送到测量膜片两侧。MT3351 系列差压变送器由测量膜片与两侧绝缘片上的电极各组成一个电容器。当两侧压力不一致时，测量膜片产生位移，其位移量和压力差成正比，故两侧电容量不等，通过振荡和解调环节，转换成与压力成正比的信号。A/D 转换器将解调器的电流转换成数字信号，其值被微处理器用来判定输入压力值。微处理器控制变送器的工作。

4.1.3　数字式变送器

随着微计算机技术的发展，出现了多种智能型的差压和温度变送器。这些新型变送器采用先进的传感器制造、微处理器、线性补偿、数字化和网络通信等技术，实现了人机对话，摆脱了过去依赖杠杆、多次转换和运算、离线人工调试等手段才能获得所需信号的落后状态。从而在结构上做到了检测和变换一体化，变换、放大和设定调制一体化，在使变送器小型化的同时，还大大提高了变送器的性能，使其达到了可靠性高、稳定性好、精度高并具有遥控和网络通信功能的水平，是现代控制系统中理想的智能化仪表。

目前，虽然得到实际应用的数字式变送器的种类较多，其结构各有差异，但从总体结构上看是相似的，存在一定的共性。总结各种数字式变送器的结构可得图 4-7 所示的数字式变送器结构示意图。

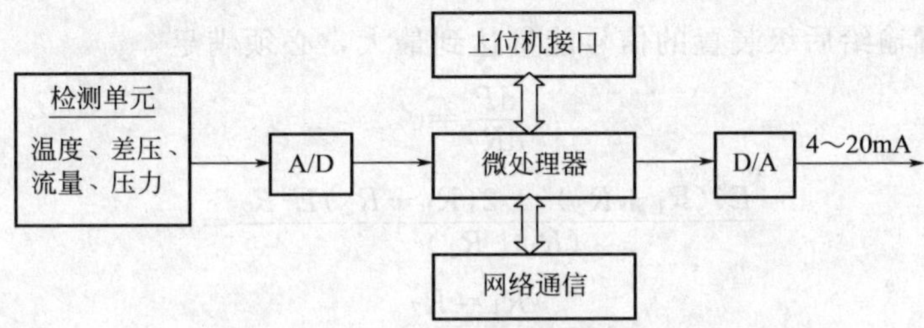

图 4-7　数字式变送器结构示意图

数字式变送器的核心是微处理器，因而要求各种信号在变送器内部进行交换和处理时均采用数字信号方式。微处理器的处理功能一般包括检测信号的线性化处理、量程调整、数据转换、系统自检以及网络通信等，同时还控制 A/D 和 D/A 单元的运行，实现模拟信号和数字信号的转换。

在此基础上，可以根据实际应用的要求，增加与上位计算机的连接接口，亦可通过遥控单元或网络通信控制单元实现远程数据的传送。为提供与已有传统仪表和设备连接的能力，部分变送器还保留了 4～20mA 的联络信号，使输出的模拟和数字信号制式共存。

4.2　阻抗匹配

阻抗匹配（impedance matching）是负载阻抗与信号源阻抗之间的特定配合关系，它反映了信号源电路与负载电路之间的功率传输关系。当电路实现阻抗匹配时，将获得最大的功率传输；反之，当电路阻抗失配时，不但得不到最大的功率传输，还可能对电路产生损害。

不同传感器的输出阻抗不同，有些传感器输出阻抗特别大，例如压电陶瓷传感器，输出阻抗高达 100MΩ；有些传感器输出阻抗比较小，如电位器式位移传感器，电阻为 1～2kΩ。高阻抗的传感器，通常用场效应管和运算放大器来实现阻抗匹配，而阻抗特别低的传感器，在交变输入时，常常采用变压器匹配。

4.2.1　阻抗匹配原理

将前级输出信号的装置简化为一个内阻 R_1 和一个电源 E 相串联的装置，其输出端为 A、B；后级接收信号的装置简化为一个具有输入阻抗 R_2 的装置，如图 4-8 所示。

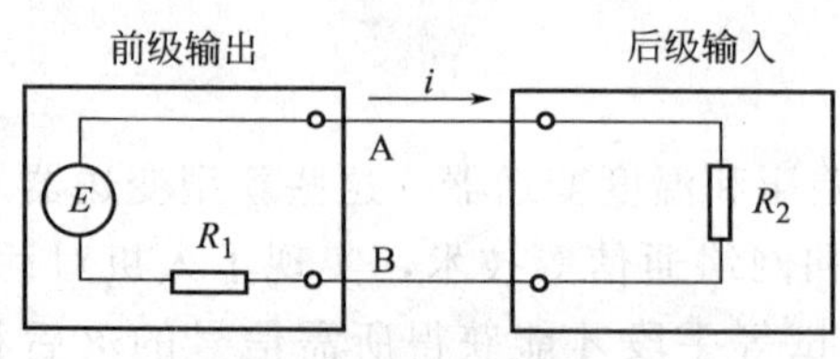

图 4-8 阻抗匹配示意图

在两个装置没有连接时，前级的开路电压为

$$U_{AB}=E$$

当两个装置连接后，两个装置间电流为

$$i=\frac{E}{R_1+R_2}$$

此时，A、B两端的电压等于后级装置输入阻抗R_2上的分压，即

$$U_{AB}=iR_2=E\frac{R_2}{R_1+R_2} \tag{4-1}$$

输入到后级装置的功率为

$$P=\frac{U_{AB}^2}{R_2}=\frac{E^2}{R_2}\left(\frac{R_2}{R_1+R_2}\right)^2=\frac{E^2R_2}{(R_1+R_2)^2} \tag{4-2}$$

要使前级装置输给后级装置的信号能量达到最大，必须满足

$$\frac{dP}{dR_2}=0$$

即

$$\frac{E^2(R_1+R_2)^2-2(R_1+R_2)E^2R_2}{(R_1+R_2)^2}=0$$

得

$$R_1=R_2 \tag{4-3}$$

式(4-3) 表明，当前级装置的输出阻抗与后级装置的输入阻抗相等时，前级装置输给后级装置的功率达到最大，这就是电路中阻抗匹配的原则。

4.2.2 阻抗匹配方法

检测系统中常见的阻抗匹配装置有电荷放大器、射级跟随器、匹配电阻和匹配变压器。

1. 电荷放大器

压电式传感器的输出阻抗一般都高达数十兆欧，电荷放大器能把压电传感器输出的电荷量变换成电压输出。由于它可以避免杂散电容的干扰，因此不但可进行阻抗匹配，也使得传感器的灵敏度与连接电缆长度无关，从而能保证压电传感器的使用灵敏度。它的等效电路及分析见 4.4.3 节中电荷放大器有关内容。

2. 射级跟随器

一般的放大电路中输出信号是从集电极上取出的，达到放大信号的目的，而射级跟随器的输出信号都是从晶体管的发射极上取出的，其目的是阻抗变换。如图 4-9 所示，射级跟随器的电压增益小于近似等于 1，输出电压与输入电压同相，输入电阻高，输出电阻低，可将发射极的高阻抗信号变换成低阻抗信号。

这种电路广泛应用于高阻抗传感器，如压电式传感器，与后级低阻抗装置进行匹配。采用射级跟随器进行匹配比较简单、方便，但无法避免连接线缆、接插件等产生的分布电容对测量的影响。

3. 匹配电阻

在前、后级装置的输出阻抗、输入阻抗是纯电阻或不是纯电阻但匹配要求不高时，就可以用匹配电阻来进行匹配。如图 4-10 所示，匹配电阻的接入和阻值的大小需满足下列条件：

$$R_3=\sqrt{R_1(R_1-R_2)} \tag{4-4}$$

$$R_P=\sqrt{R_2\left(\frac{R_1R_2}{R_1-R_2}\right)} \tag{4-5}$$

由于使用匹配电阻元件，因此不可避免地要损耗信号能量，这种损耗称为插入损耗。

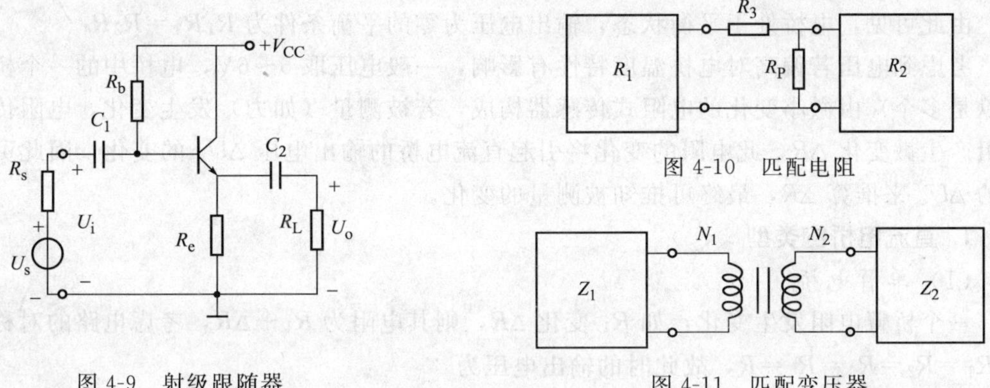

图 4-9　射级跟随器

图 4-10　匹配电阻

图 4-11　匹配变压器

4. 匹配变压器

采用匹配变压器（图 4-11）进行匹配时，变压器的初、次级线圈的匝数比需满足下面的条件：

$$\frac{N_1}{N_2}=\sqrt{\frac{Z_1}{Z_2}} \tag{4-6}$$

式中，$\frac{N_1}{N_2}$为变压器匝数比；Z_1 为前级装置的输出阻抗；Z_2 为后级装置的输入阻抗。

4.3　测量电桥

电桥（electric bridge）是传感器接口电路中常用的电路。电桥是将电阻、电感、电容等电参量参数的变化转换为电压或电流等电能量输出的电路。

电桥电路简单可靠，且可根据具体需要灵活地改变成各种形式。这种电路可以达到高精度和高灵敏度，所以应用较为广泛。按照电桥所采用的励磁电源不同，可分为直流电桥和交流电桥两种，直流电桥主要用于电阻式传感器，如热电阻等，交流电桥主要用于电容式和电感式传感器。近年来，由于集成技术的高速发展，一些性能优良的专用传感器芯片和高精密的直流电源模块不断出现，所以直流电桥的应用日趋广泛。

4.3.1　直流电桥

经典的电桥是四个电阻串联成环路，如图 4-12 所示。在电阻的两个相对连接点 A 与 C 上接电源；在另两个相对连接点 B 与 D 上引出作为电桥的输出端，它可以接平衡指示仪表或后续高阻抗的放大器等。电阻 R_1、R_2、R_3 和 R_4 称为桥臂。

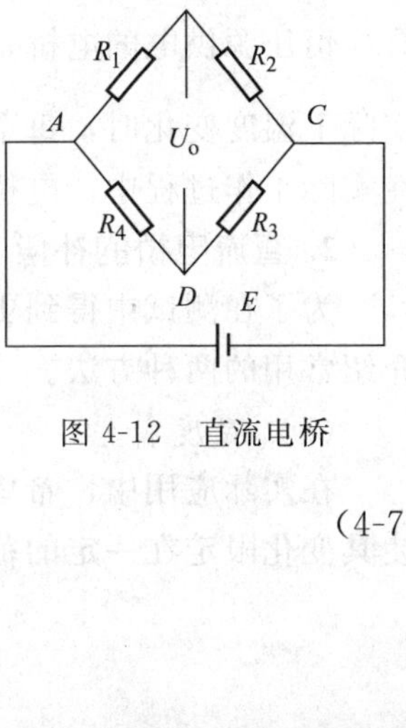

图 4-12　直流电桥

一般电桥的负载是高输入阻抗的，如运算放大器、场效应管等，可近似看成开路，即没有电流流向输出端。由图 4-12 可得

$$I_{ABC}=\frac{E}{R_1+R_2}\qquad I_{ADC}=\frac{E}{R_3+R_4} \tag{4-7}$$

$$U_o = U_{BD} = U_{AB} - U_{AD} = E\left(\frac{R_1}{R_1+R_2} - \frac{R_4}{R_3+R_4}\right) \tag{4-8}$$

故

$$U_o = E\,\frac{R_1R_3 - R_2R_4}{(R_1+R_2)(R_3+R_4)} \tag{4-9}$$

由此可见，电桥处于平衡状态，输出电压为零的平衡条件为 $R_1R_3 = R_2R_4$。

考虑到电压若偏高对电桥温度特性有影响，一般电压取 5～6V，电桥中的一个桥臂（也可以是多个）由微小变化的电阻式传感器构成，若被测量（如力）发生变化，电阻传感器的电阻产生微变化 ΔR，此电阻的变化将引起直流电桥的输出电压 ΔU_o 的变化，因此可根据测得的 ΔU_o 来推算 ΔR，最终可推知被测量的变化。

1. 直流电桥的类型

(1) 单臂电桥

一个桥臂电阻发生变化，如 R_1 变化 ΔR，则其电阻为 $R_1+\Delta R$，考虑电路的对称性常常取 $R_1=R_2=R_3=R_4=R$，故此时的输出电压为

$$U_o = \frac{R(R+\Delta R) - RR}{(R+R+\Delta R)(R+R)}E = \frac{\Delta R}{4R+2\Delta R}E \tag{4-10}$$

一般 $\Delta R \ll R$（电阻的微小变化），则

$$U_o = \frac{E}{4} \times \frac{\Delta R}{R} \tag{4-11}$$

(2) 半桥电路

两相邻桥臂的电阻发生相反变化，即 $R_3+\Delta R$，$R_4-\Delta R$，由于有 $R_1=R_2$ 远大于 $R_3=R_4$ 的条件，则

$$U_o = \frac{E}{2} \times \frac{\Delta R}{R} \tag{4-12}$$

(3) 全桥电路

当四个桥臂电阻都为应变片电阻时，假设 $R_1=R_2=R_3=R_4=R$，每个桥臂均产生 ΔR 的变化，相邻桥臂的应变片为差动工作时，则其输出电压为

$$U_o = \frac{(R_1+\Delta R)(R_3+\Delta R) - (R_2-\Delta R)(R_4-\Delta R)}{(R_1+\Delta R+R_2-\Delta R)(R_3+\Delta R+R_4-\Delta R)}E = \frac{4R\Delta R}{(2R)^2}E = E\,\frac{\Delta R}{R} \tag{4-13}$$

由上式可以看出各桥臂电阻的变化对桥路输出电压的影响：相邻两桥臂电阻变化是各自引起的输出电压的差；相对两桥臂电阻变化是各自引起的输出电压的和。这就是电桥的和差特性。因此，理论上全桥电路中没有非线性误差。

恒压源供电的电桥，全桥差动工作时，若不考虑温度变化，电桥输出电压 $U_o = E\,\frac{\Delta R}{R}$。实际上温度变化时，每个电阻随温度的变化量为 Δr，说明 U_o 中有温度误差，且为非线性。在实际工作过程中，电桥也常用恒流源来供电。一般半导体应变电桥都采用恒流源供电。

2. 直流电桥的补偿

为了在测试中得到更加真实的信号，在应用中经常要对传感器测量电路进行补偿。这里介绍常用的两种方法。

(1) 温度补偿

在实际应用中，希望传感器的特性如零点温度特性、灵敏度温度特性不随温度变化，或使其变化限定在一定的范围内。

在半桥中，两应变片在温度变化时若有阻值变化会引起温度误差，但由于它们接在相邻的桥臂上，根据电桥的和差特性，它们所产生的附加温度电压相减而抵消，这样可实现温度误差的自动补偿。

若仅用一个桥臂工作，为了补偿温度误差，往往在工作应变片附近放置另一相同的应变片，并作为一个桥臂与工作桥臂相邻地接入电桥中，工作过程中该桥臂不受应变，只感受温度的变化。由于工作应变片与此补偿应变片处于同一环境中，产生相同的温度变化电阻，起到补偿作用。另外也可根据温度来调整供电电源的大小，如在电压供电电路中串联二极管。当温度升高时，桥路灵敏度降低，但由于二极管的正向压降降低，于是提高了电桥的供电电压，使得电桥的输出不变。如图 4-13 所示。

(2) 引线电阻补偿

在理论电路中大都以传感器和调理电路相距不远为前提，对导线的电阻未加考虑。在实际应用中如传感器到调理电路的距离较长，就必须考虑导线电阻带来的误差。这里介绍铂测温电路常用的补偿方法，即三线法。电路如图 4-14 所示，在单臂桥路中，由于测温电阻为 100Ω（Pt100），若不补偿，导线电阻 r_1、r_2 成为传感器的一部分，1Ω 的导线电阻会产生 −2.5℃的误差，这个误差在测量中是必须考虑的。采用三线法后，电桥的公共点由 n 点移到 m 点，在电源回路中的导线电阻 r_3 上产生电压，但对于后级差动运算放大器这样的共模信号是可以消除的。导线电阻 r_1、r_2 分别接在相邻的桥臂中，相互抵消，克服了引线电阻带来的误差。实践中可以用到百米以上的距离，而精确度可达 0.5%。图中 R_P 用于零点调整，C_1 与 r_1 构成防止噪声的滤波器。

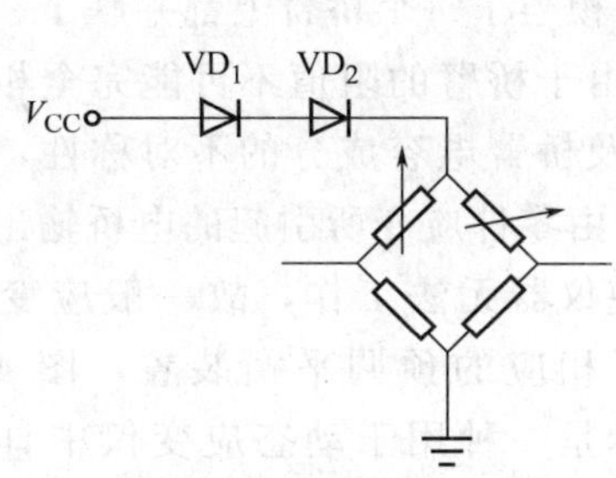

图 4-13　温度补偿电路

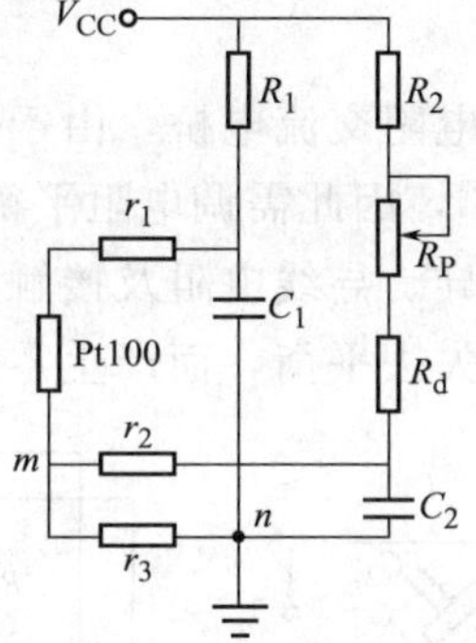

图 4-14　三线法补偿电路

4.3.2　交流电桥

当被测对象是一随时间变化较快的信号时，其频带通常由一到几百赫兹，要对这样的信号进行放大，放大器增益很难保持常值，且有些传感器如湿度传感器不能加直流电压，所以往往采用交流电桥，对信号进行频移。交流电桥如图 4-15 所示。

交流电桥的平衡条件、输出公式都与直流电桥相似，只是直流电桥中的纯电阻要以交流阻抗来代替。交流电桥的平衡条件为

$$Z_1 Z_3 = Z_2 Z_4 \tag{4-14}$$

式中，Z_1，Z_2，Z_3，Z_4 为各桥臂的复数阻抗。

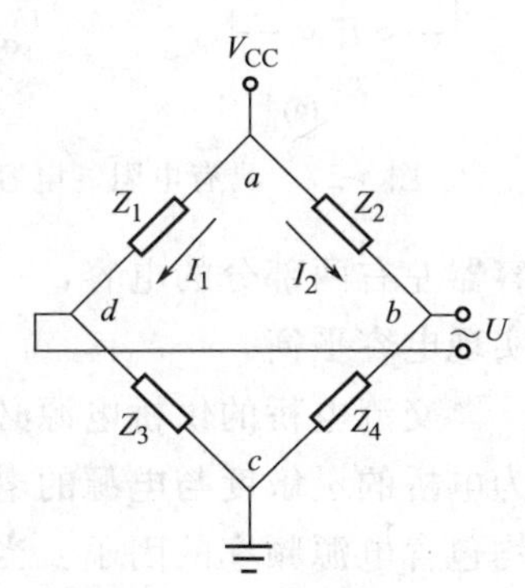

图 4-15　交流电桥

因为 $Z=|Z|\angle\varphi$，即复数阻抗包含复阻抗的模 $|Z|$ 和阻抗角 φ，故交流电桥的平衡条件又可表述为：电桥的四个桥臂中对边阻抗的模乘积相等；对边阻抗角之和相等。所以交流电桥的平衡比直流电桥要复杂一些。

根据电工学中的知识，不同类别的阻抗元件具有不同的阻抗角。纯电阻元件的阻抗角 $\varphi=0$；电感性元件 $\varphi>0$；电容性元件 $\varphi<0$。

用具有不同类别交流阻抗组合的交流电桥要达到平衡应符合上述两个条件。根据这一条件对下列两种特例进行分析具有重要意义。

交流电桥四个桥臂中有两相邻桥臂，如 Z_1、Z_2 桥臂为纯电阻，$\varphi_1=\varphi_2=0$。根据平衡条件对相位的要求，必须使 $\varphi_3=\varphi_4$，这说明电桥的另外两个桥臂必须具有同类的阻抗，如同是容抗或同是感抗。如图 4-16(a) 所示。

交流电桥四个桥臂中有两对边桥臂，如 1、3 桥臂为纯电阻，则 $\varphi_1=\varphi_3=0$。根据平衡条件，其余两个对边桥臂必须为异类的电抗，如此边为容抗，则其对边为感抗，这样才能符合 $\varphi_2=-\varphi_4$ 的要求，如图 4-16(b) 所示。

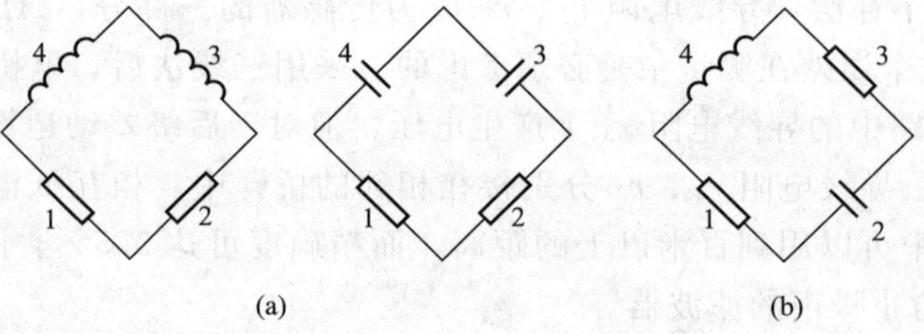

图 4-16 交流电桥的平衡

对于纯电阻交流电桥，由于导线分布电容的影响，相当于每个桥臂上都并联了一个电容[图 4-17(a)]，因此需调电阻平衡和电容平衡。否则，由于桥臂的阻值不可能完全相等（应变片阻值差异、导线电阻及接触电阻等因素影响），以及桥臂电容成分的不对称性，电桥在未工作前就失去平衡，而产生零位输出，有时甚至大于由零件应变所引起的电桥输出量，因而使仪器无法工作，故一般应变仪都采用了相应的预调平衡装置，图 4-17(b) 所示是一种用于动态应变仪中具有电阻与电容预调平衡的纯电阻电桥。电阻 R_1、R_2 和可变电阻 R_3 用来调节电桥的电阻平衡，改变开关 K 的位置及调节可变电阻 R_3，即改变了并联于上两桥臂上电阻的大小。电容 C 是一个差动可变电容器，当扭动可变电容器的动片时，电容器左右两部分的电容，一部分增加，另一部分减小，使并联到相邻两臂的电容值改变，以实现电容平衡。

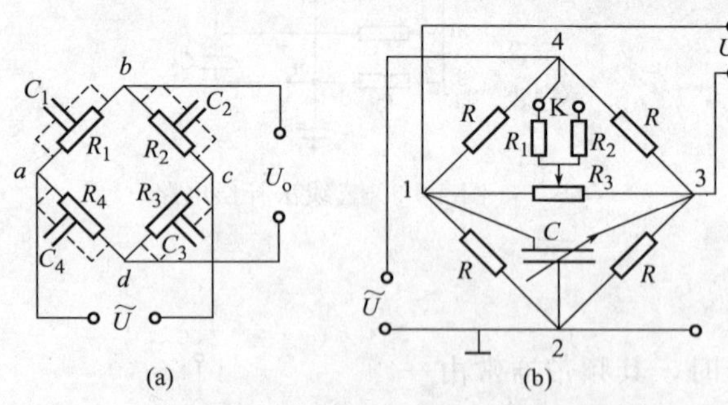

图 4-17 具有电阻、电容平衡的交流电阻电桥

交流电桥的供桥电源必须具有良好的电压值和频率稳定度。前者影响其输出灵敏度，因为电桥的灵敏度与电源的电压成比例关系；后者会影响电桥的平衡，因为交流阻抗计算时，均包含电源频率的因子。当电源频率不稳时，交流阻抗值会有变化，或者除有基频交流阻抗外还存在高频交流阻抗，这就给平衡调节带来困难。

4.4 信号放大电路

在测量控制系统中，用来放大传感器输出的微弱电压、电流或电荷信号的放大电路称为测量放大电路（amplifier），或称信号放大电路。放大是最基本的模拟信号处理功能，它是通过放大电路实现的，大多数模拟电子系统中都应用了不同类型的放大电路。放大电路也是构成其他模拟电路，如滤波、振荡、稳压等功能电路的基本单元电路。

信号放大电路有两方面的功能。

① 能将微弱的电信号增强到人们所需要的数值（即放大电信号），以便于人们测量和使用。检测外部物理信号的传感器所输出的电信号通常是很微弱的，例如在细胞生物电实验中所检测到的细胞膜离子单通道电流甚至只有几皮安（$1pA=10^{-12}A$）量级。对这些能量过于微弱的信号，既无法直接显示，一般也很难做进一步分析处理。通常必须把它们放大到数毫伏量级，才能用数字式仪表或传统的指针式仪表显示出来。若对信号进行数字化处理，则必须把信号放大到数百毫伏量级才能被一般的模数转换器所接受。

② 某些电子系统需要输出较大的功率，如家用音响系统，往往需要把声频信号功率提高到数瓦或数十瓦。而输入信号的能量较微弱，不足以推动负载，因此需要给放大电路另外提供一个直流能源，通过输入信号的控制，使放大电路能将直流能源的能量转化为较大的输出能量，去推动负载。这种小能量对大能量的控制作用是放大的本质。

对放大电路的基本要求是：输入阻抗应与传感器输出阻抗相匹配；一定的放大倍数和稳定的增益；低噪声；低的输入失调电压和输入失调电流以及低的漂移；足够的带宽和转换速率；高共模输入范围和高共模抑制比；可调的闭环增益；线性好、精度高；成本低。

4.4.1 测量放大器

为了把传感器输出信号放大，需要用高输入阻抗和高共模抑制比的差动放大器，测量放大器是专门适用于这种场合的放大器。它可以作为应变电桥、热敏电阻网络、热电偶、分流器、生物探针及气压计等传感器的放大器，也可作为过程控制和数据采集系统中的信号调整电路。

测量放大器的电路如图 4-18 所示，右边部分为集成运算放大器 A_3 和 4 个外接电阻 R_3、R_4、R_5、R_6 组成的典型减法器。设这 4 个电阻的阻值相等，则减法器的输出电压为 $u_o=u_B-u_A=-u_{AB}$。集成运算放大器 A_1、A_2 分别组成两个电压跟随器，通过加入增益调整电阻 R_g 来实现调整。

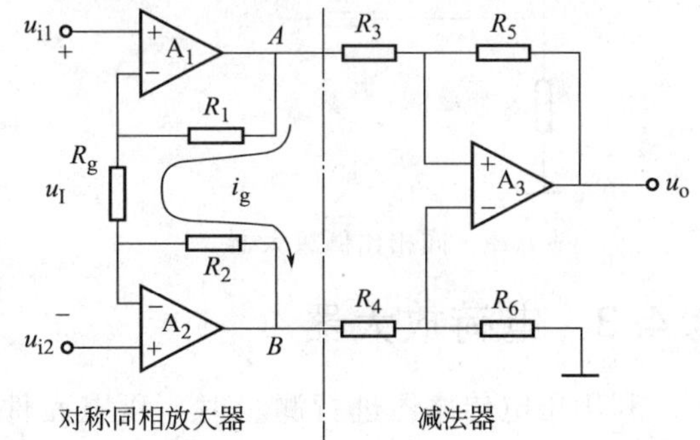

图 4-18 测量放大器电路

近年来，随着集成电路制造工艺的不断发展，采用厚膜工艺制成了各种单片集成测量放大器，放大器的各项性能指标、可靠性、成本等都比普通测量放大器有很大改善。

单片集成测量放大器有以下显著特点。

① 共模抑制比高，一般可达 100～120dB。

② 输入阻抗高，一般高于 $10^9\Omega$。

③ 平衡的差动输入，单端输出，输入端可承受较高的输入电压，有较强的过载能力。

④ 增益可由用户的需要通过选择不同的增益电阻来确定。

⑤ 动态特性好，工作频带宽。

⑥ 低失调，低漂移。

常用的单片集成测量放大器有 AD521、AD522、AD612、AD605、LH0038、LM363、INA101、INA118 等。

4.4.2 可编程增益放大器（PGA）

由于实际测量的环境和时间不同，需要改变放大器的增益。如在智能检测系统中，希望系统能根据实际情况自动改变放大器的增益，使信号通过放大器后具有合适的动态范围，即实现自动量程切换，以便于 A/D 转换或信号调理。另外，在多路数据采集系统中，也可能遇到各路信号动态范围不一致的情况，希望放大器对不同通路具有不同的增益，从而得到相同的动态输出。

1. 用同相比例放大器实现 PGA

图 4-19 所示为同相比例放大器，它的增益 $G=R_1+R_1/R_2$。通过调节反馈电阻 R_1、R_2 的比值，可实现增益的控制。基于这一原理的典型器件是 AD526。AD526 为单端输入软件可编程增益放大器，它能通过软件编程实现 1、2、4、8、16 共 5 种增益。由于该芯片采用偏移可调的双极型场效应管混合放大器和激光光刻微调电阻网络，所以增益误差低，非线性失真小，直流精度高，输入失调电压低。

2. 用测量放大器实现 PGA

通过不同的 R_g 进行切换，就可实现放大倍数的程控（图 4-20）。在集成器件中，可采用成对调整运算放大器的放大倍数反馈电阻。基于这一原理的器件有 LH0084，输入级的增益范围为 1、2、5、10，输出级的增益范围为 1、4、10。该芯片实现从 1～100 的增益调整。

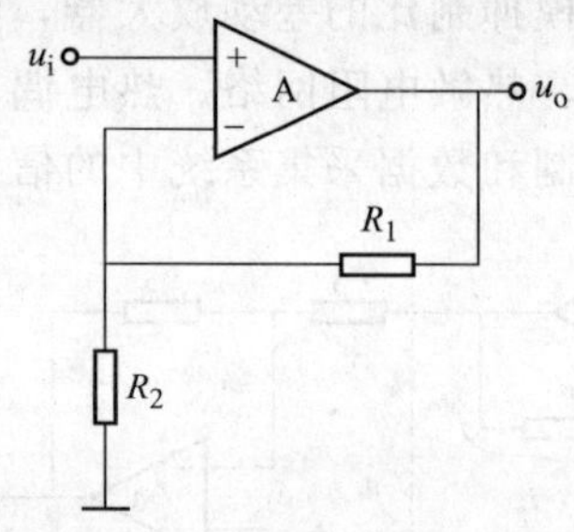

图 4-19 同相比例放大器

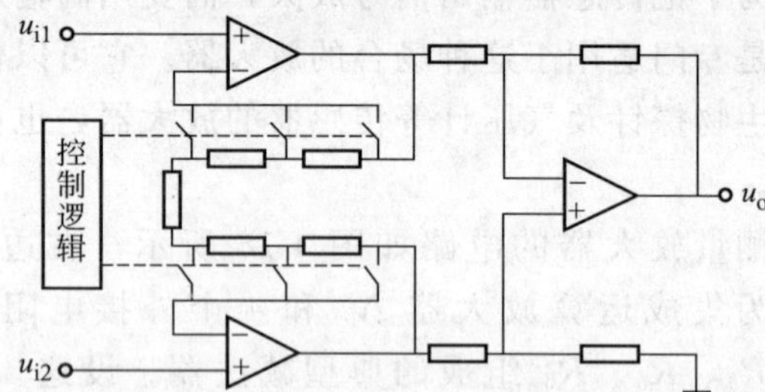

图 4-20 用测量放大器实现的可编程增益放大器

4.4.3 电荷放大器

利用压电传感器进行测量时，压电元件输出的信号是电荷量的变化，配上适当的电容后，输出的电压高达几十伏，但信号的功率却很小，信号源的内阻很大。为此，要在压电传感器和检测电路之间配接一个放大器即电荷放大器。电荷放大器也就是压电式传感器专用的前置放大器。它实际上是一个电容深度负反馈的高增益运算放大器，能将压电式传感器输出电荷转换为具有一定比例关系的低阻抗电压，并进行放大。其输入阻抗很高，而输出阻抗小于 100Ω。

压电式传感器与电荷放大器连接的等效电路如图 4-21 所示。其中 Q 为传感器电荷，C_a

为传感器固有电容，R_a 为传感器的绝缘电阻，C_b 为连接电缆的等效电容；C_i 为放大器的输入电容，C_f 为放大器的反馈电容，K 为运算放大器的开环增益。由于传感器的绝缘电阻 R_a、电荷放大器的输入电阻 R_i 极高，所以可认为传感器产生的总电荷 Q 没有在 R_a、R_i 上产生泄漏。根据“虚地”的概念，反馈电容 C_f 折算到放大器的输入端的有效电容为 $(1+K)C_f$，这样简化的等效电路如图 4-22 所示。由于放大器的输入电容 C_i、折算到放大器的输入段的有效电容 $(1+K)C_f$ 与传感器的固有电容 C_a 和电缆电容 C_b 并联，因此传感器中压电元件产生的电荷 Q 不仅对反馈电容充电，同时也对其他电容充电。放大器输入端的电压为

$$u_i=\frac{Q}{C_a+C_b+C_i+(1+K)C_f} \tag{4-15}$$

放大器的输出端电压为

$$u_o=\frac{-KQ}{C_a+C_b+C_i+(1+K)C_f} \tag{4-16}$$

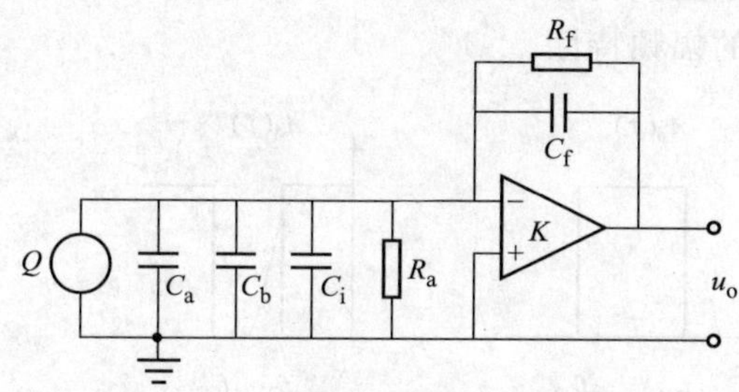

图 4-21 压电式传感器与电荷放大器连接的等效电路

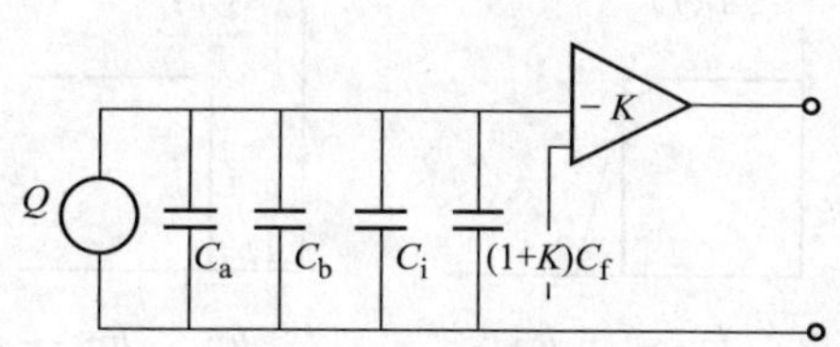

图 4-22 简化等效电路

如果放大器的开环增益够高，满足

$$(1+K)C_f>C_a+C_b+C_i \tag{4-17}$$

则电缆电容 C_b、压电传感器的固有电容 C_a 和放大器的输入电容 C_i 可忽略不计，此时放大器的输出电压为

$$u_o\approx\frac{-KQ}{(1+K)C_f}\approx-\frac{Q}{C_f} \tag{4-18}$$

上式表明，在一定条件下，电荷放大器的输出电压与传感器的电荷量成正比，并且与电缆分布电容无关，这是电荷放大器的突出优点。因此采用电荷放大器时允许使用很长的电缆，当电缆长达上千米时，灵敏度下降不超过 1‰，这样就扩大了压电传感器在现场的使用范围。当然，电缆也不能无限制地加长。为了使输出电压与电缆分布电容无关，常取 $KC_f>10(C_a+C_b+C_i)$。

4.5 滤波器

滤波器（filter）是一种选频电路，它可使信号中需要的频率成分通过，而其他频率成分被其极大地衰减。利用滤波电路的筛选作用，可以滤除干扰噪声或进行频谱分析。因此，滤波电路在自动检测、自动控制及电子测试仪器中被广泛应用。本节重点介绍测试装置中常用滤波电路的原理。这些电路可构成各种模拟滤波器。

4.5.1 滤波器分类

滤波器（滤波电路）可以从不同的角度加以分类，表 4-1 列出了滤波器的分类情况。

表 4-1 滤波器的分类

分类依据	类别
工作原理	电子滤波器、机械滤波器、光学滤波器等
所处理的信号形式	模拟滤波器、数字滤波器
是否含有有源器件	有源滤波器、无源滤波器
起滤波作用的元件	RC 滤波器、LC 滤波器
选频范围	低通滤波器、高通滤波器、带通滤波器、带阻滤波器

1. 按选频范围分类

根据滤波电路能通过的频率范围，一般将滤波电路分为四类，即低通、高通、带通、带阻滤波电路。图 4-23 所示为这四种滤波电路理想的幅频特性。

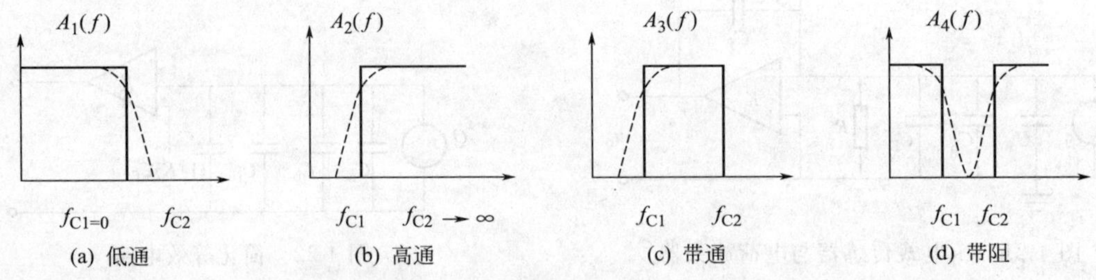

图 4-23 四种滤波电路理想的幅频特性

能通过滤波器的信号频率范围称为通带，被极大地衰减的信号频率范围称为阻带，通带与阻带之间的交点称为截止频率。f_{C1} 称为下截止频率，f_{C2} 频率称为上截止频率，两截止频率之间的频率范围 $B=f_{C2}-f_{C1}$ 称为滤波器的带宽。

① 低通滤波电路　在 $0\sim f_{C2}$ 频率之间，幅频特性平直。它可以使信号中低于 f_{C2} 的频率成分通过，而高于 f_{C2} 的频率成分被极大地衰减不能通过。

② 高通滤波电路　与低通滤波电路相反，从频率 $f_{C1}\sim\infty$，其幅频特性平直。它使信号中高于 f_{C1} 的频率成分通过，而低于 f_{C1} 的频率成分都不能通过。

③ 带通滤波电路　通频带在 $f_{C1}\sim f_{C2}$ 之间，它仅仅使信号中高于 f_{C1} 而低于 f_{C2} 的频率成分通过。

④ 带阻滤波电路　与带通滤波电路相反，阻带在 $f_{C1}\sim f_{C2}$ 之间，它使高于 f_{C1} 而低于 f_{C2} 的频率成分不能通过。

这四种滤波电路的特性互有联系。高通滤波电路的幅频特性 $A_2(f)$ 可看做 $1-A_1(f)$，$A_1(f)$ 是低通滤波电路的幅频特性，因此高通滤波电路可用低通滤波电路作为负反馈回路而得到。带阻滤波电路是低通和高通滤波电路的组合，而带通滤波电路可以用带阻滤波电路作为负反馈回路而获得。

分析表明，理想滤波电路的阶跃响应的上升时间 T_e 和其通带（又称带宽）B 的乘积等于常数，即

$$BT_e=C(\text{常数}) \tag{4-19}$$

滤波电路的带宽 B 表示其频率分辨力，通带越窄则分辨力越高。因此式(4-19)的结论具有重要意义。它表示，滤波电路的高分辨能力和测量时快速响应的要求是互相矛盾的。如果要用滤波的方法从信号中择取某一很窄的频率成分（例如希望做高分辨力的频谱分析），就需要有足够的时间。如果建立时间不够，就会产生谬误和假象。但对已定带宽的滤波电路，过长的测量时间也是不必要的，一般采用 $BT_e=5\sim10$ 已足够了。对于测试过程的记录长度也应根据上述要求进行相应的考虑。

上述四种滤波电路理想的幅频特性并不能实现，只是理想化的模型。实际上在滤波电路的通带与阻带之间的变化并非陡直，总存在着一个过渡带，其幅频特性是一斜线，在此频带内，信号受到不同程度的衰减。这个过渡带是滤波电路所不希望的，但也是不可避免的。

2. 按有源、无源分类

按滤波电路是否带有有源器件，可分为无源滤波电路和有源滤波电路。

由电阻、电容和线圈等元件组成的滤波电路不用电源就可进行滤波，这类滤波电路就称为无源滤波电路。但在实际应用中由于损耗能量和带负载能力差等原因，在不少场合受到限制，目前采用由运算放大器和阻容滤波网络构成的有源滤波电路就可克服上述无源滤波电路的不足。

3. 按电路元件类型分类

按构成滤波电路的元件类型，滤波电路还可分为 RC 滤波电路、LC 滤波电路等。

4.5.2 RC 滤波电路原理及特性

在测试系统的仪器及仪表中，常用 RC 滤波电路。这是因为在机械工程测试领域中信号频率一般不高，RC 滤波电路有较好的低频性能，而且它比 LC 滤波电路制造简单，选用标准阻容元件等容易实现。

1. RC 低通滤波电路

RC 低通滤波电路见图 4-24。设滤波电路的输入信号电压为 e_x，输出信号电压为 e_y，电路的微分方程式为

$$RC\frac{\mathrm{d}e_y}{\mathrm{d}t}+e_y=e_x \tag{4-20}$$

令 $\tau=RC$，称为时间常数。由式(4-20)可得电路的频率响应函数为

$$H(j\omega)=\frac{1}{1+j\omega\tau} \tag{4-21}$$

幅频特性为

$$A(\omega)=\frac{1}{\sqrt{1+(\omega\tau)^2}}$$

或

$$A(f)=\frac{1}{\sqrt{1+(2\pi f\tau)^2}}=\frac{1}{\sqrt{1+(2\pi fRC)^2}} \tag{4-22}$$

相频特性为

$$\varphi(\omega)=-\arctan(\omega\tau)$$

或

$$\varphi(f)=-\arctan(2\pi f\tau) \tag{4-23}$$

这是一个典型的一阶系统，其实际的幅频特性和相频特性如图 4-24 所示。

① 当通过滤波器的信号频率 $f\ll\frac{1}{2\pi\tau}$ 时，$A(f)\approx1$，$\varphi(f)\approx-2\pi\tau f$，此时信号几乎不

受衰减地通过，幅频特性基本不随频率变化，相频特性 $\varphi(f)$-f 近似为线性关系。可以认为，此时 RC 低通滤波电路可看成一个不失真的传输系统。

② 当通过滤波器的信号频率 $f=\frac{1}{2\pi\tau}$时，$A(f)=\frac{1}{\sqrt{2}}$，$\varphi(f)=-45°$，所以此频率就是滤波器的上截止频率，即

$$f_{C2}=\frac{1}{2\pi RC} \tag{4-24}$$

此式表明，RC 值决定着低通滤波电路的上截止频率。因为 $20\lg\frac{1/\sqrt{2}}{1}=-3(\text{dB})$，即以最大幅频特性值 1 为参考，$\frac{1}{\sqrt{2}}$相对于 1 衰减了 -3dB，所以又把幅频特性值$\frac{1}{\sqrt{2}}$所对应的截止频率称为-3dB 截止频率（或-3dB 频率）。

③ 当通过滤波器的信号频率 $f\gg\frac{1}{2\pi\tau}$时，$A(f)\approx 0$，$\varphi(f)\to -90°$。从时域看，此时的输出信号为输入信号的积分，故一阶 RC 低通滤波器也称为积分器。

可以证明，输出信号电压 e_y 与输入信号电压 e_x 的积分成正比，即

$$e_y=\frac{1}{RC}\int e_x\mathrm{d}t \tag{4-25}$$

在截止频率的外侧，实际滤波电路有一个过渡带。这个过渡带的幅频曲线的倾斜程度表明了幅频特性衰减的快慢程度。它决定着滤波电路对带宽外频率成分衰阻的能力。通常用一个称为倍频程选择性的参数来表征。倍频程选择性用幅频特性值［$A(f)$-f 图上的纵坐标值］来定义，其含义是频率在$\frac{f_{C1}}{2}$和 $2f_{C2}$ 处幅频特性值 $A\left(\frac{f_{C1}}{2}\right)$和 $A(2f_{C2})$ 分别与 $A(f_{C1})$ 和 $A(f_{C2})$ 比值的分贝数（dB）。可用下面两式表示：

$$20\lg\frac{A\left(\frac{f_{C1}}{2}\right)}{A(f_{C1})} \tag{4-26}$$

$$20\lg\frac{A(2f_{C2})}{A(f_{C2})} \tag{4-27}$$

上面两式的结果，就是该滤波电路的倍频程选择性的分贝数。衰减越快，滤波电路的选择性越好。

2. *RC* 高通滤波电路

RC 高通滤波电路及其幅频、相频特性如图 4-25 所示。此电路的方程式为

$$e_y+\frac{1}{RC}\int e_y\mathrm{d}t=e_x \tag{4-28}$$

频率响应函数为

$$H(j\omega)=\frac{j\omega\tau}{1+j\omega\tau} \tag{4-29}$$

式中，τ 为时间常数，$\tau=RC$。

幅频特性为

$$A(\omega)=\frac{\omega\tau}{\sqrt{1+(\omega\tau)^2}}$$

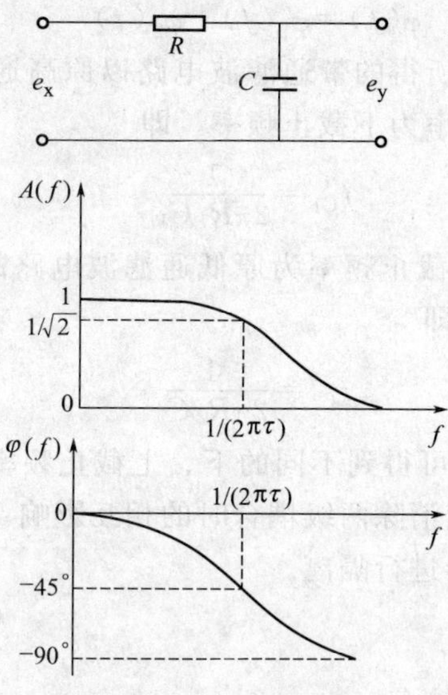

图 4-24 *RC* 低通滤波电路及幅频、相频特性

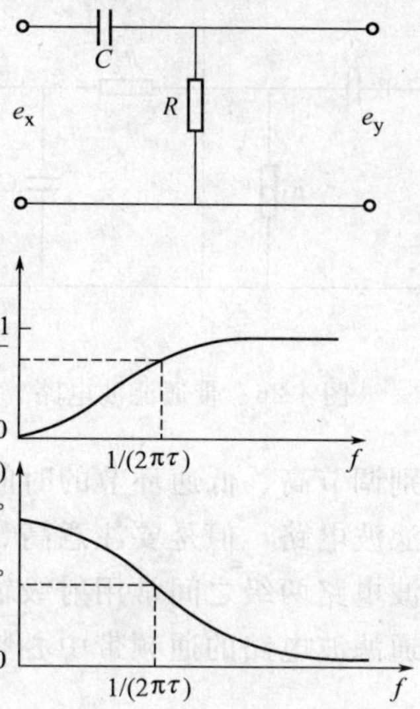

图 4-25 *RC* 高通滤波电路及幅频、相频特性

或
$$A(f)=\frac{2\pi f\tau}{\sqrt{1+(2\pi f\tau)^2}} \tag{4-30}$$

相频特性为

$$\varphi(\omega)=\arctan\left(\frac{1}{\omega\tau}\right)$$

或
$$\varphi(f)=\arctan\left(\frac{1}{2\pi f\tau}\right) \tag{4-31}$$

① 当通过滤波器的信号频率 $f\gg\frac{1}{2\pi\tau}$ 时，$A(f)\approx1$，$\varphi(f)\approx0$。即当 f 相当大时，幅频特性接近于 1，相移趋于零。此时，可将高通滤波电路视为不失真传输系统。

② 当通过滤波器的信号频率 $f=\frac{1}{2\pi\tau}$ 时，$A(f)=\frac{1}{\sqrt{2}}$，$\varphi(f)=45^\circ$，即此滤波电路的 -3dB截止频率为

$$f_{C1}=\frac{1}{2\pi RC}$$

③ 当通过滤波器的信号频率 $f\ll\frac{1}{2\pi\tau}$ 时，$A(f)\approx0$，$\varphi(f)\to90^\circ$。从时域看，此时的输出信号为输入信号微分，故一阶 *RC* 高通滤波器也称为微分器。

3. *RC* 带通滤波电路

RC 带通滤波电路可看成是由 *RC* 低通滤波电路和高通滤波电路串联组成的，如图 4-26 所示。

在 $R_2\gg R_1$ 时，低通滤波电路对前面的高通滤波电路影响极小。如高通滤波电路的频率响应函数为 $H_1(j\omega)$，低通滤波电路的频率响应函数为 $H_2(j\omega)$，则串联之后，带通滤波电路的频率响应函数为

$$H(j\omega)=H_1(j\omega)H_2(j\omega) \tag{4-32}$$

幅频特性和相频特性分别为

$$A(f)=A_1(f)A_2(f) \tag{4-33}$$

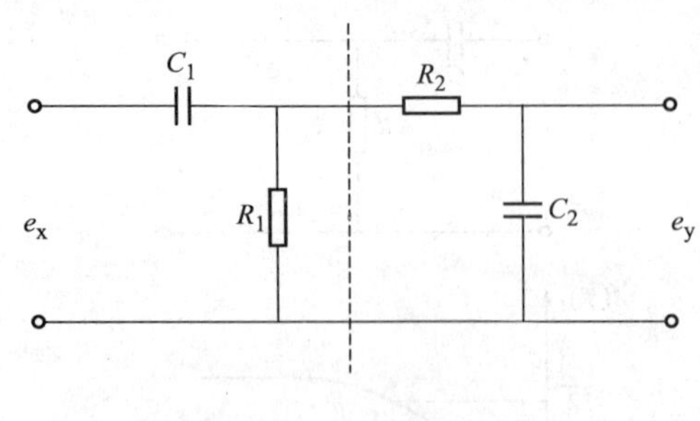

图 4-26 带通滤波电路

$$\varphi(f)=\varphi_1(f)+\varphi_2(f) \tag{4-34}$$

串联后所得的带通滤波电路以原高通滤波电路的截止频率为下截止频率，即

$$f_{C1}=\frac{1}{2\pi R_1 C_1}$$

相应地其上截止频率为原低通滤波电路的－3dB截止频率，即

$$f_{C2}=\frac{1}{2\pi R_2 C_2}$$

分别调节高、低通环节的时间常数（τ_1 及 τ_2），就可得到不同的下、上截止频率和带宽的带通滤波电路，但是要注意高、低通两级串联时，应消除两级耦合时的相互影响。实际上带通滤波电路两级之间常用射级输出器或者运算放大器进行隔离。

带通滤波电路的通频带中心频率为

$$f_0=\sqrt{f_{C1}f_{C2}} \tag{4-35}$$

通常把中心频率 f_0 和带宽 B 之比称为带通滤波器的品质因数 Q。例如一个中心频率为500Hz 的滤波器，带宽 B 为 10Hz，则称其 Q 值为 50。

本章小结

被测非电量经过传感器变换后，往往成为电阻、电容、电荷、电压、电流等微小电参量。这些电参量尚需经过中间转换装置予以变换、放大、运算、调理，转换为适合于进一步处理的形式后，才能送入显示记录仪器。

① 检测元件的输出信号，一般都需要经过变送器转换成标准统一的电气信号（如 4～20mA 直流电信号，20～100kPa 气压信号）再送往显示仪表，指示或记录工艺变量，或同时送往控制器对被控变量进行控制。

② 将输出信号进行阻抗变换，以便信号的拾取。阻抗匹配时，电路将获得最大的功率传输。检测系统中常见的阻抗匹配装置有电荷放大器、射级跟随器、匹配电阻和匹配变压器。

③ 电桥是将电阻、电感、电容等电参量参数的变化转换为电压或电流等电能量输出的电路。

④ 信号放大电路能将微弱的电信号增强到人们所需要的数值，以便于测量和使用；同时通过输入信号的控制，放大电路能将直流电源的能量转化为较大的输出能量，去推动负载。这种小能量对大能量的控制作用是放大的本质。

⑤ 滤波器可使信号中需要的频率成分通过，而极大地衰减其他频率成分。利用滤波电路的筛选作用，可以滤除干扰噪声或进行频谱分析。

思考与练习

4-1 简述传感器与变送器的区别。

4-2 简述阻抗匹配的原理及主要实现方法。

4-3 试说明理论上在全桥电路中没有非线性误差的原因。

4-4 简述滤波器在测试工作中的作用。

第 5 章　信号显示记录装置

显示与记录是检测技术中一个重要环节。显示与记录装置可用来显示、记录一物理量随时间变化的函数关系，也可以显示、记录两物理量之间的函数关系。这类装置有的兼有显示和记录两种功能，有的仅有一种功能。

显示与记录装置的种类很多，以适应不同的测试要求。分类方法不尽相同，按所记信号性质可分模拟和数字两类；按所记信号视觉能见程度可分显性和隐性两类；还可按工作频带来分等。随着新技术的发展，特别是高速、高精度、低功耗、集成化的 A/D 转换器和数字存储技术的发展，现有的分类方法已不十分合适。已经出现了同时兼备模拟、数字两种方式，多种记录速度的记录仪器。

本章着重介绍目前在检测技术中常用的无纸记录仪、数字存储示波器。

5.1　无纸记录仪

随着现代化工业控制技术的飞速发展和新技术、新工艺的不断应用，以 CPU 为核心的新型显示记录装置已被越来越广泛地应用到化工、石油、冶金、制药等各行各业中。

无纸记录仪是近年来快速发展起来的一种新型记录仪表。它以 CPU 为核心，采用全电子化设计，完全摒弃传统记录仪的机械传动、纸张和笔，直接把记录信号转化成数字信号后，送至随机存储器加以保存，并在大屏液晶显示屏（LCD）上加以显示。由于记录信号是由工业专用微处理器 CPU 来进行转化保存显示的，因此记录信号可以随意放大、缩小地显示在显示屏上，为观察记录信号状态带来极大的方便。必要时可把记录曲线或数据送往打印机进行打印或送往个人计算机加以保存和进一步处理。无纸记录仪如图 5-1 所示。

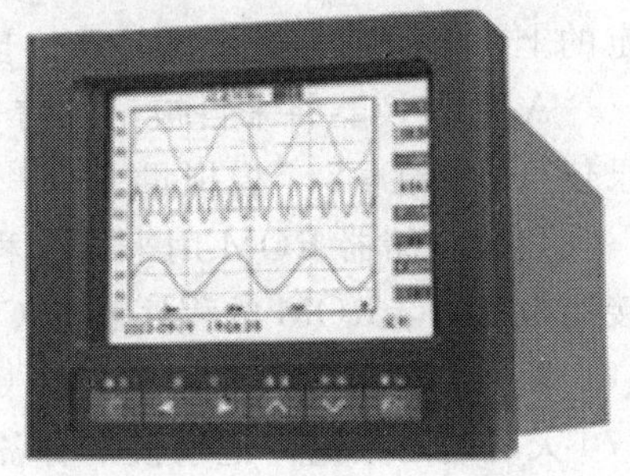

图 5-1　无纸记录仪

1. 无纸记录仪的特点

① 无纸、无笔、无墨、无机械传动部件，无须日常维护，可靠性高、通用性好、功能强。

② 精度高：实时显示，误差为±0.2%；曲线及棒图显示，误差为±0.5%。

③ 输入信号多样化，可以与热电偶、热电阻或其他产生直流电压、直流电流的变送器配合使用。

④ 液晶全动态显示，既清晰，又明了，并有背光功能，即使在黑暗中也清晰可见。可显示趋势曲线、数据、报表、实时棒图等，并可实现单通道/多通道曲线及棒图、数字等的选择显示和循环显示。

⑤ 对输入信号可以组态或编程，直观地显示当前测量值，并有报警功能。

⑥ 大容量的芯片存放测量数据，并可用半导体存储器转存。存放的数据可通过人机界面进行各种处理和分析，也可在 PC 机上用专用软件进行分析和处理，可靠性高、使用方便，符合现代信息化要求。

2. 无纸记录仪的原理和组成

无纸记录仪采用工业专用微处理器，可实现全数字采样、存储和显示等。其原理框图如图 5-2 所示。

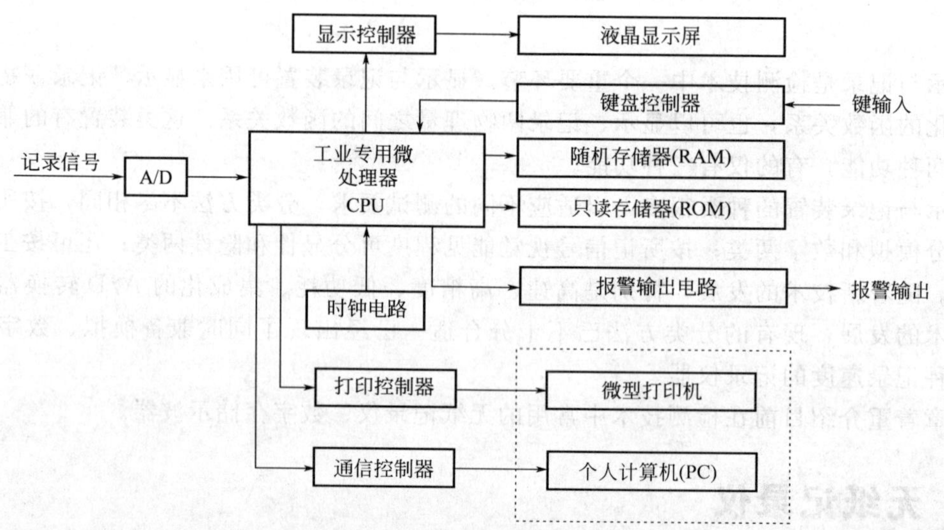

图 5-2 无纸记录仪原理框图

工业专用微处理器 CPU 是无纸记录仪的核心，用来对各种数据进行采集处理，并对其进行放大与缩小，还可送至液晶显示屏上显示，也可送至随机存储器 RAM 存储，并可与设定的上、下限信号进行比较，一旦越限即发出报警信号。

A/D 转换器将来自被记录信号的模拟量转换为数字量以便 CPU 进行运算处理。无纸记录仪可连接 1～8 个模拟量。

只读存储器 ROM 用来固化程序。该程序是用来指挥 CPU 完成各种功能操作的软件，接通电源后，ROM 的程序就让 CPU 开始工作。

随机存储器 RAM 用来存储 CPU 处理后的历史数据。根据采样时间的不同，可保存3～170 天时间的数据，记录仪带有备用电池，以保证所有记录数据和组态信号不会因突然断电而丢失。

显示控制器用来将 CPU 内的数据显示在点阵液晶显示屏上。液晶显示屏可显示 320×240 点阵。

操作人员操作按键的信号，通过键盘控制器输入至 CPU，使 CPU 按照按键的要求工作。

当被记录的数据越限时，CPU 就及时发出信号给报警电路，产生报警输出。

时钟电路的作用是产生记录时间间隔、时标或日期，送给 CPU。

无纸记录仪内还配有打印控制器和通信控制器，CPU 内的数据可通过它们，与外接的微型打印机、个人计算机连接，实现数据的打印和通信。

3. 无纸记录仪的使用

无纸记录仪的显示界面如图 5-3 所示。

(1) 实时单通道显示

图 5-3 是实时单通道液晶显示界面，其周围已标明各显示区的功能。

① 左上角显示日期与时间。图上为 5 月 18 日上午 9 时 20 分 31 秒。

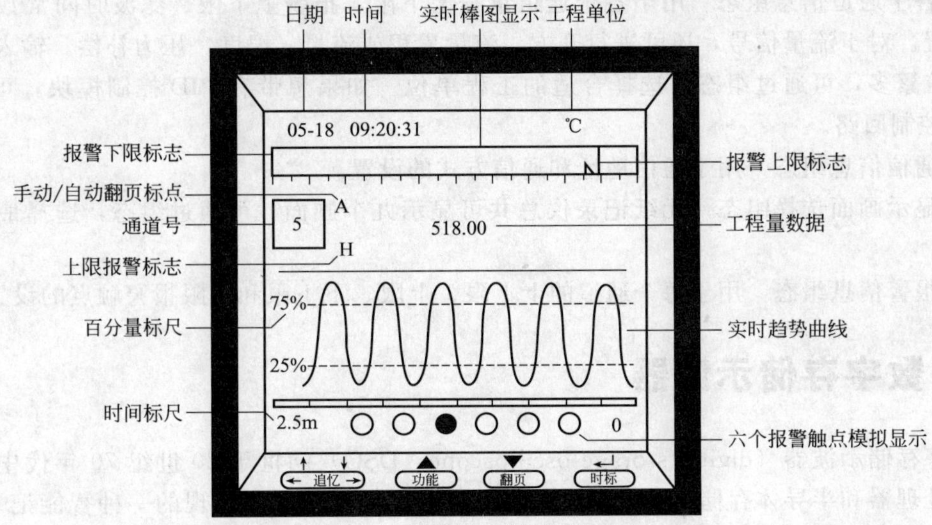

图 5-3 无纸记录仪显示界面

② 右上角显示该通道的工程单位。图上为温度单位为℃。

③ 第二行是实时棒图，并含有报警上、下限标志显示。它和工程量数据相同，为518℃。

④ 各通道数据越限时有报警显示（H或L，分别表示上限报警或下限报警），并显示当前数据的通道号。图上为第5通道，上限报警。

⑤ 通道号的旁边有手动/自动翻页显示，字母A表示处于自动翻页状态，即每隔一定时间，它会自动切换至下一个通道的显示画面。字母M表示手动翻页显示。

⑥ 用百分量标尺显示实时趋势曲线，并标有时间标尺，右端为"0"，表示当前时刻，左端为"2.5m"，表示2.5min前的时间，可显示2.5min的实时趋势曲线。

⑦ 屏幕底端六个"○"模拟显示六个报警触点的当前状态，"●"表示该触点处于报警状态，"○"表示该触点处于非报警状态。

⑧ 最后一行为各种按键，上方符号表示组态用按键，下方为显示用按键。每按一次追忆键中的"←"键，自动翻页/手动翻页就切换一次，显示出相应的A或M，但在实时单通道显示画面内，追忆键"→"是没有意义的；按功能键，就可显示八通道棒图显示、双曲线比较显示、单通道趋势显示、双通道追忆显示、双报警追忆显示、八通道数据显示以及单通道PID调节显示；翻页键供手动翻页用来显示实时曲线及棒图；时标键供选择四种时间标尺，分别为2.5mm、5.0mm、10mm和20mm。

（2）组态界面

无纸记录仪备有组态界面，取代了编程，操作简易。拉出表头，可见表内组态/显示的切换插针，将插针插入左边两孔内，仪表马上将原来数据液晶显示屏变换为组态显示屏。

"↑"、"↓"键——用来移动光标。

"▲"、"▼"键——用来增减数值。

"↵"回车键——用来确认某项操作。

无纸记录仪的组态方式共有如下六种。

① 时间及通道组态　用于组态设置或修改日期、时钟、记录点数和采样周期。

② 页面及记录间隔的组态　用于页面、记录间隔的设置以及背光的打开/关闭设置。

③ 各个通道信息组态　用于各个通道量程上下限、报警上下限、滤波时间常数以及开方的设置。对于流量信号，还可进行开方，流量累积或流量、温度、压力补偿。输入信号的工程单位繁多，可通过组态，选择合适的工程单位。如果想带有 PID 控制模块，可实现 4 个 PID 控制回路。

④ 通信信息组态　用于通信地址和通信方式的设置。

⑤ 显示画面选择组态　无纸记录仪总共可显示九个画面，可通过组态，选择最需显示的画面。

⑥ 报警信息组态　用于每个通道的上上限、上限、下下限和下限报警触点的设置。

5.2 数字存储示波器

数字存储示波器（digital storage oscilloscope，DSO）问世于 20 世纪 70 年代中期，是随着微处理器和半导体存储器等大规模集成电路的发展和普及而出现的一种智能记录仪器。数字存储示波器与模拟示波器不同，具有存储功能。它用 A/D 变换器将模拟波形转换成数字信号，然后存储在半导体存储器 RAM 中；需要时，再将 RAM 中的存储的内容调出，通过相应的 D/A 变换器，再恢复为模拟量显示在示波管屏幕上。在该类示波器中，信号处理功能和信号显示功能是分开的。其性能指标包括速度和精度，完全取决于进行信号处理的 A/D、D/A 变换器和半导体存储器的情况。

数字存储示波器使用简单，可观测触发前的信号。用 x-y 方式观测波形时，两通道间几乎没有相位差，观测极慢信号时无闪烁现象，准确度高，可优于 1%；可以很方便地与数字接口相连，或与计算机组成自动测试系统。

1. 数字存储示波器的基本组成和基本原理

数字存储示波器，就是在示波器中可以对输入信号进行数字存储。图 5-4 为数字存储示波器的基本组成框图。

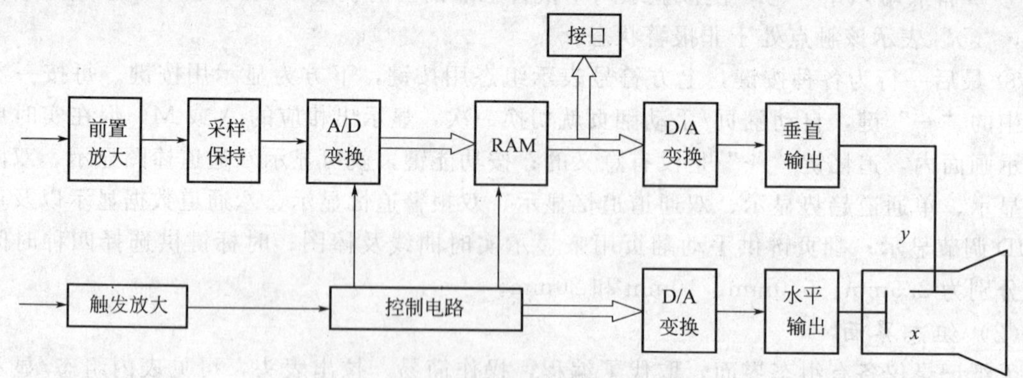

图 5-4　数字存储示波器的基本组成框图

输入信号经前置放大和采样保持后，送至 A/D（模/数）变换器转换成数字信号，在逻辑控制电路的作用下写入随机存储器 RAM 中存储起来。

不管数据用何种速度写入存储器，存储器中存储的各数据均不相关地以固定的速度不断读出，且显示时不产生闪烁。读出数据送至垂直 D/A 变换器，经垂直输出放大电路用作示波器的 y 显示。同时以一个读出速率递增的计数器计数，输出送至水平 D/A 变换器，经水平输出放大电路用作示波器的 x 显示。

在数字存储示波器中，把输入的被测模拟信号先送至 A/D 变换器，进行采样、量化和编码，成为数字“1”、“0”码，存储到 RAM 中，这个过程称为存储器的“写过程”。然后，再将这些“1”、“0”码从 RAM 中依次取出，顺序排列起来，经 D/A 变换使其包络重现输入模拟信号，这就是“读过程”。在数字存储示波器中采用实时采样方式，可观测单次信号；采用顺序采样或随机采样方式，可观测重复信号。

由理论分析可知，为了正确地观测信号波形，只有恰当地选择采样频率才能用所获得的采样脉冲序列恢复出原信号波形。采样频率过低会产生频谱混叠效应，造成波形失真，使示波器的测量结果出现明显误差。采样定理表明，对于一个最高频率为 f_0 的信号，当采样频率 $f_s \geqslant 2f_0$ 时，其采样后所获得的脉冲序列将包含原信号的全部信息。f_s 称为奈奎斯特频率。当采样频率 f_s 等于输入信号频率 f_0 时，显示波形的频率信息还能保留，但幅度信息将大量损失。通过计算可以得出，当一个周期中取样点的数目 N 为 4 时，即采样频率 $f_s = 4f_0$ 时，失真波形的最大值是波形幅值的 0.707 倍，故数字存储示波器的等效带宽为 $f_s/4$。若采用正弦内插显示，等效带宽可达 $f_s/2.5$。

2. 数字存储示波器主要技术性能指标

(1) 采样频率 f_s

采样频率是指单位时间内获取被测信号的样点数，单位为次数/秒，S/s。最高采样频率由 A/D 变换器的频率决定。采用不同类型的 A/D 变换器，其最高采样频率也不同。实际上，采样频率是随时基设置的不同而改变的，二者之间的关系为

$$采样频率=\frac{所记录波形的长度}{时基单位\times扫描长度}$$

例如，一个仪器有 1024 个波形记录存储单元，扫描长度为 10div，而时基设置为 10μs/div，则采样频率为

$$f_s=\frac{1024}{10\times10}=10.24\ (\mathrm{S/s})=10.24\ (\mathrm{MHz})$$

(2) 扫描时间因数

扫描时间因数取决于来自 A/D 变换器的数据写入获取存储器的速度及存储容量。扫描时间因数为相邻两个采样点的时间间隔（采样窗口）与每格取样点数的乘积，即

$$扫描时间因数=\frac{1}{f_s}\times N$$

由上式可得，在 A/D 变换器变换速率相同的条件下，存储容量越大，则扫描时间因数越大。若 A/D 变换器的存储容量为 1KB，则最快扫描时间因数为 5μs/div，若存储容量为 10KB，则最快扫描时间因数为 50μs/div。

(3) 分辨力

DSO 屏幕上的点不是连续的，而是量化的。分辨力是指量化的最小单元，可用 $1/2^n$ 或百分比来表示，更简单的方法也可用 n 位表示。分辨力也可定义为示波器所能分辨的最小电压增量。

分辨力有垂直分辨力和水平分辨力。垂直分辨力取决于 A/D 变换器对量化值进行 PCM 编码的位数。若 A/D 变换器是 n 位编码，则最小量化单元为 $1/2^n$。例如，若 A/D 变换器是 8 位，则分辨力为 $1/2^8$，即 0.391%；若 A/D 变换器是 10 位，则分辨力为 $1/2^{10}$，即 0.0976%；若 A/D 是 12 位，则分辨力为 $1/2^{12}$，即 0.0244%。上述三种情况，若满度输出为 10V，则分辨力分别为 39.1mV、9.76mV、2.44mV。分辨力也可用每度的级数来表示，

如果采用8位编码，共有$2^8=256$级，若垂直方向共有8度，则分辨力为32级/度。

在智能化数字存储示波器中，通过多次对信号平均处理，并消除随机噪声，可使垂直分辨力得到提高。水平分辨力由存储容量决定。若是10位编码，则有$2^{10}=1024$个单元，将水平扫描长度调到10.24度，则每度有100个取样点。

(4) 测量准确度

分辨力并非是测量准确度，而是理想情况下测量准确度的上限。由于显示准确度及人为观测误差的存在，一般数字存储示波器的垂直准确度为2%～4%，水平准确度为1%～3%。在智能化数字存储示波器中，采用游标来进行测量，可大大减小人为误差以及示波管和放大器非线性引起的误差，使测量准确度达到1%。

(5) 有用存储带宽B

数字存储示波器的有用存储带宽描述的是其插捉信号的能力，即

$$B=\frac{1}{C}\times 最大采样频率$$

式中，C为常数，它的大小依赖于对不同插入法而确定的在每个采样周期中采样点的数目。

用光点显示时，$C\approx25$；用矢量显示（线性插入）时，$C\approx10$；用正弦内插显示时，$C\approx2.5$。

当观察双踪信号时，取样是断续方式取y_1和y_2，故采样频率降低1倍，存储带宽也降低1倍。对于重复性信号，数字存储示波器存储带宽可达到示波器模拟应用时的带宽。

(6) 存储容量

存储容量又称为存储长度，通常定义为获取波形的取样点的数目，用数据存储器存储容量的字节数来表示。

(7) x-y存储带宽

与模拟示波器不同，进行x-y显示时，两通道具有相同的存储带宽，从RAM中读出的数据分别送至垂直D/A和水平D/A电路，故两通道间几乎没有相位差。x-y存储带宽与重复信号存储带宽相同。

3. 数字存储示波器的功能特点

(1) 触发点位置可任意设定

数字存储示波器可将触发点设置在波形的任意位置上，从而能灵活地观测触发点之间的信号。观测单次信号时尤为方便。

(2) 滚动方式

在扫描方式下，一旦接收到触发信号，屏幕上的光点就从左向右扫描，类似于一般模拟示波器。在滚动方式下，不需要加触发信号，波形从屏幕右端进入，从屏幕左端离去。示波器犹如一台图形记录仪，记录笔在屏幕右端，记录纸由右向左移动。只有在慢扫描时才有滚动功能。当观测到特殊要求的波形时，还可将波形固定在屏幕上。

(3) 峰值检测功能

当输入信号频率接近或超过采样频率时，会出现频谱混叠现象，得出错误的测量结果。在观测慢信号时，无法捕捉快速变化的毛刺信号。为了克服上述弊病，数字存储示波器中增加了峰值检测功能。当扫速变慢时，A/D变换器仍以最高采样频率采样，并将采样值不断比较，找出这个采样窗口中的最大值和最小值，作为一组数据分别存入最大值存储器和最小

值存储器。显示时，将各个采样窗口中得到的极大值与极小值顺序排列起来，得到图像的包络显示。

峰值检测功能常用能捕捉毛刺信号的宽度来衡量。能捕捉毛刺信号的宽度即为采样频率的倒数。

峰值检测功能只能显示波形的包络，但不够逼真，所以在峰值检测功能中还增加了平滑功能。该平滑功能是在每个采样窗口，按检测到的最大值或最小值的次序，将最大值和最小值写入存储器。这样从存储器中读到的数据不再是波形包络，而是重现原始波形。

(4) 累计峰值检测功能

在触发点固定的情况下，将每次扫描中在每个采样窗口得到的每组最大值和最小值与上一次扫描对应的采样窗口得到的最大值与最小值进行比较，保留最大值与最小值，再供下一次比较。累计峰值检测功能通过软件来实现。用累计峰值检测可观测 y 轴漂移及水平晃动等。

(5) 平均功能

智能化数字存储示波器通过软件实现平均功能，能将埋在噪声中的微弱信号检测出来。平均次数可设定为 2^n，$n=1\sim8$。与累计峰值检测一样，平均扫描次数可限定或不限定。采用平均处理功能可提高分辨力和测量准确度。

(6) CRT 读出功能

在示波器屏幕上除了显示波形外，还同时显示有关参数，如通道 1 垂直灵敏度、输入耦合方式，通道 2 垂直灵敏度、输入耦合方式，A 扫描时间因数、B 扫描时间因数、A 和 B 扫描间的延迟时间、获取方式和触发点位置等。

(7) 游标测量功能

智能化数字存储示波器采用游标来进行电压和时间的测量，可以减小人为的读数误差，提高测量准确度。

示波器屏幕上显示的有获取存储器中的波形，也有参考存储器中的波形。游标具有跟踪功能，能移至任意一个波形的任意位置，可在示波器屏幕上直读两游标间的电压和时间差。有些示波器还可直读频率。

(8) 存储波形的扩大及缩小

采用软件技术，可将已存储波形在垂直方向上扩展 2～10 倍，或缩小 2～10 倍，在水平方向上扩展 10 倍，供进一步分析处理。

(9) 具有记录输出功能

备有 x 轴及 y 轴输出和提笔控制，可驱动外部 x-y 绘图仪，将已存储波形输出供复制用。有些示波器还可输出坐标刻度。

(10) 菜单功能

在智能化数字存储示波器中，用菜单选择来扩展前面板功能，即采用大量软件来减少面板上硬件控制。

(11) 接口

通信选购件 GPIB 或 RS-232 接口，可将已存储数据送至计算机，组成自动测试系统，做进一步数据处理。通过接口也可将数据直接送到各种打印机和绘图仪。

目前生产数字存储示波器的主要厂家有美国的 TEK 公司、LeCroy 公司等。

5.3 触摸屏技术

随着科学技术的不断进步，人机交互界面向着更方便使用、更直观的方向发展。触摸屏(touch panel)是一种附着在显示器的表面，与显示器配合使用，通过触摸产生模拟电信号，经过转换成为数字信号由微处理器计算得出触摸点的坐标，从而实现操作者的意图并执行的新型器件。它的应用使得数据的显示和数据的输入结合为一体，使得人机交互界面更简单、更友好。

触摸屏技术产生于20世纪70年代，最先应用于美国的军事，此后，该项技术逐渐向民用移转，并且随着电子技术、网络技术的发展和互联网应用的普及，新一代触摸屏技术和产品相继出现，其坚固耐用、反应速度快、节省空间、易于交流等许多优点得到大众的认同。目前，这种轻松的人机交互技术已经被推向众多领域，除了应用于个人便携式信息产品之外，还广泛应用于家电、公共信息（如电子政务、银行、医院、电力等部门的业务查询等）、电子游戏、通信设备、办公室自动化设备、信息收集设备及工业设备等。

1. 触摸屏基本原理

工作时，必须首先用手指或其他物体触摸安装在显示器前端的触摸屏，然后系统根据手指触摸的图标或菜单位置来定位选择信息输入。触摸屏的本质是传感器，它由触摸检测部件和触摸屏控制器组成。触摸检测部件安装在显示器屏幕前面，用于检测用户触摸位置，接收后送触摸屏控制器。触摸屏控制器的主要作用是从触摸点检测装置接收触摸信息，并将它转换成触点坐标送至CPU，同时能接收CPU发来的命令并加以执行。

2. 触摸屏主要类型

目前，根据传感器的类型，触摸屏大致分为红外线式、电阻式、表面声波式和电容式触摸屏四种。

红外线式触摸屏价格低廉、安装方便，但其外框易碎，容易产生光干扰，曲面情况下失真；电阻式触摸屏的定位准确，但其价格颇高，怕刮易损；表面声波式触摸屏解决了以往触摸屏的各种缺陷，清晰不容易被损坏，适于各种场合，缺点是屏幕表面如果有水滴或尘土会使触摸屏变得迟钝，甚至不工作；电容式触摸屏设计构思合理，但其图像失真问题很难得到根本解决。每类触摸屏都有其各自的优缺点，要了解哪种触摸屏适用于哪种场合，关键就在于要懂得每类触摸屏技术的工作原理和性能特点。

3. 触摸屏性能特点

(1) 红外线式触摸屏

红外线式触摸屏（简称红外触摸屏）是在显示器的前面安装一个电路板外框，如图5-5所示，电路板在屏幕四边排布红外发射管和红外接收管，一一对应形成纵横交叉的红外线矩阵。管的排列密度与其分辨率有关。用户在触摸屏幕时，手指就会阻挡经过该位置的横竖两方向的红外线，因而可以判断出触摸点在屏幕的位置。任何触摸物体都可改变触点上的红外线而实现触摸屏操作。

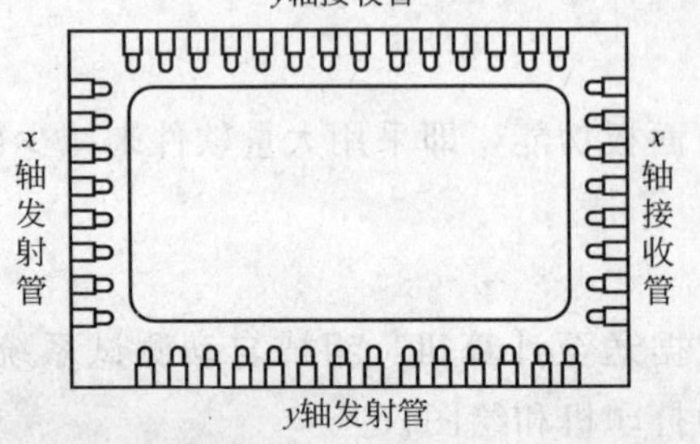

图5-5 红外触摸屏技术

红外触摸屏的矩阵电路及微处理器控制电路都装在屏前的框架内，并通过键盘接口直接与主机通信，不需要独立电源。但由于发射、接收管排列有限，分辨率不高。红外触摸屏不受电流、电压和静电干扰，适宜某些恶劣的环境条件，红外线技术是触摸屏产品最终的发展趋势。采用声学和其他材料学技术的触摸屏都有其难以逾越的屏障，如单一传感器的受损、老化，触摸界面怕受污染、破坏性使用，维护繁杂等问题。

（2）电阻式触摸屏

电阻式触摸屏的主要部分是一块与显示器表面非常配合的电阻薄膜屏，在强化玻璃表面分别涂上两层OTI（铟锡氧化物）透明氧化金属导电层。利用压力感应进行控制。当手指触摸屏幕时，两层导电层在触摸点位置就有了接触，电阻发生变化。在 x 和 y 两个方向上产生信号，然后传送到触摸屏控制器。控制器检测到这一接触并计算出触摸点的位置，再模拟鼠标的方式运作。

电阻式触摸屏拥有对外界完全隔离的工作环境，不受灰尘、水汽和油污的影响，能在恶劣环境下工作。但由于复合薄膜的外层采用塑胶材料，抗爆性较差，使用寿命受到一定影响。电阻式触摸屏的精度只取决于A/D转换器的精度，因此都能轻松达到4096×4096。它比较适合工业控制领域及办公室领域的使用。

（3）表面声波式触摸屏

表面声波是超声波的一种，是在介质（例如玻璃或金属等刚性材料）表面浅层传播的机械能量波。该种触摸屏（图5-6）的角上装有超声波换能器，能发送一种高频声波跨越屏幕表面，当手指触及屏幕时，触点上的声波即被阻止，由此确定坐标位置。

表面声波式触摸屏的优点是清晰度较高，透光率好，耐久性好，抗刮伤性极好；反应灵敏，不受温度、湿度等环境因素影响，分辨率高，寿命长；透光率高，能保持清晰透亮的图像质量；没有漂移，只需安装时一次校正；有第三轴（z 轴）响应。目前在公共场所使用较多。其缺点是需要经常维护，因为灰尘，油污液体沾污在屏的表面，都会阻塞触摸屏表面的导波槽，使波不能正常发射，或使波形改变而控制器无法正常识别，从而影响触摸屏的正常使用，用户需严格注意环境卫生。

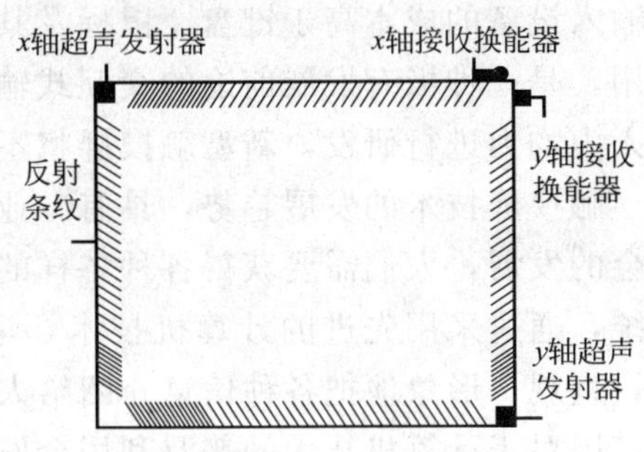

图5-6　表面声波触摸屏

（4）电容式触摸屏

电容式触摸屏是利用人体的电流感应进行工作的。电容式触摸屏是一块四层复合玻璃屏，玻璃屏的内表面和夹层各涂有一层铟锡氧化物（ITO），最外层是一薄层玻璃保护层，夹层ITO涂层作为工作面，四个角上引出四个电极，内层ITO为屏蔽层以提供良好的工作环境。当手指触摸在金属层上时，由于人体电场，用户和触摸屏表面形成以一个耦合电容，对于高频电流来说，电容是直接导体，于是手指从接触点吸走一个很小的电流。这个电流从触摸屏的四角上的电极中流出，并且流经这四个电极的电流与手指到四角的距离成正比，控制器通过对这四个电流比例的精确计算，得出触摸点的位置。但用戴手套的手或手持不导电的物体触摸时没有反应，这是因为增加了更为绝缘的介质。

电容式触摸屏能很好地感应轻微及快速触摸，防刮擦，不受尘埃、水及污垢影响，适合恶劣环境下使用。但由于电容随温度、湿度或环境电场的不同而变化，故其稳定性较差，分辨率低，易漂移。当环境温度、湿度改变时，环境电场发生改变时，都会引起电容屏的漂移，造成不准确。例如，开机后显示器温度上升会造成漂移；用户触摸屏幕的同时另一只手或身体一侧靠近显示器会引起漂移；电容式触摸屏附近较大的物体搬移后会引起漂移，触摸时如果有人围过来观看也会引起漂移。电容式触摸屏的漂移原因属于技术上的不足，环境电势面（包括用户的身体）虽然与电容式触摸屏离得较远，却比手指面积大得多，直接影响了触摸位置的测定。

以上各类触摸屏性能优劣比较见表 5-1。

表 5-1 各类触摸屏性能比较

名称 性能	红外线式触摸屏	电阻式触摸屏	表面声波式触摸屏	电容式触摸器
触摸寿命	等于发光管寿命	＞3500 万次	＞5000 万次	＞6000 万次
反应速度	15～30ms	10～20ms	10～14ms	8～15ms
防刮擦性	很好	好	很好	很好
触摸分辨率	32×32 或更高	4096×4096	4096×4096	＞1024×1024
透光性	100％	75％	92％	85％
环境适应性耐用性	一般	好	好	很好

4. 触摸屏技术的发展趋势

触摸屏的主要优点是改善了人机交互能力，增加了输入设备接口，缺点是成本高。触摸屏输入设备的成本高于键盘、鼠标及其他输入设备。触摸屏技术方便了人们对计算机的操作使用，是一种极有发展前途的交互式输入技术。世界各国对此普遍给予重视，并投入了大量的人力物力进行研发，新型触摸屏将不断涌现。

触摸屏技术的发展趋势，具有专业化、多媒体化、立体化和大屏幕化等特点。随着信息社会的发展，人们需要获得各种各样的公共信息，以触摸屏技术为交互窗口的公共信息传输系统，通过采用先进的计算机技术，运用文字、图像、音乐、解说、动画、录像等多种形式，直观、形象地把各种信息介绍给人们，给人们带来极大的方便。随着技术的迅速发展，触摸屏对于计算机技术的普及利用会发挥更重要的作用。

计算机技术的发展，PC 机和工作站性能不断提高，价格不断降低，给各个行业带来了新的机遇和活力。在仪器仪表测试领域也一样，除了上述几种显示装置之外，近 20 年来，国际上出现的虚拟仪表技术把计算机技术和仪表仪器技术完美地结合起来，为现代仪器技术掀开了崭新的一页。

依靠计算机的强大功能来完成显示仪表的所有工作。虚拟显示仪表结构简单，只有原有意义上的采样、A/D 转换电路通过输入通道插卡插入计算机即可。虚拟仪器的显著特点是在计算机屏幕上完全模仿实际中使用的各种仪表装置，如操作盘、仪表盘等，用户通过键盘、鼠标或触摸屏进行各种操作。

由于计算机完全取代显示仪表，除受输入通道插卡性能限制外，其他各种性能如计算速度、复杂性、精确度、稳定性、可靠性都大大增强。此外一台计算机中可以同时实现多台虚拟仪表，可集中运行和显示。

本章小结

显示和记录是检测中重要的一个环节。信号调理电路输出的信号必须通过显示或记录，才能对信息进行数据处理或以此判断测试结果。

① 无纸记录仪采用工业专用微处理器，可实现全数字采样、存储和显示等。它完全摒弃传统记录仪的机械传动、纸张和笔，直接把记录信号转换成数字信号后，送至随机存储器加以保存，并在大屏液晶显示屏（LCD）上加以显示。

② 数字存储示波器与模拟示波器不同，它具有存储功能。它用 A/D 转换器将模拟波形转换成数字信号，然后存储在半导体存储器 RAM 中；需要时，再将 RAM 中的存储的内容调出，通过相应的 D/A 转换器，再恢复为模拟量显示在示波管屏幕上。

③ 触摸屏技术方便了人们对计算机的操作使用，是一种极有发展前途的交互式输入技术。触摸屏是一种附着在显示器的表面，与显示器配合使用，通过触摸产生模拟电信号，经过转换为数字信号由微处理器计算得出触摸点的坐标，从而实现操作者的意图并执行的新型器件。触摸屏大致分为红外线式、电阻式、表面声波式和电容式触摸屏四种。

思考与练习

5-1　什么是无纸记录仪？简述其特点和功能。

5-2　无纸记录仪有哪几种组态方式？

5-3　简述数字存储示波器的组成和工作原理。

5-4　简述触摸屏工作原理。

第 6 章 检 测 仪 表

6.1 检测仪表的构成和设计方法

6.1.1 检测仪表的组成和检测系统的结构形式

工程实践中，要检测的对象千变万化，检测的目的和条件不尽相同，应选择何种检测仪表将根据测量的具体情况而定。一般地，检测仪表或检测系统至少由敏感元件，信号变换、传输、处理以及显示装置三大部分组成，如图 6-1 所示。常见的检测仪表中，最简单的只有敏感元件与显示装置两部分。例如，常见的玻璃管温度计中玻璃温包中的水银为敏感元件，温度升高水银体积膨胀，并沿毛细管向上，玻璃上的刻度即为显示装置，刻度上的读数代表水银所“感受”温度的大小。但有些检测仪表除了敏感元件和显示装置外，还需要其他环节（如信号变换环节）。例如，测量压力的应变式电阻计，应变片作为敏感元件，它将压力的变化转换为应变片本身阻值的变化。由于电阻不方便直接显示，一般要用电桥等形式的转换电路将电阻转换为方便处理的电压信号。

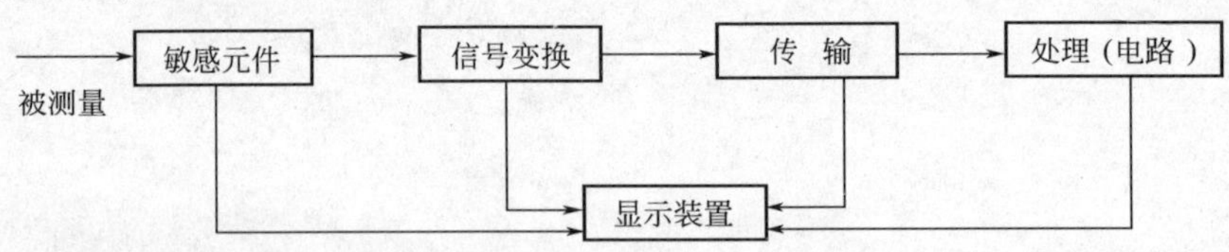

图 6-1 检测仪表的组成

检测仪表按组成结构来分大致上有一体化型和组合型仪表两种。一体化型仪表常见的有玻璃管温度计、弹性式压力表、U 形玻璃管压力（差压）计等。一体化型将敏感元件、信号变换和显示装置（指示）等做成一个整体，使用时不能分开。大部分现场指示型仪表就属于这一类。

组合型仪表是指仪表的各个组成部分（如敏感元件和信号变换以及显示装置等）是分开的，可以根据需要组合使用，也可以单独使用。图 6-2 所示为测量温度时根据现场情况进行不同组合而形成的几种热电偶温度检测系统。图 6-2(a) 所示是最常见的一种检测系统，由三个相对独立的仪表或元件组成，即敏感元件（热电偶）、信号处理电路（温度变送器）和信号显示记录装置（温度显示表）。图 6-2(b) 与图 6-2(a) 所示的结构形式相同，区别是变送器不仅进行信号变换，同时带现场显示，以方便现场的操作和维护。图 6-2(c) 所示检测系统的特点是现场不设变送器，热电偶的热电极从检测点一直延伸到集中监控室的温度显示表，将信号的处理与显示集为一体，仅由敏感元件（热电偶）、信号处理与显示电路（温度显示表）构成。

6.1.2 检测仪表的设计方法

仪表的准确度和仪表的长期运行的稳定性或可靠性是检测仪表设计人员需要充分考虑的问题。检测仪表是由若干个环节组成的，因此，对整个仪表的各种要求就具体落在组成该仪

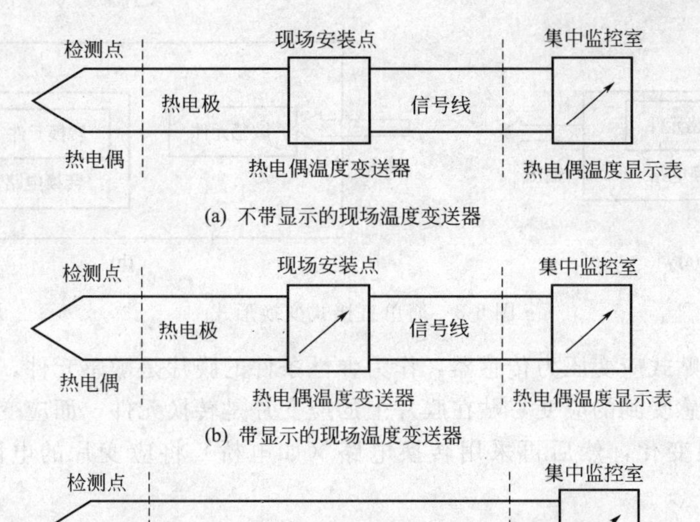

(a) 不带显示的现场温度变送器

(b) 带显示的现场温度变送器

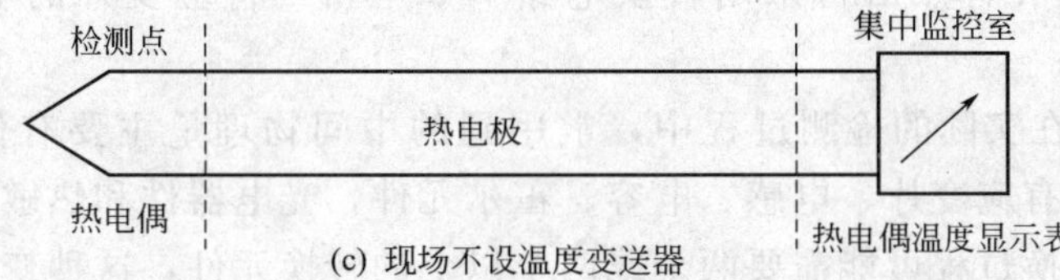

(c) 现场不设温度变送器

图 6-2　几种热电偶温度检测系统的结构形式

表的各环节上。在仪表的使用中，仪表的各个组成环节、各种环境条件都会给整个仪表带来误差，例如为保证测量的准确度对敏感元件有一定的要求（要求敏感元件有较高的灵敏度，有良好的输入-输出关系，不易受被测介质的腐蚀等），但是，满足所有“理想”条件的敏感元件是不存在的。假如检测仪表的任何一个环节设计不当，由此产生的误差可能会非常大。因此在设计时要找出误差的主要影响因素，采取各种手段进行补偿，从而保证仪表的准确度。本部分主要从信号变换的角度来讨论测量仪表的一般设计方法。

信号变换按结构形式分为简单直接式变换、差动式变换、参比式变换和平衡（反馈）式变换四类。

1. 简单直接式变换

（1）简单直接式变换仪表的结构

信号的变换通常是由转换元件以及转换电路来实现。简单直接式变换形式有两种：一种只有转换电路即可实现信号的转换，如图 6-3(a) 所示；另一种需要中间的转换元件将敏感元件所感受到的量转换为中间量，然后再由转换电路将此中间量转换为方便显示或记录的最终量，如图 6-3(b) 所示。

图 6-3(a) 所示的信号变换形式最为简单，它要求敏感元件能将被测量直接转换成电量。例如，热电偶、光电池等敏感元件将被测量转变成自身的电压或电流信号，转换电路的任务只需进行信号的放大或信号间的转换；热敏电阻、气敏电阻等敏感元件将被测量转换成为自身的电阻值，此时转换电路只需将相应的电阻值转换成电压或电流信号。这种转换形式是一种只有转换电路的信号变换形式。另外，经常采用的转换电路是不平衡电桥，敏感元件作为电桥的一部分（如桥壁），电桥的作用是将敏感元件的阻抗（通常是电阻）变换成电压信号输出。

图 6-3(b) 所示的信号变换形式中既有转换元件又有转换电路。敏感元件首先把被测量转换成某种可利用的中间物理量（可以是非电量，如位移、应变等），转换元件再将这种中间物理量转换成某种电学量，最后再通过转换电路将转换元件输出的电学量转换成电压或电

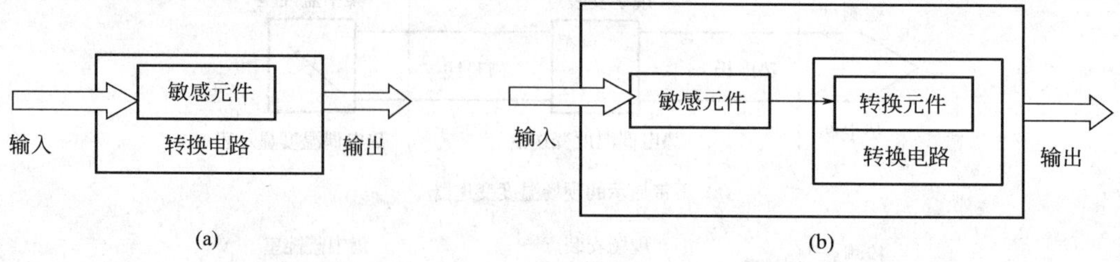

图 6-3 简单直接式变换形式

流信号。例如，粘贴式应变压力传感器，作为弹性条件的膜片是敏感元件，用它把被测压力转换为应变片所能感受到的应变，贴在膜片上的应变片是转换元件，而应变片将这种应变转变成为自身的电阻变化，然后再采用转换电路（如电桥）将应变片的电阻转换成标准的电量。

如表 6-1 所示，在实际的检测过程中，常用到的中间物理量主要有位移、光量和热量等，相应的转换元件有应变片、电感、电容、霍尔元件，光电器件和热敏元件等。而在一些检测系统中，信号变换过程可能需要两个或两个以上的转换元件，这种变换称为多级变换。

表 6-1 可利用的中间物理量及转换元件

被测量	中间物理量	转换元件
压力、温度、流速、力、加速度、扭矩等	位移	应变片、电感、电容、霍尔元件
气体成分、位移、浓度等	光量	光电器件
温度、流速等	热量	热电偶、热敏电阻

转换元件的使用增加了检测系统（仪表）设计的自由度，因此，对于同一个被测量，即便选择相同的敏感元件，也可以选择不同的转换元件，从而使所设计的检测仪表更加适合现场状态。

（2）简单直接式变换仪表的特点

由简单直接式变换仪表的结构组成可以看出，这类仪表大多是由敏感元件、转换电路和显示装置等部分串接而成的，也称为开环式仪表。设仪表由 n 个环节组成，这种仪表总的传递函数是每个组成环节的传递函数之积；整台仪表的相对误差是各个环节相对误差之和。因此，简单直接式变换仪表具有以下特点。

① 准确度较低。由于仪表的相对误差为各个环节的相对误差之和，环节越多，则相对误差一般也越大。

② 线性度较差。当组成仪表的某一个环节有非线性时，整个仪表就存在非线性，如果有多个环节呈现非线性，则仪表的非线性度变得更为严重。

③ 信息能量传递效率较低。在检测元件与转换电路之间需要考虑阻抗匹配问题。

④ 结构简单、工作可靠，价格比较便宜。

2. 差动式变换

（1）差动式变换仪表的结构

差动式变换即采用两个性能完全相同的转换元件，感受敏感元件的输出量，并把它转换成两个性质相同，但沿反方向变化的物理量（常见的是电路参数量），如图 6-4 所示。这样可以提高检测仪表（系统）的灵敏度和线性度，减小或消除环境等因素的影响。图 6-5 所示为两个差动式变换的实例。图 6-5(a) 所示为差动式变压器，当铁芯在中间位置时，$e_1=e_2$，$\Delta e=e_1-e_2$；当铁芯向上移动时，e_1 增加，而 e_2 减小；当铁芯向下移动时，情况恰好相反。图 6-5(b) 所示为差动式电容器，电容器由三个极板组成，其中两边为固定极板，中间为可动极板，当动极板向左或者向右产生位移时，必然会造成两边的电容一个变大，另一个变小，从而可构成差动。

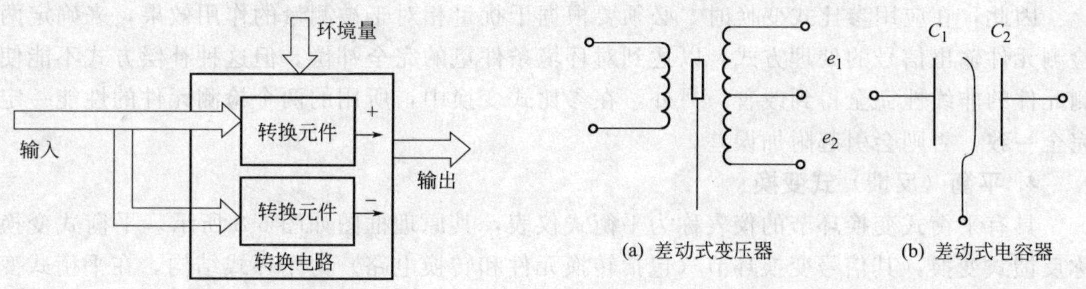

图 6-4 差动式变换形式

图 6-5 差动式变换的应用实例

差动式变换的转换电路一般采用电桥或差动放大形式，前者用于输出量为电路参数的转换元件；后者常用于输出量为差动形式的转换元件。

(2) *差动式变换仪表的特点*

差动式变换式仪表的特点是可以有效减少或消除作用于转换元件的干扰，使转换元件中存在的非线性得到改善，但它却不能降低作用于敏感元件的干扰的影响或敏感元件存在的非线性。为了解决这个问题，可以使用差动敏感元件，即用两个性能、几何尺寸完全相同的敏感元件，使它们感受同一被测量，但输出量沿两个相反方向变化。然而在实际的检测中，这种方法往往难以实现。

3. 参比式变换

参比式变换也称补偿式变换。这种变换可以有效消除环境条件变化（如温度变化、电源电压波动等）对敏感元件的影响。图 6-6 所示为参比式变换的原理框图，这种变换形式采用两个性能完全相同的检测元件，其中一个检测元件感受被测量和环境条件量，另一个检测元件只感受环境条件量。通过转换电路把检测元件中包含的环境条件量的干扰信息除去，即相当于对环境条件进行了补偿，从而达到消除或减小环境干扰的影响，例如常用的电桥补偿法。

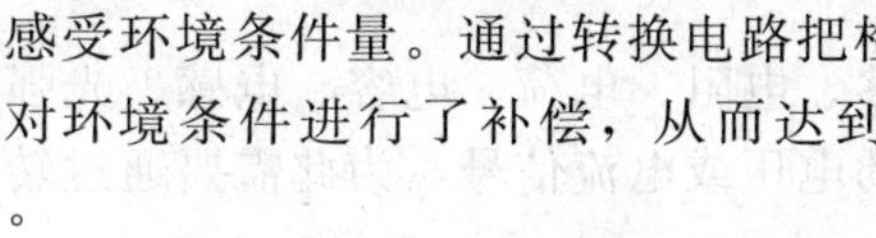

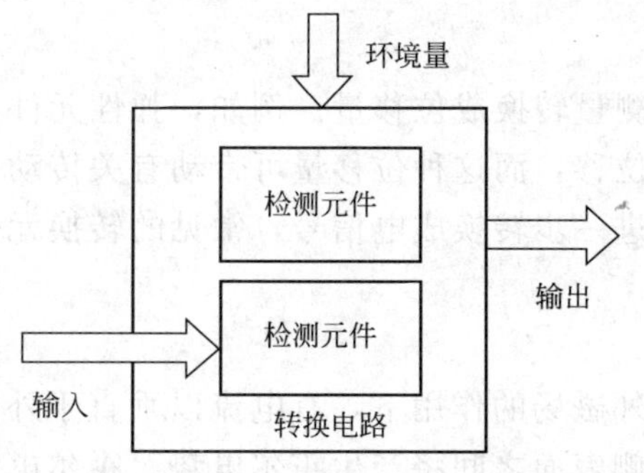

图 6-6 参比式变换原理框图

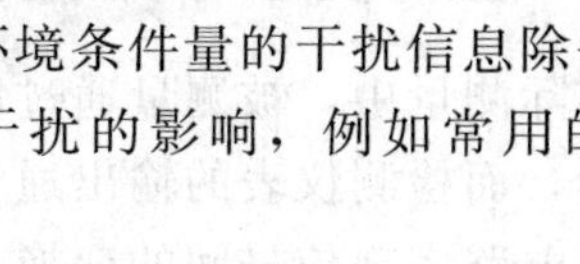

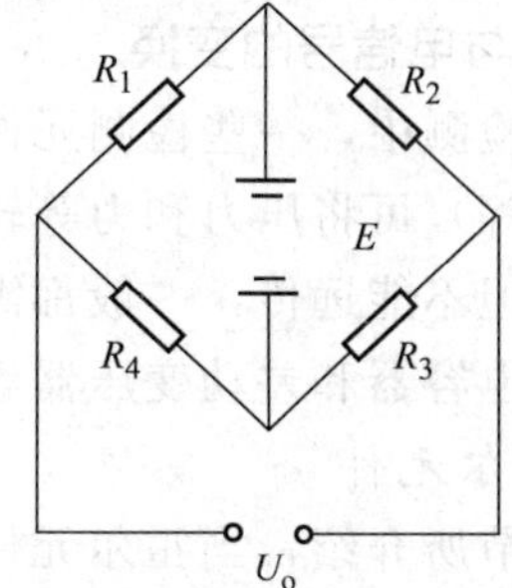

图 6-7 电阻应变片电桥电路补偿方式

图 6-7 所示为电阻应变片电桥电路补偿方式，设电桥的四个应变片初始平衡（即四个应变片大小型号均相同），此时

$$R_1R_3=R_2R_4$$

若 R_1 既感受被测量又感受环境量，而 R_2 仅感受环境量，则由于 R_1 和 R_2 处于相同的环境中，感受相同的环境变化，且二者型号完全相同，因此由于环境而引起二者产生相同的电阻变化 ΔR，然后再将变化了的 R_1 和 R_2 代入上式，会发现依然满足电桥的平衡条件，从而采用这种参比式变换达到对环境条件量的补偿。

因此，在应用参比式变换时，必须要根据干扰量相对于被测量的作用效果，来确定两个检测元件输出信号的处理方式，以达到对环境条件量的完全补偿。但这种补偿方式不能使检测元件的非线性完全得到改善。另外，在参比式变换中，所用的两个检测元件的性能一定要完全一致，否则会引起附加误差。

4. 平衡（反馈）式变换

具有平衡式变换环节的仪表称为平衡式仪表，其原理框图如图 6-8 所示。平衡式变换也称反馈式变换，其信号变换环节（包括转换元件和转换电路）为闭环式结构。在平衡式变换中，敏感元件的输出信号 x_i 与反馈元件的输出信号 x_f 通过比较器进行比较，将其差值传递给转换元件，通过转换电路和放大器后输出。

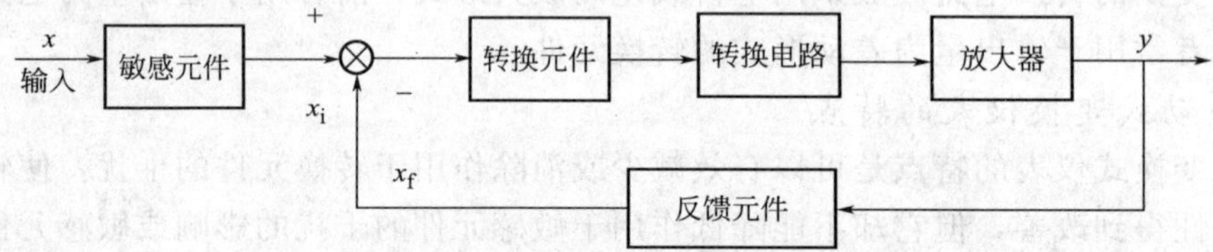

图 6-8 平衡式变换原理框图

另外，如果敏感元件的输出信号 x_i 为力或力矩，则比较器会进行力或力矩的比较，此时的这种变换称为力平衡式或力矩平衡式变换。如果敏感元件输出为电信号，则比较器将进行电压信号或电流信号的比较，这种变换称电压平衡式或电流平衡式变换，这种变换一般不再需要转换元件。

6.1.3 检测仪表中常见的信号变换方法

在实际测量中，被测量通过敏感元件转换为位移、电阻、电荷、电容、电感、光强等中间物理量，而检测仪表的输出通常为方便显示记录的电压或电流信号，为此需要通过转换元件、转换电路实现信号间的变换。

1. 位移与电信号的变换

在工程检测中，一些检测元件即敏感元件将被测量转换成位移量。例如，弹性元件（弹簧管、膜片等）可将压力和力等转换成弹性元件的位移，而这种位移量可带动有关传动机构进行指示，但不能远传，一般都需要将这种位移量进一步转换成电信号，常见的转换元件有霍尔元件、电容器和差动变压器等。

(1) 霍尔元件

如 3.8 节所介绍，当霍尔元件（即霍尔片）在外磁场的作用下，有电流以垂直于外磁场方向通过它时，在薄片垂直于电流和磁场方向的两侧表面之间将产生霍尔电势。霍尔电势的大小与磁感应强度和电流的乘积成正比，即 $U_H=K_HIB$。

如图 6-9 所示，其中一对磁极的 N 极在左边，S 极在右边，另一对磁极反过来放置。从而使霍尔元件置于近似的线性磁场中，霍尔元件的另一端与敏感元件（能产生位移）的自由端刚性相连。当被测量引起敏感元件产生位移时，将带动霍尔元件产生相应的位移量，从而改变所受磁感应强度的大小，实现位移-电压的转换。假设敏感元件产生的位移量正比于被测量，则霍尔电势正比于被测量。

（2）电容器

在实际应用时，为了减小非线性和介电常数受温度的影响，提高灵敏度和精确度，电容器作为位移-电信号的转换元件常采用差动式结构，其原理图如图 3-18(b) 所示。通常情况下固定极板的几何形状并非都是平板，而是做成凹球面状。图 6-10 所示为差动电容器的结构原理，测量室的两边为两电容器的固定极板，测量膜片则对称地放置于两个固定极板的中间。当测量膜片所感受到的来自左右两边的压力相等，差压为零，测量膜片左右两电容器的容量相等。当来自左右两室的压力不等时，膜片将感受到压差 Δp，测量膜片将移动，向低压侧的固定极板靠近，其结果是左右两室的电容量一个变大另一个变小，从而实现了差压-电容的转换。在这种转换中，中间变量为位移。

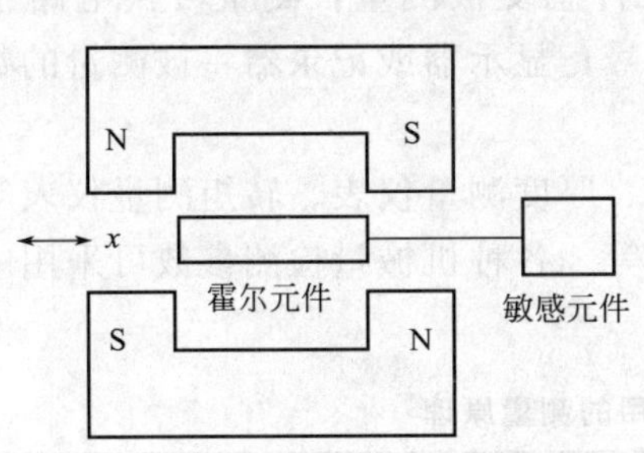

图 6-9 霍尔元件应用于位移测量

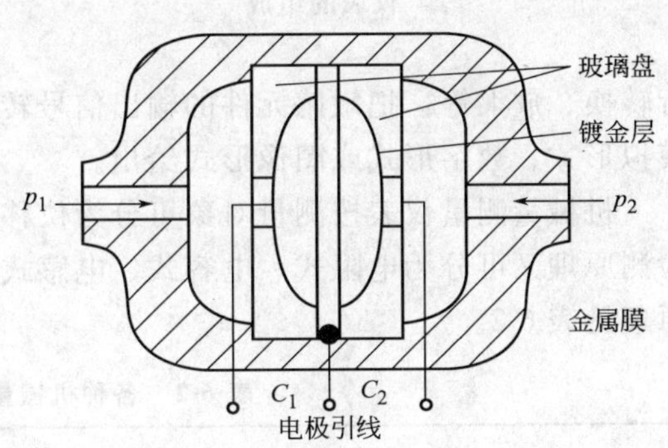

图 6-10 差动电容器结构原理

电容器作为一种检测元件（敏感元件或转换元件），可以把一些被测量（或中间物理量）转换成电容器的电容量，然后再用转换电路将电容转换成电压。

2. 电阻与电压的变换

在参数检测过程中，由于电阻本身容易制成，而且可以做得很精确，而电阻量也很方便转换成电压或电流量，转换技术比较成熟，因此经常把被测量转换成电阻量。例如，根据热电阻的热效应，金属热电阻随被测温度的升高而电阻值上升；根据压阻效应，一些半导体电阻的阻值随所受的压力的变化而增加或降低；而光敏电阻、湿敏电阻、气敏电阻等能分别将光强、湿度、气含量等参数转换成阻值的变化。

把电阻信号转换成电压（或电流）的方法主要有两种：一是通过外加电源和被测电阻一起串联构成回路，然后测量回路中某一固定电阻上的压降或电流，但存在着转换电路初始输出不为零，易受环境温度等参数的影响而出现误差或者灵敏度不高等问题。另一种方法是利用电桥进行转换，应用电桥转换可以较好地解决串联式转换电路中存在的问题，同时有利于提高灵敏度。首先，当被测量为初始状态时，可以通过调整电桥上其他桥臂的电阻值，使电桥达到平衡，这样可以保证当被测量为零时，电桥的输出电压为零。其次，利用电桥还能进行温度补偿，以补偿敏感元件的电阻值随温度变化的影响。最后，如果同时使用两个敏感元件或转换元件，并且使它们产生差动输出，则电桥的输出电压将增加一倍，其灵敏度也相应增加。如果采用四个电阻为检测元件并且是两两差动，则输出电压还将增加一倍。

电桥变换有多种形式，如不平衡电桥、平衡电桥以及双电桥等。其中不平衡电桥应用最多；平衡电桥主要在显示仪表中使用；双电桥在气体成分参数检测中用得较多。

6.2 机械量测量仪表

6.2.1 概述

在生产实践中，对于机械量如长度、位移、厚度、转矩、转速、振动和力进行测量时大多采用电测法，电测法的优点是能进行连续测量，尤其是和现代计算机检测控制系统连接方便，信号处理比较简单，响应快，对被测量的影响小。机械量测量仪表一般由敏感元件、测量与转换电路、显示（或记录）器和辅助电源几个部分组成，如图 6-11 所示。敏感元件感受被测量，测量转换电路将其进行转换、放大等，把敏感元件的输出信号转换为电信号；显示器或记录器将被测量的数值以模拟形式、数字形式或图像形式给出。

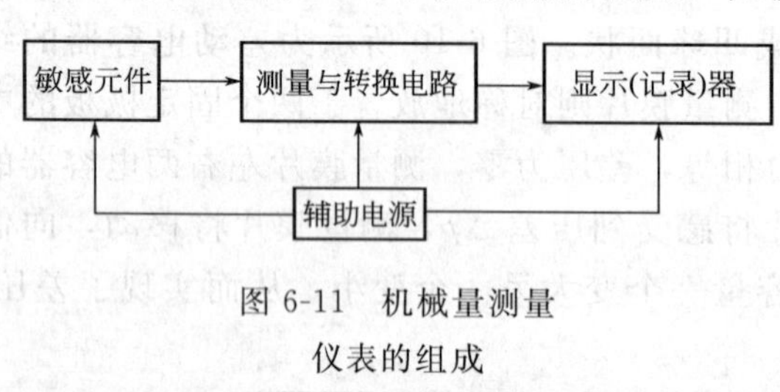

图 6-11 机械量测量仪表的组成

机械量测量仪表按测量对象可分为位移测量仪表、厚度测量仪表、转矩测量仪表等；按检测原理又可分为电阻式、电容式、电感式、光电式等。各种机械量检测参数可采用的测量原理见表 6-2。

表 6-2 各种机械量参数可采用的测量原理

被测量	测量原理											
	电容式	电阻式	电感式	磁电式	压电式	压磁式	超声波式	光电式	霍尔式	振弦式	射线式	微波式
位移	有	有	有	有			有	有	有			
厚度	有		有				有				有	有
力	有	有	有		有	有		有		有		
转矩		有				有				有		
转速				有				有	有			
振动	有	有	有	有	有			有				

6.2.2 位移测量仪表

在一些工程测量中，敏感元件常常将被测量转换成位移，例如，弹性元件可将力和压力的变化转换为自身的位移量，浮筒可将物位的变化转换成位移的变化，温度的变化也可以用双金属片转换成位移量的变化，而对位移进行测量的仪表统称为位移测量仪表。

位移测量仪表主要用于测量机械位移、机械零件的几何参数（尺寸、表面形状等）以及在加工过程中连续测量钢板、纸和橡胶等材料的几何尺寸。它可以通过测量刚体平移或转动时的线位移或角位移而进行相关的测量。

用以测量位移的仪表有很多。例如利用导体或半导体的应变效应的电阻式位移测量；以标准长度直接经机械放大来测量的机械式位移测量仪表；有结构简单、灵敏度较高的电感式位移测量；还有采用了光敏器件和霍尔器件的光学数字式位移测量仪和霍尔位移仪表等。在

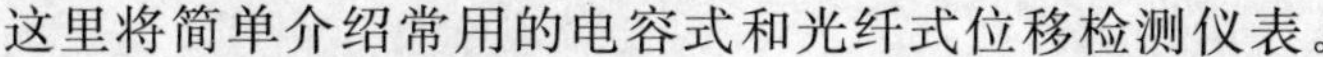

这里将简单介绍常用的电容式和光纤式位移检测仪表。

1. 电容式位移检测仪表

电容式位移检测仪表有改变电极工作面积和变极间距离两种方式（测量原理见 3.3 节），其中变极间距离式测量范围较小，变面积式测量的位移较大，转角也大。电容式位移传感器结构简单、可靠、灵敏度高、动态特性好，但由于连接导线的寄生电容干扰不易消除，故测量准确度不高，在小位移测量中多采用变极距结构，但在这种情况下，其线性较差，差动式电容检测可明显地改善其线性。无论是变面积还是变极距，都是极间距越小，检测位移的灵敏度越高，一般极间距都在 1mm 以下。

2. 光纤式位移检测仪表

利用光纤进行位移测量的仪表有两类：一类是利用光纤本身形变导致传输特性变化来测量位移的测量仪表，属于功能性光纤仪表的一种；另一类是利用光纤端光量的变化来检测位移，它利用光纤传输光信号的功能，根据检测到反射光的强度变化来测量被反射表面的距离变化，属于非功能性光纤仪表的一种。

图 6-12 所示为光纤端光量位移检测仪表的原理。由光源发出的光，经发射光纤（即传送光纤）到达被测位移的表面，表面的反射光由接收光纤传给光电元件从而将光信号转换为电信号，由反射光的大小测量位移的大小。从图中可以看出，传送光纤端口处的光线呈圆锥状扩散，接收光的范围同样是圆锥状。当光纤探头端部与被测表面之间的位移为零时，传送光纤中的光无法反射到接收光纤中，因而不能产生光电信号。若被测表面逐渐远离光纤探头，传送光纤照亮被测表面的面积越大，相应地与接收光纤所能接收光的圆锥面积重合也越大，从而接收光纤接收的光信号越强。这是一个以位移大小为自变量的近似线性增大的输出信号，如图 6-13 的前坡区。当整个接收光纤端面被全部照亮时，输出信号就达到了位移-输出曲线上的“光峰”点。

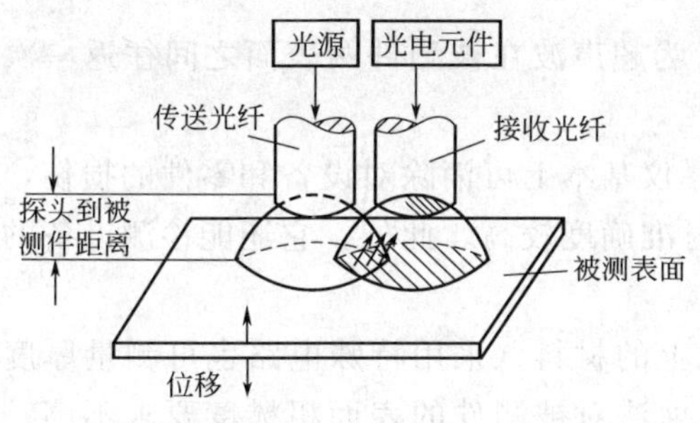

图 6-12 光纤端光量位移检测仪表原理

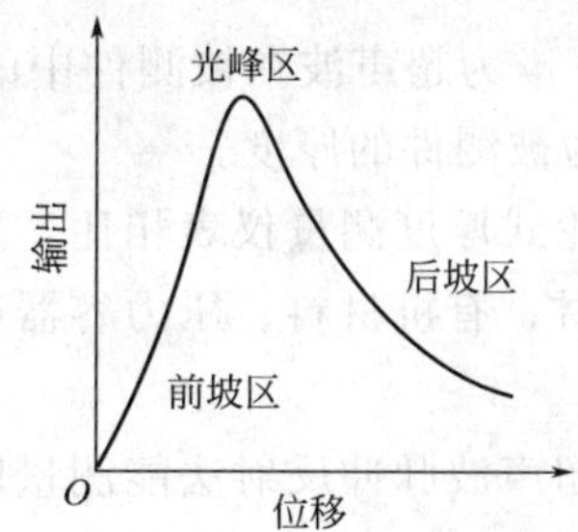

图 6-13 光纤位移检测的输出特性

如果距离继续增大，由于接收光纤端面的光照面积不再增加，相反随着距离的增加，被反射光照亮的面积大于接收光纤截面积，即有部分反射光没有反射进入接收光纤，使得接收光纤接收到的光强逐渐减弱，光电元件的输出信号逐渐减小，便进入了曲线的后坡区，信号的减弱与探头和被测表面的距离的平方成反比。

理论证明，位移-输出曲线的前坡区近似呈现线形，灵敏度也较高，但由于可测量的位移范围较小，一般用前坡区来测量微位移。如果要测量较大的位移量，可选择在后坡区工作，但灵敏度、线性度和准确度都比前坡区工作时低得多。而光峰区多应用于表面状况的光学检测。

6.2.3 厚度测量仪表

目前的厚度测量主要用于板材、带材、管材、镀材、涂材的厚度测量。常用的有电感式、高频涡流式、微波式、射线式和超声波式，其中超声波式测量仪表发展迅速。

1. 接触式厚度测量仪表

接触式厚度测量仪表是指测量探头和被测件进行直接接触，用测量探头来感知被测件的厚度，再将探头的输出转换为电信号。常用的有滚轮接触式电感厚度计和超声波测厚仪。

(1) 滚轮接触式电感厚度计

当被测材料从由一活动和一固定滚轮组成的滚轮组之间通过时，被测件厚度的变化引起活动滚轮的径向位移，而活动滚轮与电感式检测元件的铁芯相连，从而引起电感线圈产生与被测厚度成比例的输出信号。这种方法的测量准确度较高，且与被测材料的物理化学性质无关，但滚轮容易损伤被测表面。一般可以用于运动速度较低（如低于 5m/s）的带材或板材的厚度测量。

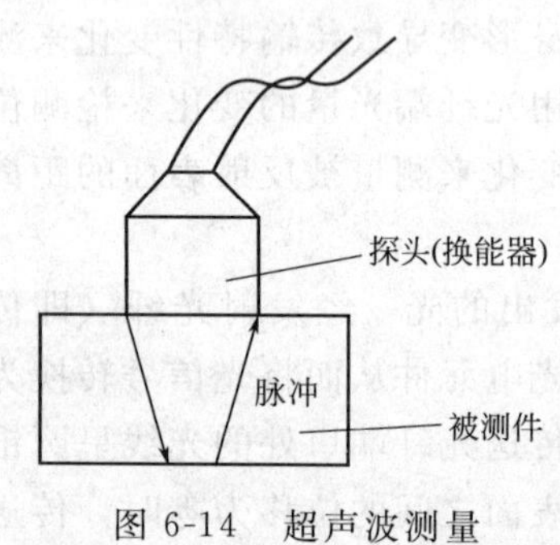

图 6-14　超声波测量厚度原理

(2) 超声波测厚仪

如图 6-14 所示，在测量厚度时，超声波探头向被测件表面发出超声脉冲（超声波是一种机械纵波，它在同一均匀材质中传播的波速为常数，当它从一种介质传播到另一种介质时，在两分界面上会产生反射），超生脉冲到达被测件底面时发生反射，反射脉冲将反射进探头。从发出脉冲到接收到反射脉冲的时间间隔与材料的厚度成正比。即被测件的厚度为

$$d=\frac{vT}{2} \tag{6-1}$$

式中，v 为超声波在被测件中的传播速度；T 为超声波在被测件两表面之间往返一次的时间；d 为被测件的厚度。

与滚轮式厚度测量仪表相比，这种超声波测厚仪基本上可消除对设备和零件的损伤，且在测量钢材、有机材料、压力容器、管涂层厚度时准确度较高。此外，它还能检测设备的腐蚀状况。

这种超声波脉冲反射法能测量厚度为 1mm 以上的材料（采用特殊电路也可测量厚度为 0.2mm 的材料），测量准确度约为 1%。但脉冲反射法对被测件的表面粗糙度要求不高，可测量表面略粗糙的材料。此外，超声波测厚仪还有共振法、干涉法。这两种方法可测量厚度为 0.1mm 以上的材料，测量准确度较高，可达 0.1%，但对工件的表面粗糙度要求较高。图 6-15 所示为脉冲式智能超声波测厚仪的原理框图。由微处理器控制发射电路输出宽度很窄、前沿很陡的周期性电脉冲，通过发射探头，激励压电晶片产生脉冲超声波，超声波在被测件上下两面形成多次反射，反射波经压电晶片转变成电信号，经放大滤波处理后，由控制电路测出声波在被测件上下两面间的传播时间 t，将此时间送入微处理器计算处理后，微处理器根据式(6-1) 算出厚度，送入显示器进行显示。

2. 非接触式厚度测量仪表

非接触式厚度测量方法有射线法和高频涡流法，在这里仅介绍射线法测厚。

在射线法测厚中，常用的射线有 X 射线、β射线和 γ射线。某些物质的厚度与对射线的

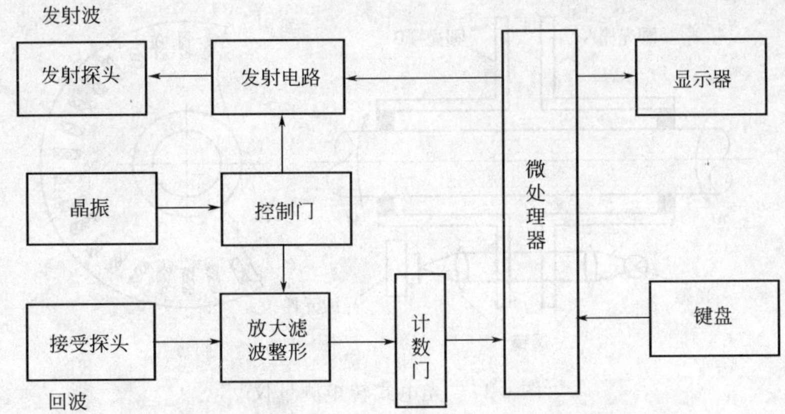

图 6-15 脉冲式智能超声波测厚仪原理框图

吸收多少有关，因此可以利用被吸收射线的多少来进行厚度测量。图 6-16 所示为射线式测厚仪的测量原理，它由放射源、探测器和信号处理及显示等部分组成。

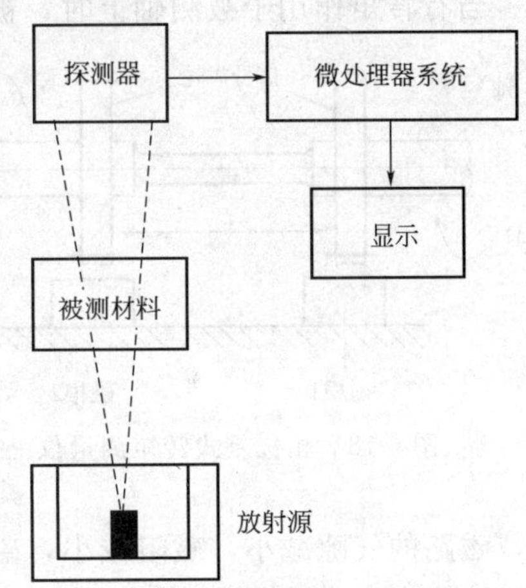

图 6-16 射线式测厚仪测量原理

由于X射线厚度计中使用的X射线束较细，响应速度快，切断电源后X射线能立即消失，X射线厚度计的使用和储存均比其他射线厚度计更为方便和安全。另外，这种方法受被测件表面可能存在的水膜干扰的影响较小。

β射线厚度计可以测量金属、塑料、橡胶、纸等材料的厚度。其射线源常采用铊或锶。β射线厚度计的测量范围（质量厚度）为 0.5～6.0kg/m^2，测量的准确度为±1%左右。

γ射线厚度计可测量质量厚度较大的材料（30～800kg/m^2），适用于冷、热轧钢板。其射线源可用镅、铯和钴。当测量厚度小于 10mm 的材料，其测量误差仅为±0.1mm；当厚度为 10～30mm 时，误差为±1%。γ射线厚度计适应性较强，且不受烟气、蒸汽和水分的影响。但是γ射线的穿透力强，必须采用相应的防辐射措施。

6.2.4 转矩测量仪表

在工程测量中，电动机、发电机和其他旋转机械的转矩大多可采用转矩测量仪表进行直接测量。转矩的测量是基于机械转轴在承受转矩时产生扭应力或扭转角位移而进行测量的。因此，转矩测量仪表按工作原理可分为扭应力式（包括电阻应变式、磁弹性式等）和扭转角位移式（包括相位差式、振弦式等）两类。

常用的电阻应变片式转矩测量仪是一种扭应力式转矩测量仪表，在其扭转轴上粘贴四片与轴线成规定角度的电阻应变片，构成电桥。当扭转轴受转矩影响而产生扭转变形时，各应变片的阻值随之发生变化，因此电桥将输出不平衡电压，从而根据不平衡电压进行转矩的测量。电阻应变片式转矩测量仪表能测量静态和动态转矩，测量准确度可达±（1%～0.2%）。

光电式转矩测量仪如图 6-17 所示，属于扭转角式转矩测量仪表。这种仪器是在扭转轴

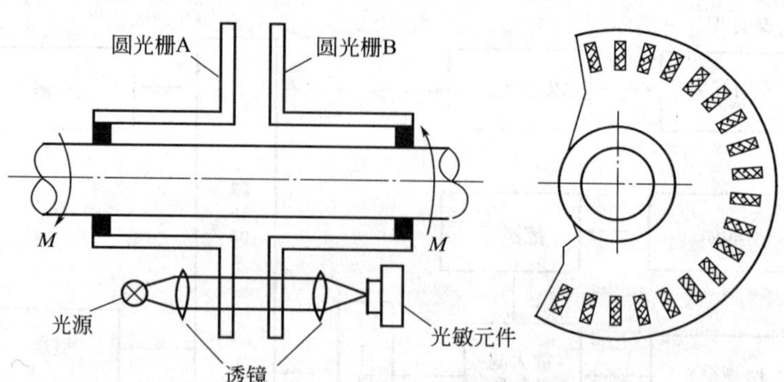

图 6-17 光电式转矩测量仪

上固定两个边缘刻有光栅的圆盘，当被测轴不承受任何转矩时，两片光栅的明暗条纹完全错开，将光路完全遮住，放置于光栅另一侧的光敏元件接收不到光信号而输出为零。

当有转矩作用于被测轴上时，被测轴上的两个圆盘发生相对转动，圆盘上光栅的暗条纹逐渐重合，光线逐渐透过两光栅照射到光敏元件上，光敏元件产生电信号。照射到光敏元件上的光随着转矩的增大而越来越多，因而光敏元件输出的电信号也随转矩的变化而变化。

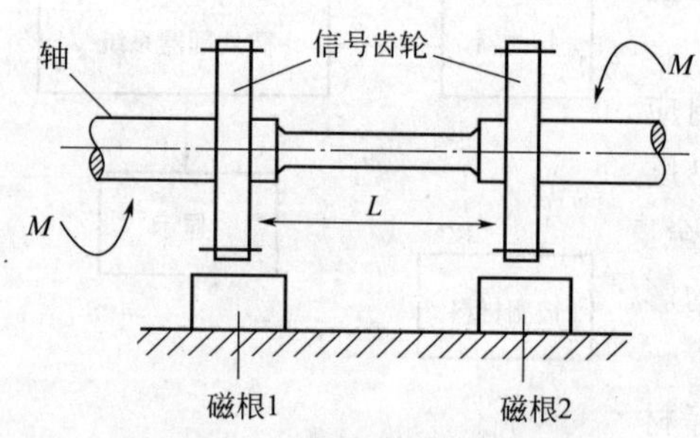

图 6-18 相位差式转矩测量仪

相位差式转矩测量仪也属于扭转角位移式测量仪表，如图 6-18 所示。在被测轴上相距 L 的两端处各安装一个齿轮，在靠近齿轮的地方沿径向各放一个感应式脉冲发生器（即在永久磁铁上绕一固定线圈）。当齿轮的齿顶对准永久磁铁的磁极时，磁路的气隙减小，磁阻减小，磁通量增大；当转轮转过半个转矩时，齿谷对准磁极，磁路气隙增大，磁通减小，变化的磁通将在感应线圈中产生感应电势。当被测轴上无转矩作用时，两个齿轮间无相对角位移，两个脉冲发生器产生的脉冲前沿是同步的；如果有转矩作用，两个齿轮之间发生相对转动，两个脉冲发生器不再同步，便产生了与转矩相对应的相位差。

相位差式转矩测量仪和光电式（光栅式）转矩测量仪同属于非接触测量，结构简单，工作可靠，对环境要求不高，测量准确度一般可达±0.2%，因此在采矿、地质中得到了广泛的应用。

6.2.5 振动与加速度测量仪表

在工程测量中，由于振动（包括加速度）与结构的强度、工作的可靠性、设备的安全性等都密切相关，所以经常要对其进行检测。振动的测量包括测量机械系统某些选定点上的振幅（位移、速度、加速度）、频率、相位、振动的时间和频谱等。这些参数的测量通常是动态进行的。振动测量按振动信号和转换方式可分为电测法、光测法和机械测振法，其中以电测法应用最广泛。按测量理论来分又可分为相对测振法和绝对测振法。相对测振法是将振动传感器置于被测振动物体之外的基准位置上，对被测的振动物体进行测量；绝对测振法采用质量块和弹簧组成的弹性系统，将振动传感器固定在被测物体上，常用的加速度计就是采用这一方法。

加速度是物体运动速度的变化率，不能直接测量，一般多采用质量-弹簧系统测量。质量块随被测物体做加速运动，根据牛顿第二定律，被测物体所受作用力等于物体的质量与其加速度的乘积。最简单的加速度计由外壳、质量力敏元件和限动弹簧构成，测量时加速度计的外壳与被测物体固定在一起运动，质量块也在限动弹簧的作用下随之运动。弹簧作用力的大小即等于质量块的惯性力，此惯性力将作用于力敏元件。根据力敏元件的不同，加速度计可分为压电式加速度计和应变式加速度计等。

在压电式加速度计中，力敏元件由石英晶体或陶瓷等压电材料制成。在压电元件上压装一质量块即构成简单的压电式加速度计。压电元件固定在外壳基座上，质量块上用一个螺杆或弹簧施加预压力。测量时，质量块的惯性力作用于压电元件上，使之变形，输出相应的电信号，如图 6-19 所示。

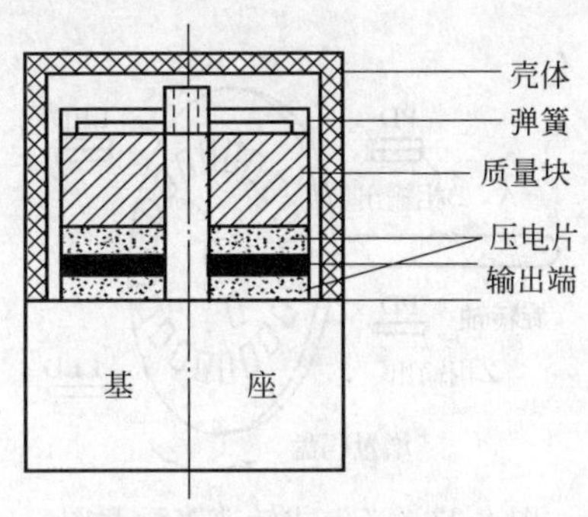

图 6-19 压电式加速度计

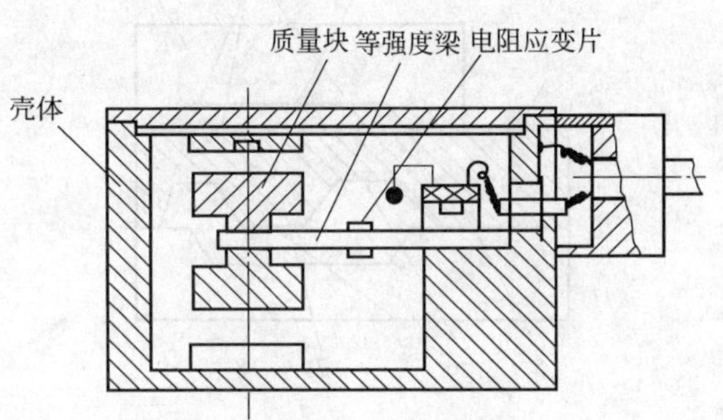

图 6-20 应变片加速度计

压电式加速度计可广泛应用于航空航天、军事、造船、纺织、农机、车辆等各种系统中，进行各种振动和冲击测试、信号分析、机械动态试验、环境模拟、故障诊断等。其优点是工作稳定、可靠性强、质量轻、频率响应和灵敏度高，但受温度和声音的干扰大。

图 6-20 所示为应变片加速度计，它的力敏元件是具有应变效应的应变片。在这种加速度计中，质量块支撑在弹性体（如悬臂梁）上，弹性体上贴有应变片。测量时，质量块的惯性力使得贴在弹性体上的应变片感受应变，从而产生相应的电阻值的变化。

科学技术的进步使加速度计得到了很大的发展。图 6-21 所示为扩散硅压阻膜片加速度计。加速度计的顶部和底部的玻璃板之间有硅基片，硅基片上按一定晶向制成 4 个扩散型压阻片，硅基片下部切割成中部厚边缘薄的杯状膜片。中部厚膜相当于一个重块，在加速度的作用下，产生的惯性力使膜片变形。膜片的变形使得压阻片上的电阻值发生相应的变化，从而检测出加速度。为防止过度变形以致膜片损坏，并且使膜片振动以适当速度减弱，硅基片的上部和下部与上下面的玻璃板之间都留有几微米的缝隙间隔，空气层起阻尼作用。这种加速度计可用于缓冲汽车撞击，又称为微机械加速度计。

6.2.6 转速表

转速是指旋转体在单位时间内的转数，通常采用转速表来进行测量。工程上采用 1min 内的转数为转速测量单位，即转/分（r/min）；也可用角速度表示转速，即以弧度/秒（rad/s）为单位。它们的关系为

$$1r/s=60r/min=2\pi rad/s$$

转速表的种类较多，有将转速变换为角位移量的离心式、磁性式测速仪；有将转速变换

成电压的测速电动机；有利用人眼视觉暂留现象的频闪式测速仪；还有将转速变换为脉冲频率的脉冲式转速表（如光电式）等。

① 脉冲式转速表　是一种将被测转速变换为电脉冲频率信号来进行测量的转速仪表，一般由转速表、测量转换电路和指示器组成。转速表又有光电式、磁电式、霍尔式和空间滤波式等各种形式。图 6-22 所示为光电式转速表的示意图。当增量码盘随旋转轴转动时，从光源射到光敏元件上的光线每产生一次明暗变化，光敏元件的输出电流也就发生一次变化，输出一个脉冲信号。由于采用了三组光源（A，B 和 Z）——光敏元件，这种光电式速度传感器不仅能测量转速，还可以测量转角和转向，测量准确度较高，输出信号方便远传和处理，测量误差小于 0.01%。

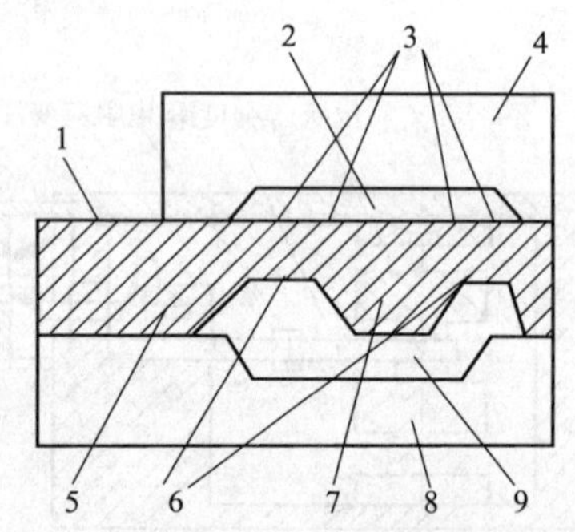

图 6-21　扩散硅压阻膜片加速度计

1—引线接点；2，9—缝隙；3—扩散硅应变电阻；4—顶帽；5—硅基片；6—悬梁；7—质量块；8—底座

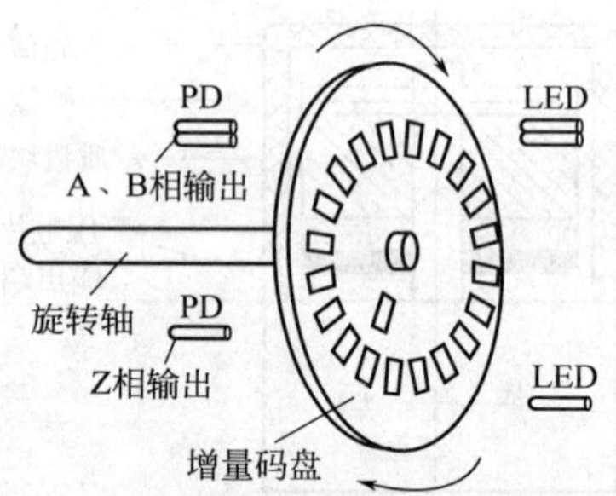

图 6-22　光电式转速表示意图

② 频闪式转速表　利用人眼视觉暂留现象来测量转速，又称频闪测速仪。频闪式转速表利用电控或机械光栏的方式周期性地明灭光源来照亮被测转轴，在被测转轴上预先设有标志，当光源闪光频率调节到与被测转矩相等或成整数倍时，被测转轴上的标志看上去是静止的，从而测得转轴的转速。这种非接触式测量仪表特别适用于低功率的被测对象，它的测量范围为 300～21000r/min，测量误差为 0.03%～0.5%。

③ 离心式转速表　是一种机械式转速表，利用离心力和转速的关系，将转速转变为相应的角位移。离心式转速表结构简单、体积小、成本低，测量范围为 30～2400r/min，测量误差为±1%。

6.3 压力检测仪表

6.3.1 概述

在生产过程中，压力是重要的工艺参数之一。特别是在化工反应中，压力既影响物料平衡，也影响化学反应速度，所以必须严格遵守工艺操作规程，保持一定的压力，才能保证产品的质量和产量；其次压力检测或控制也是安全生产所必需的，通过压力监视可以及时防止生产设备因过压而引起破坏或爆炸，使生产正常运行。

1. 压力的定义

在工程技术上，经常所说的压力是指均匀而垂直作用于单位面积上的力，用 p 表示，国际单位为帕［斯卡］（简称帕，用符号 Pa 表示），即 1N 力垂直而均匀地作用在 $1m^2$ 的面积上所产生的压力称为 1Pa。除此之外，目前仍使用的压力单位还有工程大气压、物理大气压、巴、毫米汞柱和毫米水柱等，换算关系见表 6-3。中国已将国际单位帕规定为压力的法定计量单位。

表 6-3 压力单位换算关系

单位	帕(Pa)	巴(bar)	毫巴(mbar)	毫米水柱(mmH_2O)	标准大气压(atm)	工程大气压(at)	毫米汞柱(mmHg)	磅力/英寸(lbf/m^2)
帕(Pa)	1	1×10^{-5}	1×10^{-2}	1.019716×10^{-1}	0.9869236×10^{-5}	1.019716×10^{-2}	0.75006×10^{-2}	1.450442×10^{-4}
巴(bar)	1×10^{5}	1	1×10^{3}	1.019716×10^{4}	0.9869236	1.019716	0.75006×10^{3}	1.450442×10
毫巴(mbar)	1×10^{2}	1×10^{-3}	1	1.019716×10	0.9869236×10^{-3}	1.019716×10^{-3}	0.75006	1.450442×10^{-2}
毫米水柱(mmH_2O)	0.980665×10	0.980665×10^{-4}	0.980665×10^{-1}	1	0.9678×10^{-4}	1×10^{-4}	0.73556×10^{-1}	1.422×10^{-3}
标准大气压(atm)	1.01325×10^{5}	1.01325	1.01325×10^{3}	1.033227×10^{4}	1	1.0332	0.76×10^{3}	1.4696×10
工程大气压(at)	0.980665×10^{5}	0.980665	0.980665×10^{3}	1×10^{4}	0.9678	1	0.73557×10^{3}	1.422398×10
毫米汞柱(mmHg)	1.333224×10^{2}	1.333224×10^{-3}	1.333224	1.35951×10	1.316×10^{-3}	1.35951×10^{-3}	1	1.934×10^{-2}
磅力/英寸(lbf/m^2)	0.68949×10^{4}	0.68949×10^{-4}	0.68949×10^{2}	0.70307×10^{3}	0.6805×10^{-1}	0.707×10^{-1}	0.51715×10^{2}	1

2. 压力的表示方法

压力的表示有三种方法，即绝对压力、相对压力、真空度或负压。它们之间的关系如图 6-23 所示。

① 绝对压力　是指以绝对真空为基准所表示的压力。

② 相对压力　是指以大气压力为基准所表示的压力。在地球表面上，一切受大气笼罩的物体，大气压力的作用都是自相平衡的，因此大多数测压仪表所测的压力都是相对压力，因此相对压力也称为表压力，简称表压，绝对压力与相对压力的关系如下：

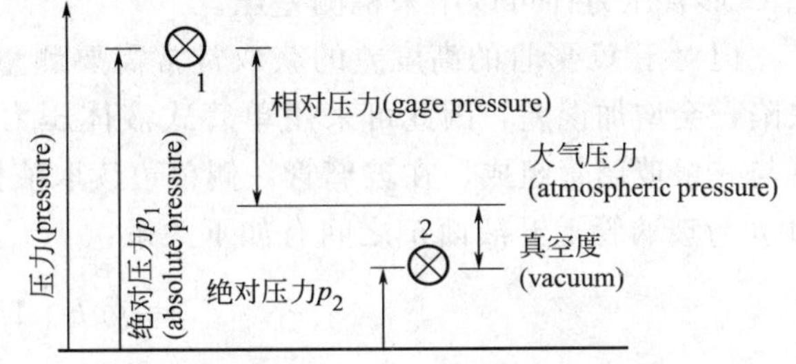

图 6-23　几种压力表示方法之间的关系

$$相对压力=绝对压力-大气压力 \tag{6-2}$$

③ 真空度　是指当绝对压力低于大气压力时，比大气压力小的那部分差值。有时也称负压，即

$$真空度=大气压力-绝对压力 \tag{6-3}$$

由图 6-23 可知，以大气压力为基准计算压力时，基准以上的正值是相对压力，基准以下的负值的绝对值就是真空度。一般的压力检测仪表所指示的压力也是表压或真空度，本节以后所提压力，如无特殊说明，均指表压力。

3. 压力检测的主要方法及压力检测仪表的分类

压力检测的方法很多，按敏感元件和转换原理的特性不同，主要有以下几类。

① 液体压力计 是根据液体压力平衡原理，通过液体产生或传递被测压力从而获得测量结果。此类压力计一般采用充有水或水银的玻璃U形管或单管，可就地指示。

② 弹力式压力计 是根据各种形式的弹性敏感元件受力变形的原理，将被测压力转换成弹性敏感元件的变形带动指针转动，也可就地指示。常见的弹性式压力计有弹簧管压力表、膜盒压力表、波纹管压力表。

③ 物理型压力传感器 在弹性元件受压后产生弹性变形特性的基础上，利用某些物质的某一物理效应来检测压力，通过转换装置转换成可远距离传输的电信号，以供远传、报警或控制用。目前常见的有电容式压力变送器、力平衡式压力变送器、霍尔式压力计、应变式压力传感器、压阻式压力传感器、压电式压力传感器等，它们都具有电远传功能。

6.3.2 液体压力计

1. 工作原理

图6-24(a)所示为U形玻璃管压力计，U形玻璃管内用已知密度的水银或水作为工作液。玻璃管的两个管口分别接压力 p_1 和 p_2。当 $p_1=p_2$ 时，左右两管的液体的高度相等。当 $p_1>p_2$ 时，U形管的两管内的液面便会产生高度差 h。根据液体静力学原理，有

$$p_1=p_2+\rho gh \tag{6-4}$$

式中，ρ 为U形管内所充液体的密度；h 为U形管左右两管的液面高度差。

式(6-5)可变化为

$$h=\frac{1}{\rho g}(p_1-p_2) \tag{6-5}$$

从上式可以看出，U形管内两边液面的高度差 h 与两管口的被测压力之差成正比。因此U形管压力计可以用来检测差压。

但对于U形管的高度差的获取常常需要测量左右两边液体的高度，存在着读两次数的缺陷，会增加误差，因此可采用单管式液体压力计，如图6-24(b)所示。它由一个杯形容器与一根玻璃管组成，在玻璃管一侧单边读取液体高度。设玻璃管开口侧通大气，则被测压力 p 与玻璃管上升液面 h 之间有如下关系：

$$p=\rho gh\left(1+\frac{d^2}{D^2}\right) \tag{6-6}$$

式中，d 为玻璃管的内直径；D 为杯形容器的内直径。

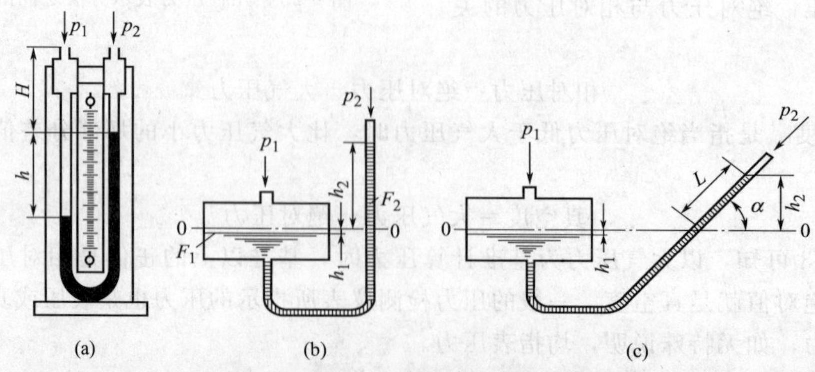

图6-24 液体式压力计

通常杯形容器的直径远大于玻璃管直径，即 $d \ll D$，则有 $p=\rho g h_2$（h_2 为单管读数值）。

当液面高度差较小时，读数误差对测量结果的影响将显著增大。为了减小这一影响，可采用斜管式液体压力计，其工作原理如图 6-24(c) 所示。设倾斜管的倾角为 α，斜管中液柱长度为 L，被测压力为 p，则

$$p=\rho g L\left(\sin\alpha+\frac{d^2}{D^2}\right) \tag{6-7}$$

显然，α 越小，则相同液体长度对应的被测压力就越小，有利于提高测量微小压力的准确度。一般 α 为 15°～30°。

2. 液体压力计的使用

液体压力计比较直观，且数据可靠、准确度高，它不仅能测表压、差压，还能测负压，是科学研究和实验研究中比较常用的测量工具。但是，用 U 形管只能测量较低的压力或差压（不可能将玻璃管做得很长），最大测量范围约为 0～16kPa，另外它只能现场指示，不能远传，压力值的得到需要通过公式计算，使用不太方便。

液体压力计在使用时，需注意以下事项。

① 压力计应垂直安装使用。如果不能垂直安装，应对读数进行修正，对于 U 形玻璃管压力计修正公式如下：

$$\Delta h=d\tan\alpha \tag{6-8}$$

式中，d 为两液柱之间的距离；α 为压力计中心线与铅垂线之间的夹角。

② 选择工作液时应当充分考虑被测介质的特性和压力的测量范围。工作液不能与被测介质相容或发生化学反应。当被测压力较高时，应选用密度较大的工作液，如水银；当被测压力较低时，应尽可能选用密度较小的工作液。

③ 在使用过程时，要注意压力计的测量范围，被测压力的瞬时值不能超过测量范围，否则将造成压力计不能正常工作。

6.3.3 弹性式压力检测仪表

在进行压力测量时，弹性式压力检测仪表将压力转换成其内部弹性元件的位移，并经适当的机械传动和放大机构，通过指针指示被测压力的大小。

关于弹性元件的特性详见 3.1.1。在弹性式压力表中，常用的敏感元件有弹簧管、膜片、膜盒、波纹管等。各种弹性元件组成了多种形式的弹性式压力表，常见的有弹簧管压力表、波纹管差压计、膜盒（片）压力表。

1. 弹簧管压力表

弹簧管压力表的结构如图 6-25 所示，主要由弹簧管、齿轮传动机构（俗称机芯，包括拉杆、扇形齿轮、中心齿轮等）、示数装置（指针和分度盘）以及外壳等几部分组成，是最常见的一种指示式压力检测仪表。

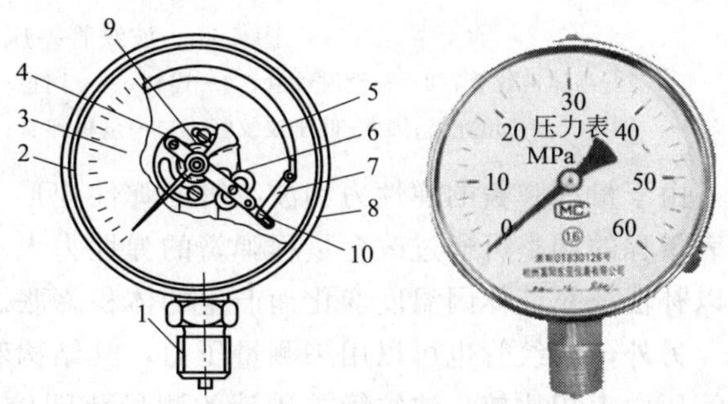

图 6-25 弹簧管压力表结构

1—接头；2—衬圈；3—度盘；4—指针；5— 弹簧管；6—传动机构（机芯）；7—拉杆；8—表壳；9—游丝；10—调整螺钉

被测压力由接头 1 输入，使弹簧管 5 的自由端产生位移，通过传动机构的带动使指针顺时针偏转，在度盘 3 的刻度标尺

上显示出被测压力的数值。游丝9是用来克服因传动机构（扇形齿轮和中心齿轮）所产生的仪表误差。改变调整螺钉10的位置（即改变机械传动的放大系数），可以实现压力表的量程调节。由于弹簧管自由端的位移与被测压力有线性比例关系，压力表面板上的刻度标尺可以线性地表示所受压力的大小。

弹簧管压力表结构简单、使用方便、价格低廉、测量范围宽，可以测量负压、微压、低压、中压和高压（可达1000MPa），因此，应用十分广泛。根据制造的要求，仪表的准确度最高为0.1级。

弹簧管的选材要根据被测介质的性质和被测介质的压力来决定，对于普通介质，当 $p<20$MPa时，弹簧管采用磷铜；当 $p>20$MPa时，则采用不锈钢或合金钢。若被测介质有腐蚀性时，一方面可采用耐蚀的弹簧管材料；另一方面也可采用隔离膜和隔离液。例如，测氨气时需采用耐蚀的不锈钢弹簧管，测量氧气压力时，则严禁沾有油脂，以确保安全使用，测量乙炔压力时不得用铜制弹簧管。

2. 波纹管差压计

弹簧管压力表只能用来测量压力，波纹管差压计不仅可以用来测量压力，还可测量差压。波纹管差压计的结构如图6-26所示，主要由波纹管、连杆、扭力管等几部分组成。测量用的波纹管又分高压波纹管和低压波纹管，它们分别感受高压和低压。两个波纹管内部填充液体以传递压力，并由连杆连接。由于波纹管两边压力不同，低压波纹管自由端带动连杆移动。连杆上设有挡板，推动摆杆使扭力管的心轴扭转，扭转角度的大小与被测差压成正比关系，因此差压和通过心轴的扭转角度进行显示。

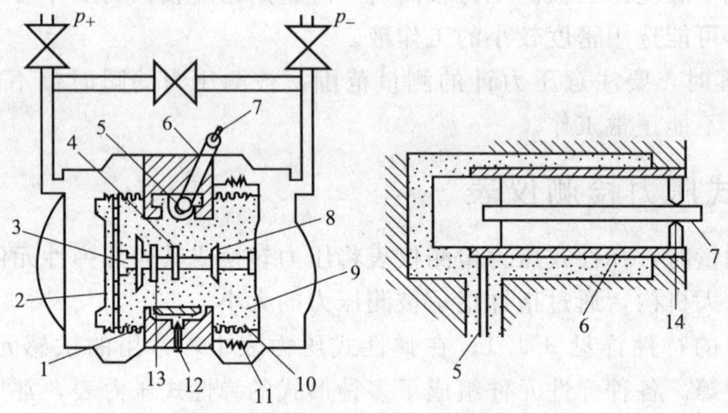

图6-26 波纹管差压计结构示意图

1—高压波纹管；2—补偿波纹管；3—连杆；4—挡板；5—摆杆；6—扭力管；7—心轴；8—保护阀；9—填充液；10—低压波纹管；11—量程弹簧；12—阻尼阀；13—阻尼环；14—轴承

由于量程弹簧的弹性力和波纹管的弹性变形力一起与被测差压的作用力相平衡，因此，仪表量程的调整可通过改变量程弹簧的弹性力大小来进行。高压波纹管与补偿波纹管相连，可以补偿填充液体因温度变化而产生的体积膨胀。

另外，波纹管也可以用来测量压力，其结构和工作原理与波纹管差压计基本相同。和弹簧管压力表相比较，波纹管差压计的测量范围较小，一般为0～0.4MPa，仪表的准确度等级为1.5～2.5级。

3. 其他弹性式压力表

除了弹簧管和波纹管外，膜片压力表和膜盒压力表也常用于压力的测量，膜片压力表和膜盒压力表的弹性敏感元件为膜片和膜盒。膜盒式压力表的结构如图 6-27 所示。被测压力由引压管入口 14 引入膜盒，使膜盒的自由端产生位移，并带动与自由端相连的弧形架 4、曲柄 7、拉杆 9、拐臂 10，最后使指针 5 发生偏转，从而指示压力读数。

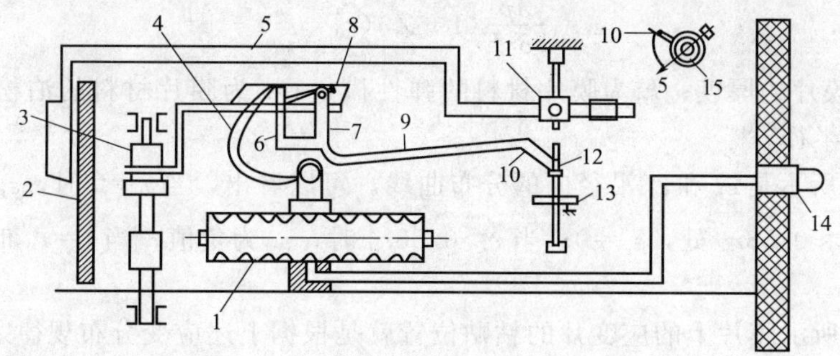

图 6-27 膜盒式压力表结构示意图

1—膜盒；2—刻度盘；3—零位调整器；4—弧形架；5—指针；6—簧片；7—曲柄；8—调整螺钉；9—拉杆；10—拐臂；11—固定指针套；12—固定轴；13—游丝；14—引压管入口；15—指针固定用螺钉

膜盒压力表测量范围较小，主要用于测量较低压力或负压的气体压力，压力测量范围为 −20～40kPa，仪表的准确度等级一般为 1.5～2.5 级。膜片压力表与膜盒压力表相比，工作原理和测量准确度相近，但膜片压力表的测量压力范围较宽，最高可达 2.5MPa。

6.3.4 物性型压力计

物性型压力计的敏感元件感受被测压力，并将压力的大小转换成敏感元件的某个物理量（常为电信号）输出。物理型压力计主要有应变式压力计、压阻式压力计和压电式压力计等。

1. 应变式压力计

由 3.2 节内容可知，电阻应变片能将元件所受的应变转换成电阻值的变化。应变式压力计的电阻应变片大多为金属或合金材料。

为了使应变片能在受压力作用时产生应变，应变片一般要和弹性元件一起使用。应变式压力计大多由弹性元件、应变片以及相应的测量转换电路组成。弹性元件可以是金属膜片、膜盒、弹簧管及其他弹性体，敏感元件（应变片）主要有金属或合金丝等。应变片以粘贴或非粘贴的形式与弹性体连接在一起，感受弹性体的应变。

图 6-28 所示为一种粘贴式的应变片分布及应力曲线。应变片粘贴在膜的上面，被测压力作用在平膜片的下方。当平膜片受压力作用变形向上凸起时，膜片将感受到的压力转换为

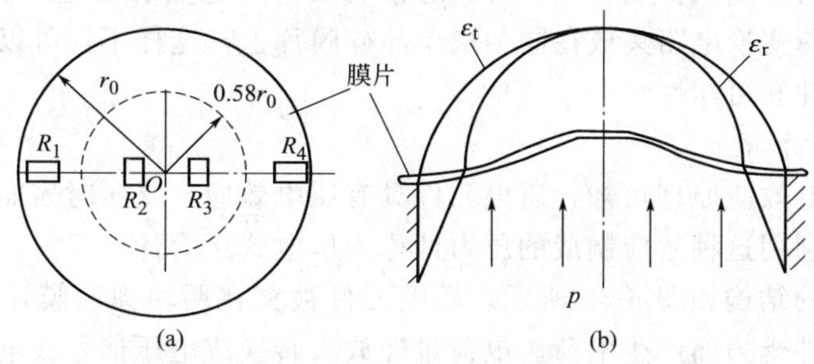

图 6-28 平膜片上的应变片分布及应力曲线

自身的应变，膜片上任一点（与 O 点距离设为 r）的径向应变 ε_r 和切向应变 ε_t 分别为

$$\varepsilon_r=\frac{3p}{8\delta^2 E}(1-\nu^2)(r_0^2-3r^2) \tag{6-9}$$

$$\varepsilon_t=\frac{3p}{8\delta^2 E}(1-\nu^2)(r_0^2-r^2) \tag{6-10}$$

式中，δ 为膜片的厚度；E 为膜片材料的弹性模量；ν 为膜片材料的泊松比；r_0 为膜片自由变形部分的半径。

图 6-28(b) 所示是 ε_r 和 ε_t 沿径向的分布曲线。可以看出，当 $r=0$ 时，ε_r 和 ε_t 相等且最大；在 $r=r_0/\sqrt{3}\approx0.58r_0$ 处，$\varepsilon_r=0$；当 $r>0.58r_0$ 时，ε_r 为负值；当 $r=r_0$ 时，ε_r 达到负的最大值。

图 6-28(a) 所示膜片上的应变片的粘贴位置就是根据上述应变分布规律来确定的。图中贴有四个应变片 R_1、R_2、R_3 和 R_4，在膜片受压力作用时，R_1 和 R_4 受到 ε_r（负值）的作用，电阻值减少；R_2 和 R_3 受到 ε_t（正值）的拉伸，电阻值增大。把这四个应变片接在一个桥路的四个桥臂上，其中 R_1 和 R_4，R_2 和 R_3 互为对边，则桥路的输出信号反映了被测压力的大小。

由于温度对金属应变片的影响较大，使用时可能会引起误差，因此必须要进行温度补偿。目前最常用的方法是采用图 6-28(a) 所示的形式，四个应变片的静态性能完全相同，它们处在同一电桥的不同桥臂上，温度升降将使各电阻阻值同时增减，从而不影响电桥平衡；有压力作用时，相邻桥臂的阻值一增一减，使电桥能有较大的输出。但尽管这样，应变片压力计仍有比较明显的温漂和时漂。由于应变式压力计的响应速度较快，可用于动态压力检测。

2. 压阻式压力计

压阻式压力计中的敏感元件也是一种应变片，大多采用半导体材料制成，其受力而产生应变的效应为压阻效应，这种半导体应变片也称压阻元件，相应的压力计称压阻式压力计。

在第 3 章中图 3-9 给出了以一种典型的压阻式压力（差压）计的结构示意，其敏感元件是扩散硅半导体。在硅杯上的膜片上布置了四个扩散电阻 R_1、R_2、R_3 和 R_4（图 6-29）。将这四个电阻按照一定的顺序组成电桥，用电桥的输出电压来反映膜片所承受的压力（差）。

压阻式压力计体积小，结构简单。另外，半导体应变片的灵敏系数是金属应变片的灵敏系数的 50～100 倍，能直接反映出微小的压力变化，可测出十几帕的微压。同时，压阻式压力计由于具有动态响应好、精度高、易于微型化和集成化等优点，获得了广泛的应用。

和应变式压力计一样，压阻式压力计的缺点也是敏感元件易受温度的影响。为了避免环境温度对测量结果的影响，在制造硅片时，通常利用集成电路的制造工艺将温度补偿电路、放大电路甚至将电源变换电路集成在同一块单晶硅膜片上，这样不仅可以减小误差，同时也可提高系统的稳定性和可靠性。

3. 压电式压力计

由 3.5 节的压电效应原理可知，压电元件具有压电效应，受压时表面产生的电荷量与所受的压力成正比，利用这种效应制成的压力计称为压电式压力计。

压电式压力计的结构如图 6-30 所示。压电元件被夹在两块弹性膜片之间，当压力作用于膜片时，压电元件受力而产生电荷。电荷量经放大转换成电压信号或电流信号输出，用输出信号的变化反映输入压力的变化。

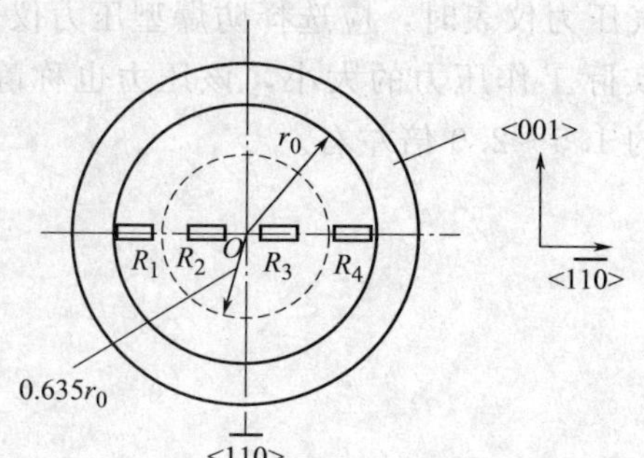

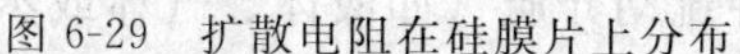
图 6-29 扩散电阻在硅膜片上分布

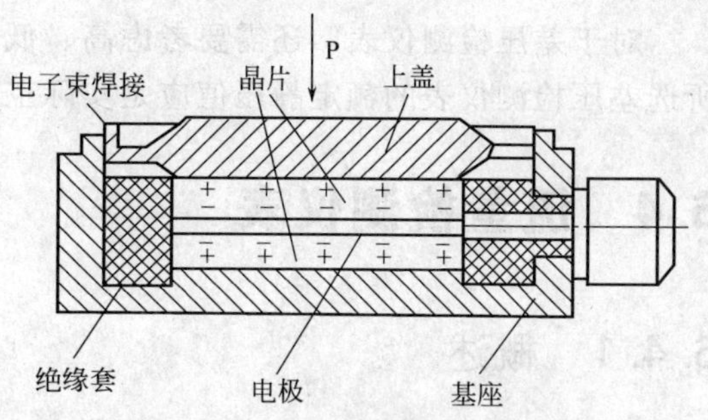

图 6-30 压电式压力计示意图

压电式压力计由于具有结构简单、紧凑，小巧轻便，工作可靠，线性度好，频率响应快，量程范围大等优点，而获得了广泛的应用。但是它不能测量频率太低的被测量，更不能测量静态量。目前多用于加速度和动态量或压力的测量。

6.3.5 压力检测仪表的选用

为了保证压力测量的准确度，应选择量程合适的压力仪表，同时，压力仪表根据使用的要求不同，可选择不同的准确度等级。在选用压力仪表时，应根据生产工艺对压力检测的要求、被测介质的特性、现场使用的环境等条件，综合考虑进行仪表的合理选用。

1. 仪表量程的选择

要保证检测仪表的安全可靠运行，必须要考虑被测对象可能发生的异常超压情况，在仪表的量程选择时必须留有足够的余地。但仪表的量程选得过大也不好。

一般情况下，若被测压力比较稳定，最大工作压力应不超过仪表满量程的 3/4；在被测压力波动较大或测脉动压力时，最大工作压力不应超过仪表满量程的 2/3。为了保证测量准确度，最小工作压力不应低于满量程的 1/3。而当被测压力变化范围大，最小和最大工作压力可能不能同时满足上述要求时，选择仪表量程应首先考虑满足最大工作压力条件。

目前中国出厂的压力（包括差压）检测仪表有统一的量程系列标准，它们是 1kPa、1.6kPa、2.5kPa、4.0kPa、6.0kPa 以及它们的 10^n 的倍数（n 为整数）。

2. 仪表准确度等级的选择

在选用压力检测仪表进行准确度等级考虑时，通常要求仪表的基本误差要小于实际被测压力允许的最大绝对误差。另外，在选择时应坚持节约的原则，只要仪表的准确度能满足生产的要求，就不必用过高准确度等级的仪表。

3. 仪表类型的选择

压力检测仪表类型的选择主要应考虑以下几个方面。

① 被测介质的性质　若被测介质腐蚀性较强，应选用不锈钢之类的弹性元件或敏感元件；对氧气、乙炔等介质应选用专用的压力仪表。

② 对仪表输出信号的要求　若只需要观察压力的变化，则可选用弹簧管压力等直接指示型仪表；如需将压力信号进行远传，则可选用电气式压力检测仪表或其他具有电信号输出的仪表，如压电式压力计；如要检测快速变化的压力信号，则可选用电气式压力检测仪表，如压阻式压力传感器。

③ 使用的环境　若测量环境温度较高或较低，则应选择温度系数小的敏感元件以及其

他变换元件；若测量环境爆炸性较强，则在使用电气压力仪表时，应选择防爆型压力仪表。

对于差压检测仪表，还需要考虑高、低压侧的实际工作压力的大小，该压力也称静压。所选差压检测仪表的额定静压值应是实际工作压力的1.5～2.0倍左右。

6.4 流量检测仪表

6.4.1 概述

在工业生产过程中，常常需要检测生产过程中各种流动介质（如液体、气体或蒸汽、固体粉末）的流量。随着科学和生产的发展，人们对于流量检测精度的要求也越来越高，需要检测的流体品种也越来越多，检测对象从单相流到双相、多相流，工作条件有高温、低温、高压、低压等。流量的精确检测，成为现代化过程检测中的重要环节。

1. 流量的定义

流量是指单位时间内流动介质流经管道（或通道，统称流道）中某截面的体积或质量，也称瞬时流量。而在某一段时间内流过的流体总和，即瞬时流量在某一段时间内的累计值，称为累计流量。流量的表示方法有体积流量和质量流量。

（1）体积流量

单位时间内流过某截面的流体的体积，用符号 q_V 表示，单位为 m^3/s，常用单位是 L/min，两者的换算关系是：$1L/min=10^{-3}m^3/(60s)$。根据定义，体积流量可用下式表示：

$$q_V=\int v\mathrm{d}A \tag{6-11}$$

式中，v 为截面中某一微元 $\mathrm{d}A$ 上的流速。

如果流体在该截面上的流速均匀分布且处处相等，则体积流量可简写成

$$q_V=vA \tag{6-12}$$

式中，A 为流道截面积。

实际上，流体在有限的流道中流动时，同一截面上各点的流速是不等的，这时上式中的 v 应理解为在该截面上的平均速度。在本节讨论中，若未加说明，一般都是指平均速度。

（2）质量流量

单位时间内通过某截面的流体的质量，用符号 q_m 表示，单位为 kg/s。根据定义，质量流量可简写为

$$q_m=\int_A \rho v\mathrm{d}A \tag{6-13}$$

式中，ρ 为截面中某一微元面积 $\mathrm{d}A$ 上的流体密度。

假设流体在该截面上的密度和流速处处相等，则质量流量可简写为

$$q_m=\rho vA=\rho q_V \tag{6-14}$$

在实际检测中，压力和温度的变化容易引起流体密度和体积的变化，在使用流量检测仪表时必须考虑流体的压力和温度。其中，压力变化对液体密度的影响相对较小，一般可以忽略不计，但温度对密度的影响要大一些，一般温度每变化10℃，液体的密度变化约在1%以内。温度、压力变化对气体的密度影响较大，例如，在常温常压附近，温度每变化10℃或压力每变化10kPa，密度变化约为3%。因此，在气体流量检测时，为了便于比较，常将在

工作状态下测得的体积流量换算成标准状态下（温度为20℃，压力为1.0132×10^5Pa）的体积流量，用符号q_{VN}表示，单位为m^3/s。

q_{VN}与q_m和q_V的关系是

$$q_{VN}=q_m/\rho_N \text{ 或 } q_m=q_{VN}\rho_N$$

$$q_{VN}=q_V\,\rho/\rho_N \text{ 或 } q_V=q_{VN}\rho_N/\rho$$

式中，ρ_N是气体在标准状态下的密度。

2. 流量的检测方法

在工业生产过程中，物料的输送绝大部分是在管道中进行的，因此，在下面的讨论中主要介绍在管道中流动的流体流量检测方法。由于流量检测条件的多样性和复杂性，流量检测的方法非常多。就检测量的不同可分为体积流量检测和质量流量检测两大类。

（1）体积流量检测

① 容积法　指在单位时间内用标准固定体积对流动介质进行连续不断地度量，以排出流体固定容积数来计算流量。基于这种方法进行流量检测的仪表有椭圆齿轮流量计、刮板流量计和旋转活塞式流量计等。容积法受流体的流动状态影响较小，适用于测量高黏度、低雷诺数的流体。

② 速度法　指先测出管道内的平均速度，再乘以管道截面积从而求得流体的体积流量。主要的检测仪表类型有以下几种。

a. 节流式流量计：根据节流件前后的差压来计算流速。

b. 电磁流量计：根据导体流体在磁场中流动切割磁力线产生的感应电势来反映流速。

c. 转子流量计：根据流体流经竖直放置的内含可动的转子的锥形管时转子的高度来反映流体的流量。

d. 涡街流量计：根据流体在流动时遇到一定形状的物体在其周围产生有规则的漩涡的释放频率来反映流速。

e. 涡轮流量计：根据流体对置于管内的涡轮的转动速度在一定流速范围内与管内流体的流速成正比来获得流速。

f. 超声波流量计：根据超声波在流动的流体中传播速度的变化可获得流体的流速。

（2）质量流量检测

① 直接法　直接式质量流量的检测方法可由检测元件的输出信号直接反映质量流量。主要有利用孔板和定量泵组合实现的差压式检测方法；基于麦纳斯效应的检测方法和基于科里奥利力效应的检测方法；利用同轴双涡轮组合的角动量式检测方法等。

② 间接法　指用检测元件分别测出相应参数，然后进行运算间接获取流体的质量流量，检测元件的组合主要有以下几种。

a. ρq_V^2检测元件和ρ检测元件的组合。

b. q_V检测元件和ρ检测元件的组合。

c. ρq_V^2检测元件和q_V检测元件的组合。

其中ρq_V^2可用节流式流量计、靶式流量计等得到；q_V可用容积式流量计、电磁流量计、涡轮流量计、涡街流量计等得到；ρ可用在线式密度计或通过测量介质的温度和压力经有关计算公式得到。

6.4.2 转子流量计

转子流量计又名浮子流量计，它是工业上常用的一种流量仪表，利用在下窄上宽的锥形管中的浮子所受的力平衡原理工作。由于流量不同，浮子的高度不同，即环形的流通面积随流量变化。转子流量计在测量时压力损失小，检测范围大（量程比 10∶1），结构简单，使用方便，可以用来测液体或气体的流量，检测精度可达±(1%～2%)。

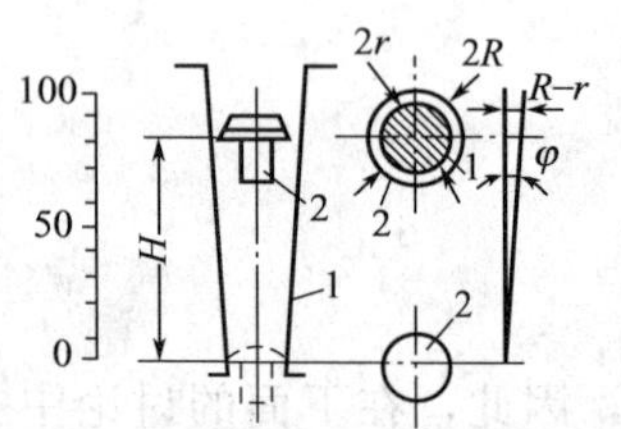

图 6-31 转子流量计原理示意图
1—锥形管；2—浮子

1. 工作原理

如图 6-31 所示，在一竖直放置的锥形管中，放置一个可以上下移动的浮子，锥形管外刻有 10%～100%的刻度。

当流体自下而上流经锥形管时，如果作用于浮子的上升力大于浸没在介质中浮子的重力，浮子便上升，浮子与锥形管间的环形面积增大，则介质的流速下降，作用于浮子的上升力就逐渐减少，直到上升力等于浸在介质中浮子的重力时，浮子便稳定在某一高度。当流量发生变化时，浮子将移到新的位置，继续保持新的平衡。读出锥形管外设置的沿高度方向的相应的流量刻度，便可得知流量值。

浮子平衡于某一高度 H 时有下列力的平衡关系：

重力＝浮力＋压差力

即有

$$\rho_f V_f g = V_f \rho_g + \Delta p A_f \tag{6-15}$$

$$\Delta p = \frac{V_f(\rho_f - \rho)g}{A_f} \tag{6-16}$$

式中，ρ_f 为浮子材料的密度；V_f 为浮子的体积；g 为重力加速度；Δp 为压差；A_f 为浮子最大的横截面积。

根据上面两式有

$$q_V = CA_0\sqrt{\frac{2gV_f}{A_f}} \times \sqrt{\frac{\rho_f - \rho}{\rho}} \tag{6-17}$$

式中，C 为转子流量计的流量系数。

由于浮子是在锥形管中运动时其流通环隙面积会发生改变，故体积流量与浮子高度的关系为

$$q_V \approx C\pi(2rH\tan\varphi)\sqrt{\frac{2gV_f}{A_f}} \times \sqrt{\frac{\rho_f - \rho}{\rho}} \times H \tag{6-18}$$

式中，r 为浮子的半径；H 为浮子的高度；φ 为锥形管母线与轴线的夹角。

2. 转子流量计的使用

转子流量计结构简单，使用方便，工作可靠，主要适用于中小管径、较低雷诺数的中小流量的检测。其基本误差约为仪表量程的±(1%～2%)，量程比可达 10∶1，但测量准确度易受被测介质密度、黏度、温度、压力、纯净度、安装质量等的影响。在使用过程中应注意以下几点。

① 搬动仪表时，应将浮子顶住，以免浮子将玻璃管打坏。

② 流量计的正常流量值最好选在表的上限刻度的1/3～2/3范围内。

③ 流量计在系统中正确安装完毕后，首先缓慢地打开上游的全开阀，然后用下游的流量调节阀调节流量。而当流量计停止计量时，应先缓慢地关闭全开阀，然后再关流量调节阀。

④ 应注意流量计的耐压，浮子和连接部分的材质等能否满足要求。

⑤ 被测流体的状态参数（ρ，T，p，μ）与流量计标定时的状态不同时，必须对刻度示值进行修正。

⑥ 锥管应当竖直放置，流体流向自下而上。

⑦ 若介质温度高于70℃时，应加装保护罩，以免冷水溅到玻璃管上而引起炸裂。

⑧ 当被测介质不清洁，仪表需要经常清洗时，应设置旁路管。

⑨ 量计前面装全开阀，后面可装流量调节阀。若可能产生倒流，流量计下游应装逆止阀。对于脏流体，应在入口处安装过滤器。对脉动流，上游侧设置缓冲器。

6.4.3 旋涡流量计

旋涡式流量检测方法是20世纪70年代逐渐发展起来的一种方法，它是基于流体振荡原理进行工作的。流动时流体常常会产生旋涡。如电线在风中振荡产生声音，是因为风吹过电线时，使电线振荡，在电线振荡后产生旋涡而发出声音。又如汽车、轮船在行驶时，在尾部会有灰尘或浪花扬起。流体因边界层分离作用而交替产生的旋涡属于自然振荡分离型旋涡，当满足一定条件时出现的有规律的旋涡称卡曼旋涡。旋涡流量计是利用自然振荡的卡曼旋涡原理而制成的。

在工业检测中，由于旋涡流量计压损小，精度高，量程大，基本不受流体压力、温度、组成等影响，得到了广泛的应用。旋涡流量计由旋涡发生体和频率检测器构成，输出4～20mA直流电流信号或脉冲电压信号。旋涡流量计外形如图6-32所示。

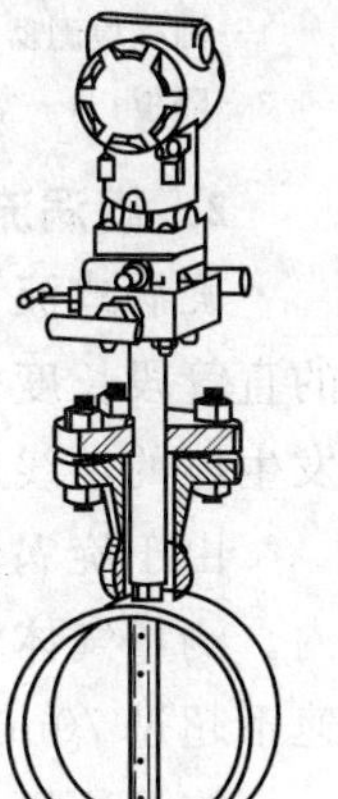

图6-32 旋涡流量计外形

1. 工作原理

在流动的流体中，若垂直于流动方向放置一个圆柱体，如图6-33所示。在某一范围内，将在柱体后面的两侧交替产生有规律的旋涡，这种旋涡称为卡曼旋涡。旋涡的旋转方向向内，如图6-33中上面一列顺时针旋转，下面一列逆时针旋转。由于旋涡之间的相互作用，一般不稳定，科学家卡曼通过实验证明，当满足$h/l=0.281$时，旋涡列是稳定的。

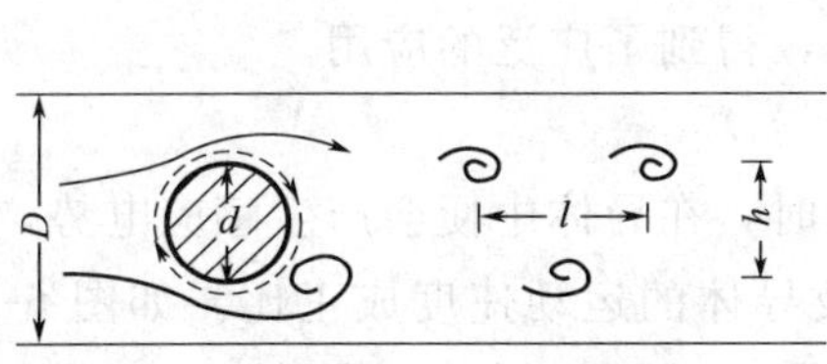

图6-33 检测原理

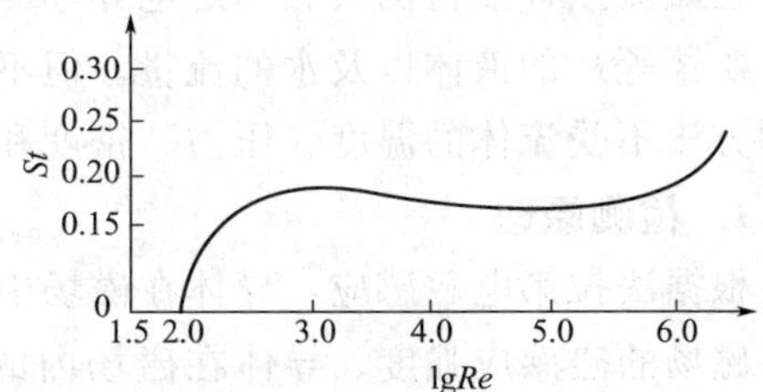

图6-34 Re与St的关系

大量实验证明，单侧旋涡产生的频率f与流速v和直径d之间有如下关系：

$$f=St\frac{v}{d} \tag{6-19}$$

式中，St 为斯特劳哈尔数。

若旋转发生体为标准圆柱体，则其雷诺数 Re 与斯特劳哈尔数 St 之间的关系如图 6-34 所示。

频率的变化通过信号转换电路转变成为电信号从而来实现对流速的测量，常见的旋涡流量计有圆柱形、棱柱形、T 柱形等，如图 6-35～图 6-37 所示。圆柱形的斯特劳哈尔数较大，输出比较稳定，压力损失较小，但是旋涡强度较低。T 柱形的稳定性高，旋涡强度大，但压力损失较大。棱柱形的压力损失适中，旋涡强度较大，稳定性也较好，所以相对用得较多。

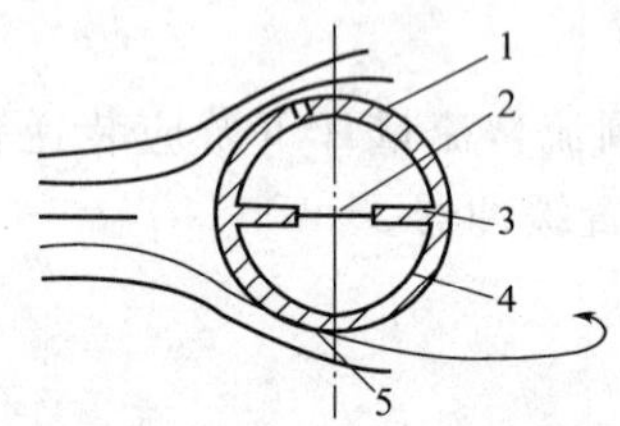

图 6-35 圆柱形旋涡流量计

1—圆柱检测器；2—铂电阻丝；3—隔板；4—空腔；5—导压孔

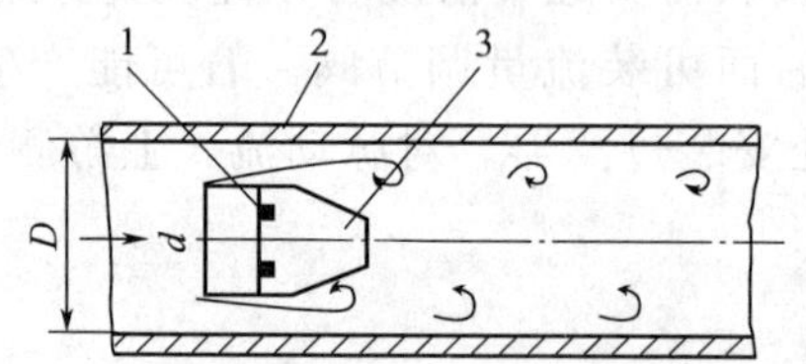

图 6-36 棱柱形旋涡流量计

1—热敏电阻；2—圆管道；3—棱柱

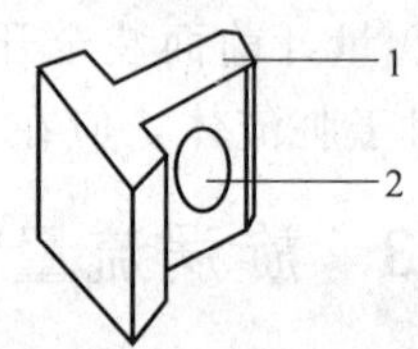

图 6-37 T 柱形旋涡流量计

1—T 形柱；2—压电元件

2. 旋涡流量计的应用和特点

旋涡式流量计属于速度式仪表，尤其适用于大口径管道的流量测量，安装时要求有足够的直管段长度，上游和下游的直管段分别要求不少于 15D 和 5D，且要求内表面光滑。旋涡发生体的轴线应与管路轴线垂直，此外要保持清洁，经常吹洗。

由于旋涡流量计是通过测旋涡的释放频率来测量流量的，流体的流速必须在规定范围内。测量气体时流速范围为 4～60m/s，测量液体时流速范围是 0.38～7m/s，测量蒸气时流速不超过 70m/s。

旋涡流量计的特点是测量精确度较高，可达 0.5%～1%左右，检测范围宽（可达 100∶1），阻力小，输出频率信号与流量成正比，抗干扰能力强。在一定范围内，几乎不受流体压力、温度、密度、黏度及成分变化的影响，更换检测元件时无须重新标定。同时安装简便，维护量小，故障极少。

6.4.4 电磁流量计

电磁流量计能检测具有一定电导率的酸、碱、盐溶液，腐蚀性液体，含有固体颗粒（泥浆、矿浆等）的液体以及水的流量。但不能检测气体、蒸汽和非导电液体的流量。由于这种检测方法不受流体的温度、压力、密度和黏度的影响，得到了广泛的应用。

1. 检测原理

根据法拉第电磁感应，导体在磁场中切割磁力线时，在导体中便会产生感应电势，其大小与磁场的磁感应强度、导体在磁场内的有效长度及导体的运动速度成正比。如图 6-38 所示，当导体的流体介质在磁场中垂直于磁感应强度方向流动而切割磁力线时，也会在管道两边的电极上产生感应电势。感应电势的判定遵循右手定则，其大小为

$$E=BDv \tag{6-20}$$

式中，E 为管道两边电极上的感应电势；B 为磁感应强度；D 为管道直径（即导电体垂直切割磁力线的长度）；v 为流体的平均流速。

由于体积流量 q_V 等于流体速度 v 与管道截面积 D 的乘积，故

$$q_V=\frac{1}{4}\pi D^2 v \tag{6-21}$$

由上面两式可得

$$q_V=\frac{\pi D}{4B}E \tag{6-22}$$

由上式可知，当管道直径 D 已确定且磁感应强度 B 不变时，体积流量与感应电势呈现线性关系。

2. 电磁流量计的结构

电磁流量计的结构如图 6-39 所示，它主要由磁路系统、测量管、电极、衬里、外壳以及转换电路等部分组成。

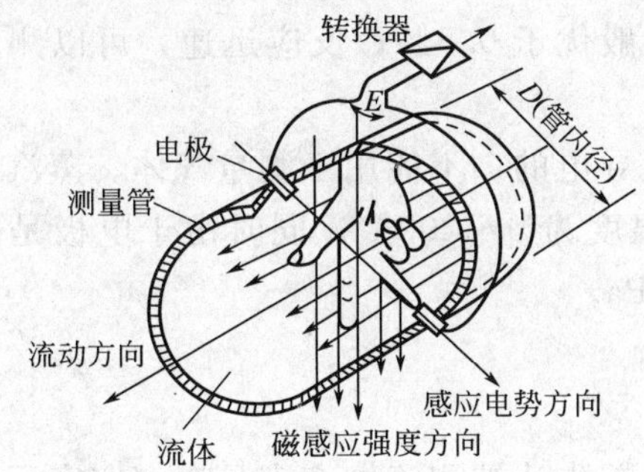

图 6-38 电磁流量计检测原理

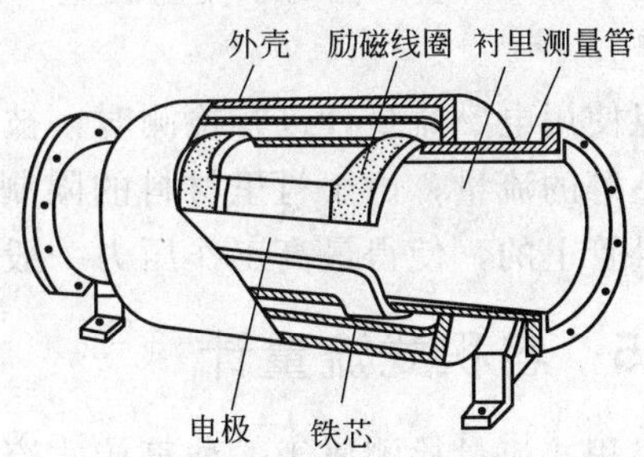

图 6-39 电磁流量计结构

① 磁路系统　用于产生均匀的直流或交流磁场。直流磁场通常用永久磁铁来实现，但直流磁场所采用的永久磁铁虽然简单，但比较笨重，且产生的直流电势会引起被测液体的电解，使得电极容易极化。早期的电磁流量计，大多采用 50Hz 工频电源励磁产生的交变磁场。产生交变磁场的励磁线圈的结构大多采用集中绕组式结构，它由两只串联或并联的马鞍形励磁绕组组成，上下各一只夹持在测量壁上。为形成磁路，减少干扰及保证磁场均匀，在线圈外围有若干层硅钢片叠成的磁轭。由于这种 50Hz 工频交流励磁方式容易受到干扰，20 世纪 70 年代以来，出现了低频矩形波励磁方式，这种方式功耗小，电极污染影响小，得到了广泛的应用。

② 测量管　其作用是让被测液体在管内通过。测量管通常采用不导磁、电导率低、热导率低和具有一定机械强度的材料（如不锈钢、玻璃钢、铝及其他高强度塑料）制成，以便使磁力线通过测量管时磁通不被分路并减少涡流。它的两端设有法兰，便与管道连接。

③ 电极　作用是把被测介质切割磁力线时所产生的感应电势引出，其结构如图 6-40 所示。为了防止沉淀物堆积在电极上而影响测量准确度，电极的安装位置宜设在管道的水平方向。电极一般由不导磁的不锈钢材料制成，有些情况需采用哈

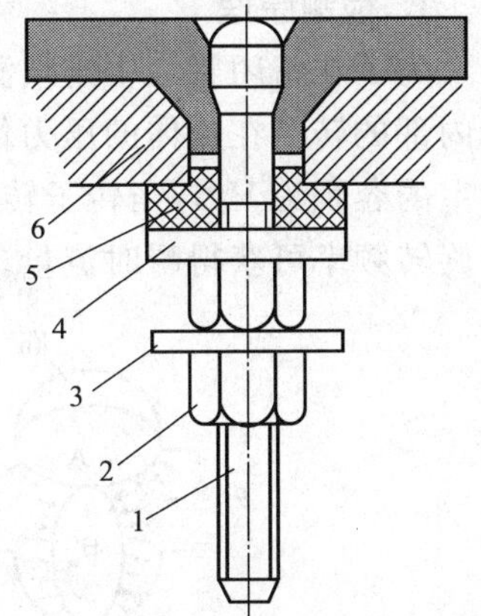

图 6-40 电极的结构

1—电极；2—螺母；3—导电片；4—垫圈；5—绝缘套；6—衬里

氏合金B、C，钛，钽，铂铱合金等材料，从而可避免由电极本身引起的干扰。同时，电极要求与衬里齐平，以便流体通过时不受阻碍。

④ 衬里　安装在在测量管的内侧及法兰密封面上，作用是增加测量管的耐磨与耐蚀性，以防止感应电势被金属测量管管壁短路。因此，衬里的材料必须耐磨、耐蚀以及能耐较高温度，同时绝缘性要好。常用的衬里材料主要有氟塑料、聚氨酯橡胶、陶瓷等。

⑤ 外壳　作用是保护励磁线圈，隔离外磁场干扰。一般用铁磁材料制成。

⑥ 转换电路　作用是放大流体流动产生的微弱的感应电势，抑制各种干扰信号。

3. 电磁流量计的特点

电磁流量计的输出与体积流量呈线性关系，并且不受液体的温度、压力、密度、黏度等参数的影响；适用范围较广，只要是导电的，被测流体可以含有颗粒、悬浮物等，也可以是酸、碱、盐等腐蚀性介质；测量管内无可动部件或凸出于管道内部的部件，压力损失很小；量程比一般为10∶1，有的量程比可达到100∶1；测量口径范围大，可达1～2m以上，特别适用于1m以上口径的水流量测量；测量准确度一般优于0.5%；反应迅速，可以测量脉动流量。

但使用电磁流量计进行检测时，被测流体必须是导电的，不能用于测量气体、蒸汽和石油制品等的流量；由于衬里材料的限制，一般工作温度为0～200℃；同时由于电极是嵌装在测量管上的，使得最高工作压力一般不超过2.5MPa。

6.4.5 容积式流量计

容积式流量检测属于一种直接式流量测量方法，首先让被测流体充满具有一定容积的空间，然后再把这部分流体从出口排出，将单位时间内排出的流体体积定义为体积流量。根据一定时间内排出的总体积数来确定累计流量。这类流量计测量精度高，可达0.1～0.2级，在石油方面的流量测量更具主导地位，并已有国际统一的测量标准。

常见的容积式流量计有椭圆齿轮式流量计、腰轮（罗茨）式流量计、刮板式流量计、活塞式流量计、湿式流量计及皮囊式流量计等，其中腰轮式、湿式、皮囊式可以用于气体流量测量。

1. 检测原理

为了在密闭管道中连续测量流体的流量，一般采用容积分界法，如图6-41所示。流量计内部的转子在流体的压力作用下转动，随着转子的转动，流体逐渐从入口流向出口。设计量室的容积为V_0，当转子转动n次时，流体流过的体积总量为$Q=nV_0$。根据计量室的容积和旋转频率可获得瞬时流量。

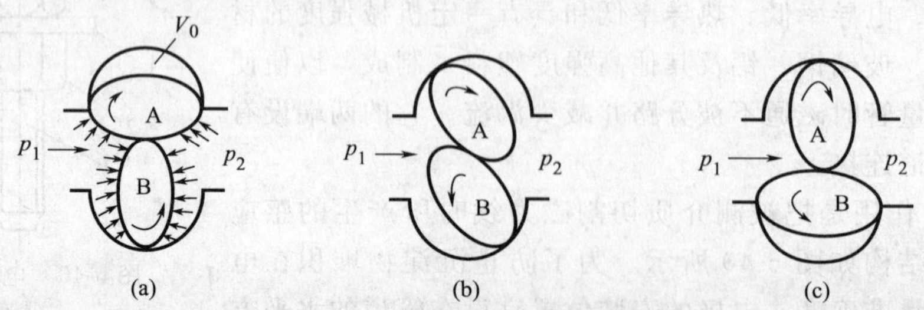

图6-41　椭圆齿轮流量计工作过程

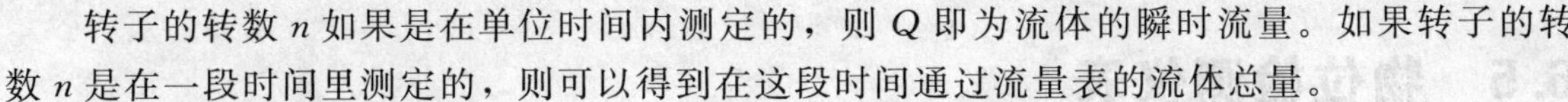

转子的转数 n 如果是在单位时间内测定的，则 Q 即为流体的瞬时流量。如果转子的转数 n 是在一段时间里测定的，则可以得到在这段时间通过流量表的流体总量。

2. 容积式流量计的特性

应用容积分界法检测流量的原理，实质上是精密检测体积的方法。因此，与其他流量检测方法相比，它的流量大小以及流体密度、黏度等物理条件对精度影响较小，因而可以得到较高的检测精度（一般可达0.2%有的可达到0.1%）。

容积式流量计检测误差随流体的黏度、密度、润滑性能、工作温度以及压力而变化，特别是黏度的影响起主要作用。这是由于仪表存在着运动部件，运动部件与壳体内壁间的间隙容易导致流体泄漏。在小流量时，由于转子所受力矩小，而它本身又有一定的摩擦阻力，因而泄漏量相对较大；当流量达到一定数值时，泄漏量相对较小。在相同的流量下，流体的黏度越低，越容易泄露，误差也就越大；对于高黏度的流体（例如重油），则泄漏量相对较小，因此，误差变化不大。

流体流过流量计的压力损失随流量的增加几乎线性上升，流体黏度越大，在相同流量下压力损失也越大。

容积式流量计使用过程中应注意以下几点。

① 选择容积式流量计，应该注意实际使用时的测量范围，必须是在此仪表的量程范围内，不能简单地按连接管道的尺寸确定仪表的规格。

② 在流量计前必须要装过滤器（或除尘器），如图6-42所示，以防止流体中如有尘埃颗粒会使仪表卡住，甚至损坏，保证运动部件顺利转动。小型流量计过滤器的金属网为50～200目，大型流量计为50～20目，有效过滤面积应为连接管线面积的4～20倍。

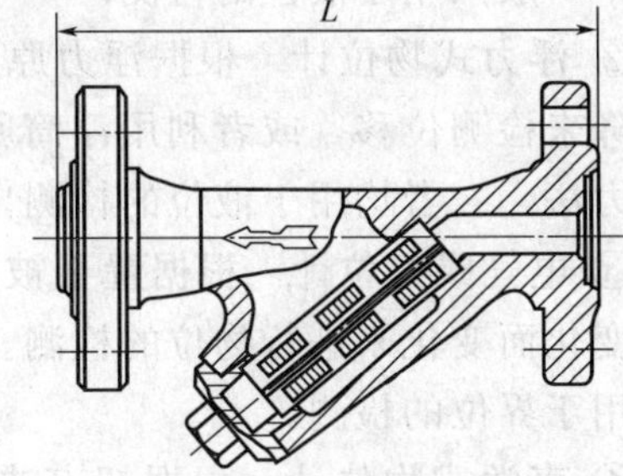

图6-42　过滤器结构示意图

③ 在流量计前应设置气体分离器，从而避免进入流量计的液体中的少量气体带来的测量误差。

④ 流量计可以水平安装也可竖直安装。水平安装时，应设有副线，如图6-43(a)所示。竖直安装时，仪表应装在副线上，如图6-43(b)所示，以免铁屑、杂质等落入仪表的测量部分。

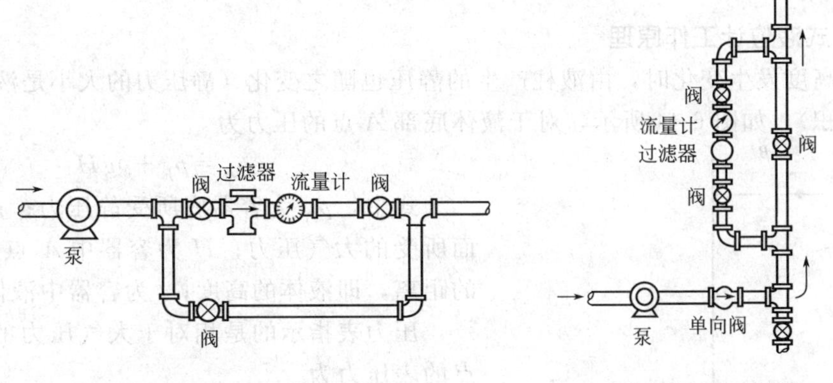

图6-43　容积式流量计配管示意图

6.5 物位检测仪表

6.5.1 概述

开口或密封的容器中液体介质液面的高低称为液位，两种液体介质的分界面的高低称为界面，固体块、散粒状物质的堆积高度称为料位，这些统称为物位。相应地，物位计也有检测液位的液位计，检测分界面的界面计，检测固体料位的料位计。

在工业生产中，物位检测具有重要的地位，物位检测对象有液位、物料等，有几十米高的大容器，也有几毫米的微型容器，被测介质的特性更是千差万别。因此，物位的检测要根据不同的检测要求来进行选择。

常见的也是最直接的物位检测是直接读数法，它是在容器壁上用刻度进行标识，通过读数来进行测量。例如使用与被测容器相连通的玻璃管（或玻璃管）来显示容器内的液体的高度。直接读数法只能使用在容器压力不高的条件下，除此之外，常用的物位检测方法还有以下几种。

① 静压式物位计　根据静压平衡原理工作的物位测量仪表。这种方法利用差压来检测物位，一般只用于液位的检测。

② 浮力式物位计　根据浮力原理进行工作的检测仪表。利用漂浮于液面上浮子随液位的升降来检测位移，或者利用浮筒所受浮力的改变来检测液位，前者称为恒浮力法，后者称变浮力法，二者均用于液位的检测。

③ 电气式物位计　根据置于被测介质中敏感元件的电气参数（如电阻、电容等）随物位的变化而变化来进行物位的检测。这种方法既可用于液位检测，也可用于料位检测，有时还可用于界位的检测。

④ 声学式物位计　根据超声波在介质中的传播速度及在不同相界面之间的反射特性来检测物位。这种方法可用于液位和料位的检测。

⑤ 射线式物位计　根据放射性同位素所放出的射线穿过被测介质（液体或固体颗粒）被吸收的程度与物位有关来进行物位检测。这种方法可实现物位的非接触式检测。

6.5.2 静压式液位计

1. 静压式液位计工作原理

当液位高度发生变化时，由液柱产生的静压也随之变化（静压力的大小是液柱高度与液体重度的乘积），如图 6-44 所示，对于液体底部 A 点的压力为

$$p_A = p_B + \rho g H \tag{6-23}$$

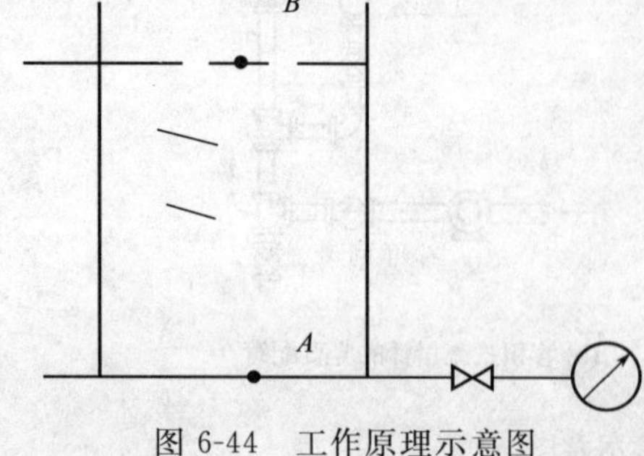

图 6-44　工作原理示意图

式中，p_A 为容器底所受静压力；p_B 为液体表面所受的大气压力；H 为容器中 A 点与 B 点之间的距离，即液体的高度；ρ为容器中液体的密度。

压力表指示的是相对于大气压力的表压力，A 点的表压力为

$$p_{表} = p_A - p_B = p_A - p_0 = \rho g H \tag{6-24}$$

从上面两个公式可以看出，当液体密度确定

后，只要测出容器底部所受的静压力，即可获得容器中液体的高度，因此就把液位的检测转化为压力或者压差的检测，下面介绍最常用的一种差压式液位计。

2. 差压式液位计工作原理

在密封容器中，容器下方的液体压力除与液位高度有关外，还与液面上方的介质压力有关。此时有

$$\Delta p = p_A - p_B = \rho g H \tag{6-25}$$

因此测量仪表应为差压测量仪表。差压变送器（一种差压式液位计）正压室接容器底部，感受静压力 p_A，负压室接容器的上部，感受液面上方的静压力 p_B，在介质密度确定后，即可知容器中的液面高度，且测量结果与容器中液体上方的静压力 p_B 的大小无关。如图 6-45(a) 所示。

当液位由 $H=0$ 变化到 $H=H_{max}$ 最高液位时，差压变送器输入信号 Δp 由 0 变化到最大值 $\Delta p_{max}=H_{max}\rho g$，相应地差压变送器的输出 I_0 由 4mA 变化到 20mA。

$$I_0(\text{mA}) = \frac{20-4}{\Delta p_{max}-0} \times \Delta p + 4 = 16\frac{\Delta p}{\Delta p_{max}} + 4 \tag{6-26}$$

3. 差压式液位变送器的零点迁移

实际测量中，考虑周围环境的影响，差压仪表不一定恰好与容器底部 A 点在同一水平面上，如图 6-45(b) 所示。或由于被测介质是强腐蚀性的液体，必须在引压管上加装隔离装置，通过隔离液来传递压力信号，如图 6-45(c) 所示。这时的差压变送器接收的差压信号 Δp 将不仅与被测液位的高度 H 有关，还可能在一个与高度液位无关的固定差压的影响下使测量产生误差。因此差压式液位变送器必须进行零点迁移。

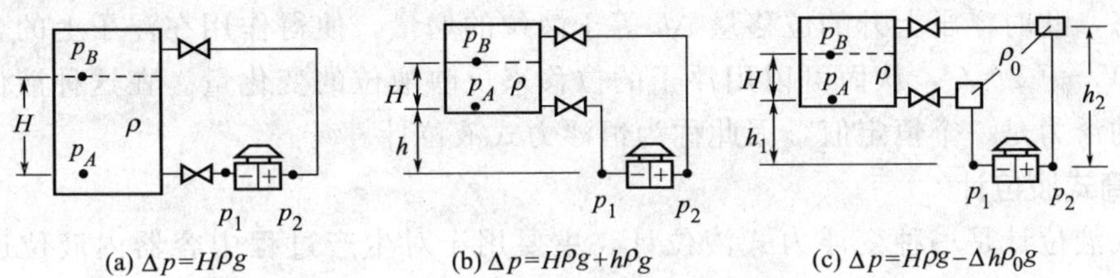

图 6-45 差压式液位变送器的应用

① 如图 6-45(b) 所示，有

$$\Delta p = p_1 - p_2 = H\rho g + h\rho g = H\rho g + C \tag{6-27}$$

由上式可见，当 $H=0$ 时，$\Delta p=C=h\rho g$，差压变送器受到一个附加正差压的作用，使输出 $I>4\text{mA}$。为使 $H=0$ 时，$I=4\text{mA}$，就需设法消去 C 的作用。由于 $C>0$，故需要进行零点正迁移，迁移量为 $h_1\rho g$。

② 如图 6-45(c) 所示，有

$$\Delta p = p_1 - p_2 = H\rho g + \rho_0 g(h_2 - h_1)$$

因 $h_1<h_2$，并设 $\Delta h=h_2-h_1$，则

$$\Delta p = H\rho g - \Delta h\rho_0 g = H\rho g - C \tag{6-28}$$

由上式可见，当液位 $H=0$ 时，$\Delta p=-C=\Delta h\rho_0 g<0$，差压变送器受到一个附加的负差压作用，使输出 $I<4\text{mA}$。为使 $H=0$ 时，$I=4\text{mA}$，就要设法消去 $-C$ 的作用，由于要迁移的量为负值，因此，需要进行零点负迁移，迁移量为 $\Delta h\rho_0 g$。

③ 当 $H=0$ 时，若变送器感受到的 $\Delta p=0$，则变送器就不需迁移；若变送器感受到的

$\Delta p>0$，则变送器需要正迁移；若变送器感受到的 $\Delta p<0$，则变送器需要负迁移。

6.5.3 浮力式液位计

利用液体浮力来进行液位测量的仪表通常有两种类型：一种是通过测量漂浮于被测液面上的浮子随液面变化而产生的位移来反映液位的变化，这种属于恒浮力式液位计；另一种是利用沉浸在被测液体中的浮筒所受到的浮力与液面位置的关系检测液位的仪表，属于变浮力式液位计。

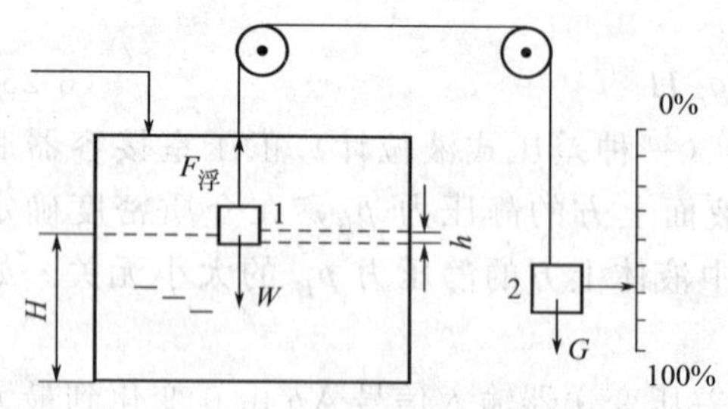

图 6-46 恒浮力式液位计工作原理
1—浮子；2—平衡锤

1. 恒浮力式液位计

浮子式液位计是典型的恒浮力式液位计，如图 6-46 所示。

设浮子重 W，平衡锤重 G，浮子的截面积为 A，浸没于液体中的高度为 h，液体密度为ρ。当液位高度为 H 时，测量系统达到平衡状态，作用在浮子上的合力为零，此时有

$$W-F_{浮}=W-hA\rho g=G \tag{6-29}$$

当液位升高后，浮子被浸没的高度增加 Δh，使浮子所受浮力增加，有

$$\Delta F_{浮}=\Delta hA\rho g$$

系统的稳定平衡状态被破坏，出现

$$W-(F_{浮}+\Delta F_{浮})<G \tag{6-30}$$

浮子由于向上浮力作用的增加，在平衡锤的牵引下，产生向上的位移，直到系统达到新的平衡状态，此时浮子上升的位移量 Δh 等于液位的增量，使得作用在浮子上的合力关系式又恢复为 $W-F_{浮}=G$，从而可以用浮子的位移来反映液位的变化量。在这种液位计中由于浮子所受的浮力是一个恒定值，因此称为恒浮力式液位计。

2. 浮筒式液位计

浮筒式液位计是一种变浮力式液位计，主要用于对生产过程中容器内液位进行连续测量、远传，配合调节仪表还可构成液位控制系统。

(1) 测量原理

图 6-47 所示为浮筒式液位计测量原理图。将一封闭的中空金属筒悬挂在容器中，设筒的重量大于同体积的液体重量，筒的重心低于几何中心，因此使得筒总是保持直立状态而不受液体高度的影响。则悬挂点受到的作用力为

$$F=W-F_{浮}=W-AH\rho g \tag{6-31}$$

式中，W 为筒重；$F_{浮}$ 为浮力，$F_{浮}=AH\rho g$；A 为浮筒截面积；H 为从浮筒底部算起的液位高度；ρ 为液体密度。

当液位 $H=0$ 时，悬挂点所受到的作用力 $F=W=F_{max}$ 最大。由于 W、A、ρ、g 均为常数，悬挂点所受作用力 F 随液位 H 的升高而逐渐减小，作用力 F 与液位 H 是反比关系。

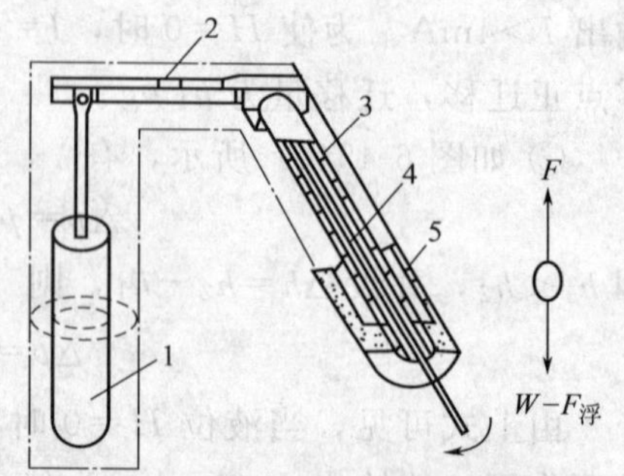

图 6-47 浮筒式液位计测量原理
1—浮筒；2—杠杆；3—扭力管；4—心轴；5—外壳

但在用浮筒式液位计进行测量时，由于其测量范围受到浮筒长度的限制。从仪表的结构及测量稳定的角度

出发，测量最大高度 H_{max} 在 300～2000mm 之间。

另外，浮筒式液位计的输出信号不仅与液位高度有关，而且还受到被测介质密度的影响，测量过程中若密度发生变化，必须要进行相应的密度修正。

(2) 浮筒式液位计的应用

浮筒式液位计按照传输信号又分为电动和气动两大类。

电动浮筒液位计主要由检测环节和变送环节构成。典型的电动浮筒液位计有输出 0～10mA 标准信号的 UTD 系列和输出 4～20mA 标准信号的 SBUT 系列。

气动浮筒液位计主要由检测环节、变送环节、调节环节三部分构成。典型的气动浮筒液位计的典型系列是 UTQ 系列，它可输出 20～100kPa 的气动液位变送信号，属于就地式检测调节仪表。由于其具备较强的安全防爆性，因此在炼油厂及相关危险场所得到了广泛的使用。

浮筒液位计的安装分外浮筒顶底式安装及内浮筒侧置式和内浮筒顶置式几种类型，如图 6-48～图 6-50 所示。

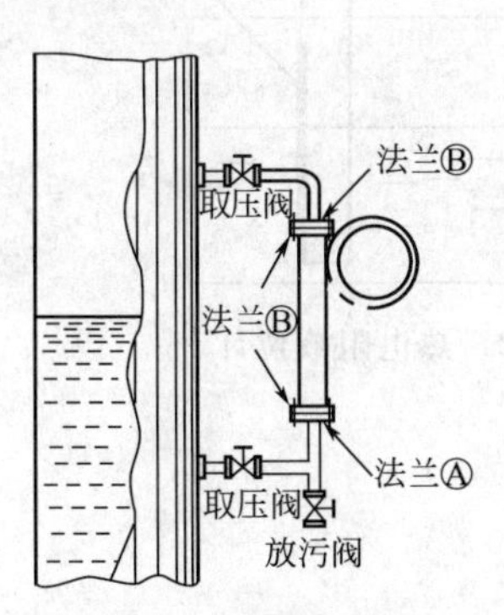

图 6-48 外浮筒顶底式

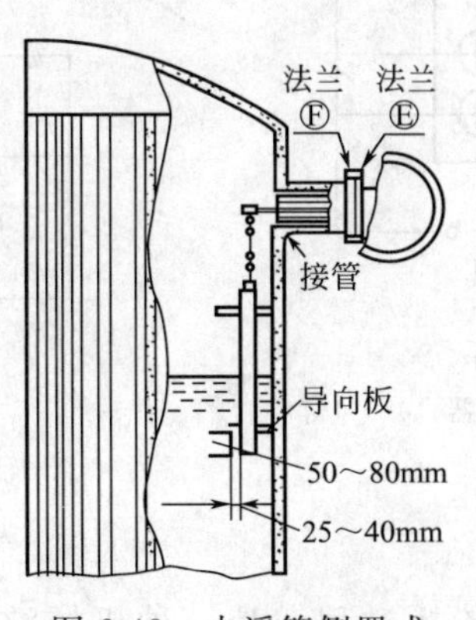

图 6-49 内浮筒侧置式

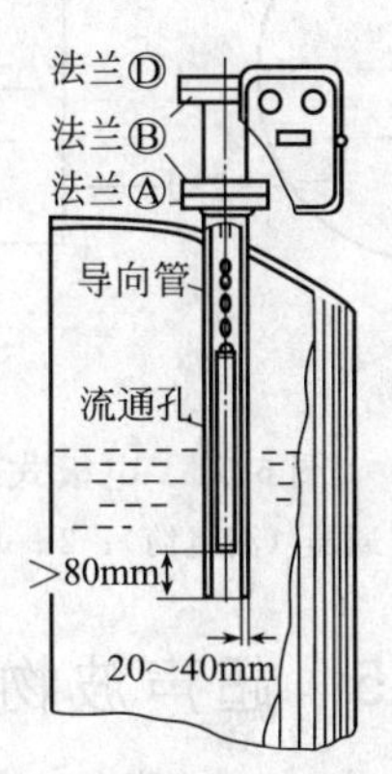

图 6-50 内浮筒顶置式

6.5.4 电阻式液位计

电阻式液位计分为电接点液位计和热电阻液位计两类。前者是根据液体与其蒸气之间导电特性（电阻值）的差异进行液位测量的；后者则利用液体与其蒸气之间的不同传热特性，从而引起热敏材料电阻值变化这种现象进行液位的测量。

1. 电极式水位计

电极式水位计是利用纯水与水蒸气的电阻率不同来进行测量的。众所周知，在 360℃以下，纯水的电阻率小于 $10^4\Omega\cdot cm$，蒸汽的电阻率大于 $10^8\Omega\cdot cm$。而工业用水由于含盐，其电阻率较纯水更低，这样，工业用水与其蒸汽的电阻率将相差更大。

如图 6-51 所示，电极式水位计主要由检测部分和显示部分组成。检测部分由一密封连通器（测量筒）和电极组成。根据测量的需要，在连通器上装多个电极（从十几个到几十个，各电极均用氧化铝等绝缘材料与管道绝缘），并用电缆线引出，测量筒作为一个公共电极与电缆相连。显示部分由与电极数目相对应的一排氖灯组成。氖灯之间的光线用隔板相互隔开。

当水位到达某一电极时由于此时的导电性使容器和该电极接通，于是该回路就有电流通过，相应显示部分中的氖灯就被点亮。液体淹没了多少电极，就有多少氖灯点亮。因此根据显示仪表中氖灯点亮的数目来形象地反映液位的高低。

2. 热电阻液位计

一般情况下，液体的传热系数要比其蒸气的传热系数大 1～2 个数量级，例如压力为 0.101MPa、温度为 77K 的气态氮和相对压力下的饱和液氮，它们与直径为 0.25mm 的金属丝之间的传热系数之比约为 1/24。热电阻液位计就是利用通电的金属丝（以下简称热丝）与液体、气体之间传热系数的不同而导致的其本身电阻值随温度变化的特点来进行液位测量的。如图 6-52 所示，将通以恒定电流的热丝放置于液体和蒸气环境中，热丝在两种环境下受到的冷却效果是不同的，显然，由于液体的传热系数要比气体的传热系数大，使得热丝浸于液体时的温度要比暴露于蒸气中的温度低，传热条件的改变将引起热丝电阻值的改变。因此可通过测定热丝电阻值的变化来判断液位的高低。

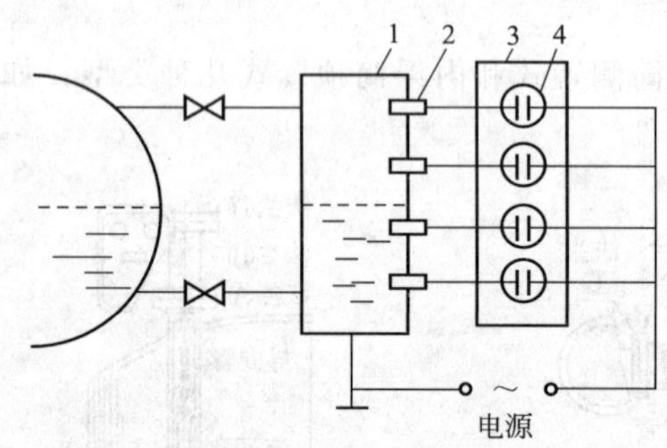

图 6-51 电极式水位计测量系统

1—连通器（测量筒）；2—电极；3—显示器；4—氖灯

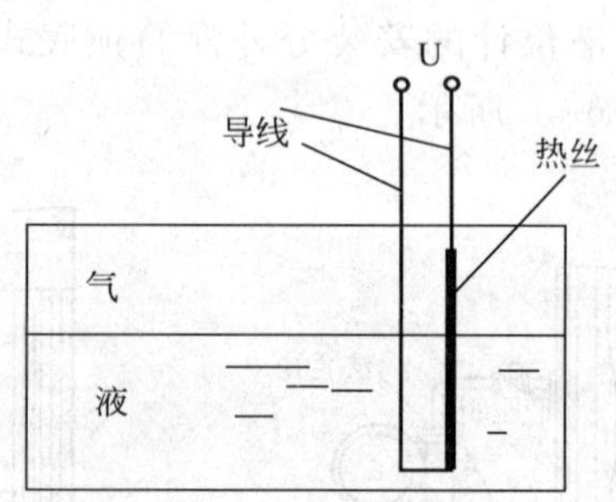

图 6-52 热电阻液位计

6.5.5 超声波物位计

声波是机械振动在介质中的传播过程，是一种机械波，可以在气体、液体及固体中传播，当振动频率在 $10\sim10^4$ Hz 时可以引起人的听觉，称为闻声波；更低频率的机械波称为次声波；20kHz 以上频率的机械波称为超声波。用于物位检测的，一般应用超声波。

1. 检测原理

超声学是一门学科，已有几十年历史，其应用范围很广泛。超声波不仅用来进行各种参数的检测，而且广泛应用于加工和处理技术。超声波用于物位检测主要利用了它的以下性质。

① 超声波在气体、液体及固体中传播时有各自的传播速度。例如，在常温下空气中的声速约为 334m/s，在水中的声速约为 1440m/s，而在钢铁中约为 5000m/s。声速不仅与介质有关，而且还与介质所处的状态（如温度）有关。例如，在理想气体中传播时，声速与绝对温度 T 的平方根成正比，即

$$v=20.067\sqrt{T} \tag{6-32}$$

而在许多固体和液体中的声速一般随温度的增高而降低。

② 声波在介质中传播时会被吸收且衰竭，气体吸收最强且衰减最大，液体其次，固体吸收最小且衰减最小。可见，对于一给定强度的声波，在气体中传播的距离会明显比在液体和固体中传播的距离短。另外，声波在介质中传播时衰减的程度还与声波的频率有关，声波的衰减程度随频率的增强而变大。由于超声波的频率较高，因此在传播时其衰减更为明显。

③ 超声波传播时可近似为直线传播，具有很好的方向性。

④ 当超声波从一种介质向另一种介质传播时，因为两种介质的密度不同和声波在其中传播的速度不同，在分界面上超声波会产生反射和折射，而当超声波从液体或固体传播到气体，或相反的情况下，由于两种介质的声阻抗相差悬殊，超声波几乎全反射。

超声波物位计就是利用声波的这种特性进行检测的。通过测量超声波从发射至被测物位界面接收到反射的回波的时间间隔来确定物位的高低，如图 6-53 所示。将超声波发射器置于容器底部，当它向液面发短促的脉冲时，在液面处将产生全反射而被超声接收器接收。若超声发射器和接收器（即探头）到液面的距离为 H，声波在液体中的传播速度为 v，则有如下关系：

$$H=\frac{1}{2}vt \tag{6-33}$$

式中，t 为超声波从发射到接收所经的时间间隔。

当超声波在液体中的传播速度 v 已知时，根据上式便可求得物位。

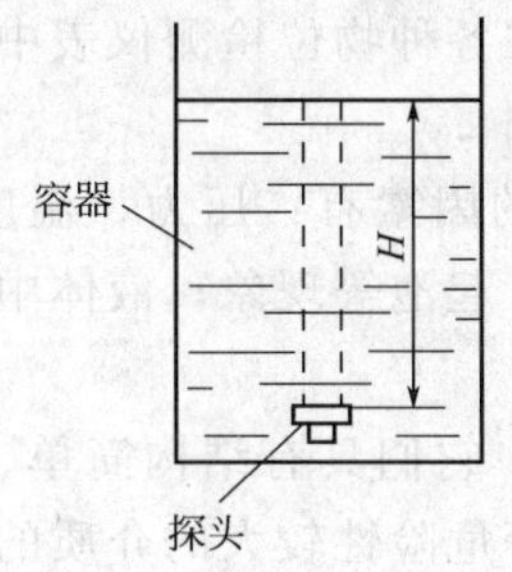

图 6-53 超声波检测原理

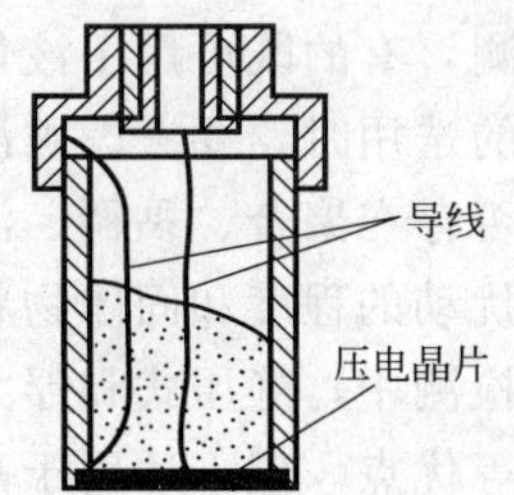

图 6-54 超声波换能器探头的常用结构

2. 超声波的接收和反射

超声波的接收和发射基于压电材料的压电效应。具有压电效应的压电晶体在受到声波声压的作用时，晶体两端将会产生与声压变化同步的电荷，从而把声波（机械能）转换成电能；反之，沿着晶体厚度方向也会产生与所加交变电压同频率的机械振动，向外发射声波，从而实现了电能向机械能的转换。

用作超声发射和接收的压电晶体也称为换能器，换能器的核心是压电片，根据不同的需要，压电片的振动方式很多，如薄片的厚度振动，横片的长度振动，纵片的长度振动，圆片的径向振动，圆管的厚度、长度、径向和扭转振动，弯曲振动等，其中以薄片厚度振动用得最多。由于压电晶体的各种绝缘、密封、防腐蚀、阻抗匹配及防护不良环境要求，往往装在一壳体内而构成探头，图 6-54 所示为超声波换能器探头的常用结构。

在超声检测中，需选择合适的超声波能量。若采用的超声波能量较高，可增加声波在介质中的传播距离，因此适用于物位测量范围较大的场合；另外，提高超声波发射的能量，有利于提高检测系统的测量准确度。但是，声能过强会引起一些不利的超声效应，对测量产生影响。例如，具有较高能量的超声波在液体介质中传播易产生空化效应；超声波在介质中传播时被吸收，可能引起介质的温升效应，超声能量越高，温升也越高，从而降低测量准确度。

为了减小上述各种不利的超声效应，同时也为了便于测量超声波的传播时间，在物位检测中通常采用较高频率的超声脉冲，既减少了单位时间内超声波的发射能量，又可提高超声脉冲的幅值和测量的准确度。

在超声换能器中，除了可采用压电材料外，还可采用磁致伸缩材料。在某些铁磁材料中，若沿某一方向施加磁场，则随着磁场的强弱变化，材料沿这一方向的长度就会发生变化，当施加的交变磁场的频率与该磁性体的机械固有频率相等时，磁性体就会产生共振，其伸缩量加大，这种现象称为磁致伸缩效应，能产生这种效应的材料即为磁致伸缩材料，利用磁致伸缩效应可以产生超声波。

外力（或应力、应变）作用将引起磁致伸缩材料内部发生形变，产生应力，使其各磁畴之间的界限发生移动，磁畴磁化强度矢量转动，从而材料的磁化强度和磁导率发生相应的变化，在磁致伸缩材料外加一个线圈，可以把材料的磁性变化转化为线圈电流的变化，因此可用来接收超声波。这种由于应力使磁性材料磁性性质变化的现象称为压磁效应，又称逆磁致伸缩效应。

6.5.6 物位检测仪表的使用

物位检测仪表的选择应当在深入了解工艺条件、被测介质的性质、测量控制系统要求的前提下，根据物位检测仪表自身的特性进行合理的选配。在各种物位检测仪表中，有的仅适用于液位检测，有的既可用于液位检测，也可用于料位检测。

在仪表的选用时，要考虑被测介质的特性。主要考虑的因素有：压力、温度、腐蚀性、导电性；是否存在聚合、黏稠、沉淀、结晶、结膜、汽化、起泡等现象；液体中悬浮物的多少以及液面扰动的程度和固体物料的粒度等。

在液位检测中，静压式和浮力式检测方法是最常用的，它们具有结构简单、工作可靠、准确度较高等优点。但不适用于高黏度介质或易燃、易爆等危险性较大的介质的液位检测。

电容式、声学式、射线式检测方法均可用于液位和料位的检测，其中电容式物位计具有检测原理和敏感元件结构简单等特点，缺点是电容量随物位的变化量较小，对电路的要求较高，而且介电常数易受温度的影响而引起电容量产生误差。

超声波物位计使用范围较广，只要界面的声阻抗不同，液位、粉末、块状的物位均可测量，敏感元件（换能器探头）可以不与被测介质直接接触，实现非接触式测量；但由于探头本身不能承受过高的温度，声速又与介质的温度等有关，并且有些介质对声波吸收能力较强，此外电子线路比较复杂，价格较高，因而超声波物位计的应用也受到一定限制。

6.6 温度检测仪表

6.6.1 概述

温度是表征物体冷热程度的物理量，描述物体内部分子无规则运动剧烈程度的标志，决定了一个系统是否与其他系统处于热平衡的宏观性质。物体的许多物理现象和化学性质都与温度有关，自然界中任何物理、化学过程都与温度紧密相连。所以，在工业生产和科学实验中，人们经常会遇到温度和温度检测与控制的问题。

1. 温标

温度通常用温标来进行数值表示，温标是用来量度物体温度高低的标尺。温标的表示包含温度的数值化和温度的测量单位两个方面的内容。目前常用的温标有热力学温标和国际温标。

(1) 热力学温标

热力学温标又称为开尔文温标，温度变量记为 T，单位为开［尔文］K，温标单位大小定义为水三相点的热力学温度的 1/273.16。

热力学温标是以热力学第二定律为基础的理论温标，与物体任何物理性质无关，被国际计量大会采纳为国际统一的基本温标。热力学温标规定分子运动停止时的温度为绝对零度。热力学温度不与某一特定的温度计相联系，与测量物质的性质无关，是由卡诺定理推导出来的，所以用热力学温标所表示的温度被认为是最理想的温度数值，是一种纯理论的值，实际中无法直接实现。

(2) 国际温标

在实际使用的过程中，为了使用的方便，采用国际温标来进行温度的表示。国际温标的指导思想是采用气体温度计测出一系列标准固定温度（相平衡点），以它为依据在固定点中间规定传递的仪器及温度值的内插公式。随着社会生产及科学技术的进步，温标的复现也在不断发展，内插仪器的研制、内插公式的探索等方面都取得了很大的进展，国际温标在不断更新和完善，准确度不断提高。

① 单位　1990 年国际温标（ITS-90）同时定义国际开尔文温度（变量符号为 T_{90}，单位为（K）和国际摄氏温度（变量符号为 t_{90}，单位为摄氏度℃)。水三相点的热力学温度为 273.15K，T_{90} 和 t_{90} 之间关系以温标定义中使用的与 273.15K 的差值来表示温度，即

$$t_{90}/℃ = T_{90}/\mathrm{K} - 273.15$$

② 1990 年国际温标（ITS-90）的定义　在 0.65～5.0K 之间，T_{90} 由 ^{3}He 和 ^{4}He 蒸气压与温度的关系式来定义。其中，^{3}He 蒸气压温度计覆盖 0.65～3.2K，^{4}He 蒸气温度计覆盖 1.25～5.0K。由 3.0K 到氖三相点（24.5561K）之间，采用 ^{3}He 和 ^{4}He 定容气体温度计来进行定义。平衡氢三相点（13.8033K）到银凝固点（961.78℃）之间，T_{90} 是用铂电阻温度计来定义的；银凝固点（961.78℃）以上，T_{90} 可使用单色辐射温度计或光学高温计来复现。

ITS-90 的定义固定点见表 6-4。

表 6-4　ITS-90 定义固定点

序号	温度		物质	状态	序号	温度		物质	状态
	T_{90}/K	t_{90}/℃	a	b		T_{90}/K	t_{90}/℃	a	b
1	3～5	−270.15～−268.15	He	V	10	302.9146	29.7646	Ga	M
2	13.8033	−259.3467	e-H_2	T	11	429.7485	156.5985	In	F
3	≈17	≈−256.15	e-H_2 或 He	V 或 G	12	505.078	231.928	Sn	F
4	≈20.3	≈−252.89	e-H_2 或 He	V 或 G	13	692.677	419.527	Zn	F
5	24.5561	−248.5939	Ne	T	14	933.473	660.323	Al	F
6	54.3584	−218.7961	O_2	T	15	1234.93	961.78	Ag	F
7	83.8058	−189.3442	Ar	T	16	1337.33	1064.18	Au	F
8	234.3156	−38.8344	Hg	T	17	1357.77	1084.62	Cu	F
9	273.16	0.01	H_2O	T					

注：1. 除 ^{3}He 外，其他物质均为自然同位素成分，e-H_2 为正、仲分子态处于平衡浓度时的氢。

2. 对于这些不同状态的定义，以及有关复现这些不同状态的建议，可参阅“ITS-90 补充资料”。

3. 表中 V—蒸汽压点；T—三相点，在此温度下，固、液、蒸气相呈平衡状态；G—气体温度计点；M，F—熔点和凝固点，在 101325Pa 压力下，固、液相平衡温度。

③ 摄氏温标和华氏温标　是根据液体（水银）受热后体积膨胀的性质建立起来的。现在都已由国际温标给予标定。

摄氏温标规定在标准大气压下纯水的冰点为0℃，水的沸点为100℃，在0～100℃之间划分100等份，每等份为1℃。温度变量记为t。华氏温标规定在标准大气压下纯水的冰点为32°F，水的沸点为212°F，中间划分180等份，每等份为1°F。温度变量记为t_F。摄氏温度值t和华氏温度值t_F之间的关系为

$$t=\frac{5}{9}(t_F-32)$$

$$t_F=\frac{9}{5}t+32$$

可见，用不同的温标所确定的温度数值是不同的。

2. 温度的检测方法和分类

温度测量仪表按敏感元件是否与被测介质接触分为接触式和非接触式两类。

接触式测温仪表结构原理比较简单、可靠、测温精度高。主要包括基于物体受热体积膨胀或长度伸缩性质的膨胀式温度检测仪表、基于热电效应的热电偶温度检测仪表等；接触式检测仪表由于测温元件与被测介质需要进行充分的热交换，需要一定的时间才能达到热平衡，所以将存在测温的延迟现象。同时测温元件容易破坏被测对象的温度场，并有可能与被测介质产生化学反应。

非接触式测温仪表是利用物体的热辐射与温度之间的关系来进行温度测量的。由于测温敏感元件无须与被测介质接触，且测温范围广、反应迅速、灵敏度较高，得到了广泛的应用。但非接触式测温仪表受到物体的发射率、对象到仪表之间的距离、烟尘和水蒸气的影响，其测量误差比较大。

常用温度检测仪表的分类见表6-5。

表6-5　常用温度检测仪表的分类

测温方式	测温原理或敏感元件		温度传感器或测温仪表
接触式	体积变化	固体热膨胀	双金属温度计
		液体热膨胀	玻璃液体温度计、液体压力式温度计
		气体热膨胀	气体温度计、气体压力式温度计
	电阻变化	金属热电阻	铂、铜、铁电阻温度计
		半导体热敏电阻	碳、锗、金属氧化物等半导体温度计
	电压变化	PN结电压	PN结数字温度计
	热电势变化	廉价金属热电偶	镍铬-镍硅热电偶、铜-康铜热电偶等
		贵重金属热电偶	铂铑$_{10}$-铂热电偶、铂铑$_{30}$-铂$_6$热电偶等
		难熔金属热电偶	钨铼系热电偶、钨钼系热电偶等
		非金属热电偶	碳化物-硼化物热电偶等
	频率变化	石英晶体	石英晶体温度计
	其他	其他	光纤温度传感器、声学温度计等
非接触式	热辐射能量变化	比色法	比色高温计
		全辐射法	辐射感温式温度计
		亮度法	目视亮度高温计、光电亮度高温计等
		其他	红外温度计、火焰温度计、光谱温度计等

6.6.2 热电偶温度计

由热电式检测元件的热电效应可知，任何两种不同的导体组成的闭合回路，如果将它们的两个接点分别置于不同的温度场中，则在该回路内就会产生热电势。这两种不同半导体的组合即为热电偶。组成热电偶的两种导体称为热电极。两个接点中置于被测的热源中的一端称为工作端，又称测量端或热端；另一端称为自由端、参考端或冷端。

由热电效应可知，闭合回路中产生的热电势由两部分组成，即接触电势和温差电势。则热电偶的电势可表示为

$$E(t,t_0)=E(t,0)-E(t_0,0) \tag{6-34}$$

这就是热电偶测温的基本公式。

1. 标准化热电偶与分度表

为了保证在工程测量中应用可靠，并具有足够的准确度，对热电偶电极材料有以下要求。

① 在测温范围内，热电性质稳定。如不随时间和被测介质变化、物理化学性能稳定、不易氧化或被腐蚀等。

② 热电偶的热电势随温度的变化率在测温范围内要接近常数。

③ 电导率要高，且电阻温度系数要小。

④ 材料的机械强度要高，价格便宜。

实际上并非所有的材料都能满足上述全部要求。目前国际上有 8 种国际电工委员会（IEC）认证的性能较好的标准热电偶，其名称用专用字母来表示，这个字母即分度号。表 6-6 给出了这些标准化热电偶的名称、分度号（即热电偶的型号）以及可测的温度范围和主要性能。表中所列的每种型号的热电材料前者为热电偶的正极，后者为负极。

表 6-6 标准化热电偶

热电偶名称	分度号	测温范围/℃		特点及应用场合
		长期使用	短期使用	
铂铑$_{10}$-铂	S	0～1300	1700	热电特性稳定，抗氧化性能好，测温范围广，测量精度高，热电势小，线性差且价格高，可作为基准热耦合，用于精密测量
铂铑$_{13}$-铂	R	0～1300	1700	与S型热电偶的性能几乎相同，只是热电势同比大15%
铂铑$_{30}$-铂铑$_{6}$	B	0～1600	1800	测量上限高，稳定性好，在冷端低于100℃不用考虑温度补偿问题，热电势小，线性较差，价格高，使用寿命远高于S型和R型
镍铬-镍硅	K	−270～1000	1300	热电势大，线性好，性能稳定，价格较便宜，抗氧性能好，广泛应用于高温测量
镍铬硅-镍硅	N	−270～1200	1300	在相同条件下，特别在1100～1300℃高温条件下，高温稳定性及使用寿命较K型有成倍提高，其价格远低于S型热电偶，而性能与其接近，在−200～1300℃范围内，有全面代替廉价金属热电偶和部分S型热电偶的趋势
铜-铜镍（康铜）	T	−270～350	400	准确度高，价格便宜，广泛应用于低温测量
镍铬-铜镍（康铜）	E	−270～870	1000	热电势较大，中低温稳定性好，耐磨蚀，价格便宜，广泛应用于中低温测量
铁-铜镍（康铜）	J	−210～750	1200	价格便宜，耐 H_2 和 CO_2 气体腐蚀，在含碳或铁的条件下使用也很稳定，适用于化工生产过程的温度测量

由式(6-34) 可知，当冷端温度 t_0 一定时，$E(t_0，0)=C$(常数)。对确定的热电偶，其总电势是温度 t 的单值函数，即

$$E(t,t_0)=f(t)+C=\varphi(t) \tag{6-35}$$

根据国际温标规定：$t_0=0℃$时，用实验的方法测出各种不同热电极组合的热电偶在不同的工作温度下所产生的热电势值，列成表格，即分度表。显然，当$t=0℃$时热电势为零。分度表是热电偶测量的主要依据。常见热电偶的分度表见表 6-7～表 6-10。

表 6-7 铂铑$_{10}$-铂热电偶分度表（分度号：S）

温度/℃	0	10	20	30	40	50	60	70	80	90
	热电势/mV									
0	0.000	0.055	0.113	0.173	0.235	0.299	0.365	0.432	0.502	0.573
100	0.645	0.719	0.795	0.872	0.950	1.029	1.109	1.190	1.273	1.356
200	1.440	1.525	1.611	1.698	1.785	1.873	1.962	2.051	2.141	2.232
300	2.323	2.414	2.506	2.599	2.692	2.786	2.880	2.974	3.069	3.164
400	3.260	3.356	3.452	3.549	3.645	3.743	3.840	3.938	4.036	4.135
500	4.234	4.333	4.432	4.532	4.632	4.732	4.832	4.933	5.034	5.136
600	5.237	5.339	5.442	5.544	5.648	5.751	5.855	5.960	6.065	6.169
700	6.274	6.380	6.486	6.592	6.699	6.805	6.913	7.020	7.128	7.236
800	7.345	7.454	7.563	7.672	7.782	7.892	8.003	8.114	8.255	8.336
900	8.448	8.560	8.673	8.786	8.899	9.012	9.126	9.240	9.355	9.470
1000	9.585	9.700	9.816	9.932	10.048	10.165	10.282	10.400	10.517	10.635
1100	10.754	10.872	10.991	11.110	11.229	11.348	11.467	11.587	11.707	11.827
1200	11.947	12.067	12.188	12.308	12.429	12.550	12.671	12.792	12.912	13.034
1300	13.155	13.397	13.397	13.519	13.640	13.761	13.883	14.004	14.125	14.247
1400	14.368	14.610	14.610	14.731	14.852	14.973	15.094	15.215	15.336	15.456
1500	15.576	15.697	15.817	15.937	16.057	16.176	16.296	16.415	16.534	16.653
1600	16.771	16.890	17.008	17.125	17.243	17.360	17.477	17.594	17.711	17.826
1700	17.942	18.056	18.170	18.282	18.394	18.504	18.612	—	—	—

注：参考端温度为 0℃。

表 6-8 铂铑$_{30}$-铂铑$_6$ 热电偶分度表（分度号：B）

温度/℃	0	10	20	30	40	50	60	70	80	90
	热电势/mV									
0	−0.000	−0.002	−0.003	0.002	0.000	0.002	0.006	0.11	0.017	0.025
100	0.033	0.043	0.053	0.065	0.078	0.092	0.107	0.123	0.140	0.159
200	0.178	0.199	0.220	0.243	0.266	0.291	0.317	0.344	0.372	0.401
300	0.431	0.462	0.494	0.527	0.516	0.596	0.632	0.669	0.707	0.746
400	0.786	0.827	0.870	0.913	0.957	1.002	1.048	1.095	1.143	1.192
500	1.241	1.292	1.344	1.397	1.450	1.505	1.560	1.617	1.674	1.732

续表

温度/℃	0	10	20	30	40	50	60	70	80	90
	热电势/mV									
600	1.791	1.851	1.912	1.974	2.036	2.100	2.164	2.230	2.296	2.363
700	2.430	2.499	2.569	2.639	2.710	2.782	2.855	2.928	3.003	3.078
800	3.154	3.231	3.308	3.387	3.466	3.546	2.626	3.708	3.790	3.873
900	3.957	4.041	4.126	4.212	4.298	4.386	4.474	4.562	4.652	4.742
1000	4.833	4.924	5.016	5.109	5.202	5.2997	5.391	5.487	5.583	5.680
1100	5.777	5.875	5.973	6.073	6.172	6.273	6.374	6.475	6.577	6.680
1200	6.783	6.887	6.991	7.096	7.202	7.038	7.414	7.521	7.628	7.736
1300	7.845	7.953	8.063	8.172	8.283	8.393	8.504	8.616	8.727	8.839
1400	8.952	9.065	9.178	9.291	9.405	9.519	9.634	9.748	9.863	9.979
1500	10.094	10.210	10.325	10.441	10.588	10.674	10.790	10.907	11.024	11.141
1600	11.257	11.374	11.491	11.608	11.725	11.842	11.959	12.076	12.193	12.310
1700	12.426	12.543	12.659	12.776	12.892	13.008	13.124	13.239	13.354	13.470
1800	13.585	13.699	13.814	—	—	—	—	—	—	—

注：参考端温度为0℃。

表 6-9　镍铬-镍硅热电偶分度表（分度号：K）

温度/℃	0	10	20	30	40	50	60	70	80	90
	热电势/mV									
0	0.000	0.397	0.798	1.203	1.611	2.022	2.436	2.850	3.266	3.681
100	4.095	4.508	4.919	5.327	5.733	6.137	6.539	6.939	7.338	7.737
200	8.137	8.537	8.938	9.341	9.745	10.151	10.560	10.969	11.381	11.793
300	12.207	12.623	13.039	13.456	13.874	14.292	14.712	15.132	15.552	15.974
400	16.395	16.818	17.241	17.664	18.088	18.513	18.938	19.363	19.788	20.214
500	20.640	21.066	21.493	21.919	22.346	22.772	23.198	23.624	24.050	24.476
600	24.902	25.327	25.751	26.176	26.599	27.022	27.445	27.867	28.288	28.709
700	29.128	29.547	29.965	30.383	30.799	31.214	31.214	32.042	32.455	32.866
800	33.277	33.686	34.095	34.502	34.909	35.314	35.718	36.121	36.524	36.925
900	37.325	37.724	38.122	38.915	38.915	39.310	39.703	40.096	40.488	40.879
1000	41.269	41.657	42.045	42.432	42.817	43.202	43.585	43.968	44.349	44.729
1100	45.108	45.486	45.863	46.238	46.612	46.985	47.356	47.726	48.095	48.462
1200	48.828	49.192	49.555	49.916	50.276	50.633	50.990	51.344	51.697	52.049
1300	52.398	52.747	53.093	53.439	53.782	54.125	54.466	54.807	—	—

注：参考端温度为0℃。

表 6-10 铜-康铜热电偶分度表（分度号：T）

温度/℃	0	10	20	30	40	50	60	70	80	90
	热电势/mV									
−200	−5.603	—	—	—	—	—	—	—	—	—
−100	−3.378	−3.378	−3.923	−4.177	−4.419	−4.648	−4.865	−5.069	−5.261	−5.439
0	0.000	0.383	−0.757	−1.121	−1.475	−1.819	−2.152	−2.475	−2.788	−3.089
0	0.000	0.391	0.789	1.196	1.611	2.035	2.467	2.980	3.357	3.813
100	4.277	4.749	5.227	5.712	6.204	6.702	7.207	7.718	8.235	8.757
200	9.268	9.820	10.360	10.905	11.456	12.011	12.572	13.137	13.707	14.281
300	14.860	15.443	16.030	16.621	17.217	17.816	18.420	19.027	19.638	20.252
400	20.869	—	—	—	—	—	—	—	—	—

注：参考端温度为 0℃。

【例 6-1】 K 型热电偶在工作时自由端温度 $t_0=30$℃，现测得热电偶的电势为 33.3mV，求被测介质的实际温度。

解 由题意知：热电测得电势为 $E(t, 30)$，即 $E(t, 30)=33.3$mV，其中 t 为被测介质温度。由分度表可查得 $E(30, 0)=1.203$mV，则

$$E(t,0)=E(t,30)+E(30,0)=33.3+1.203=34.503\ (\text{mV})$$

再由分度表中查出与其对应的实际温度为 830℃。

2. 热电偶自由端温度的处理

从热电偶测温基本公式可以看出，热电偶回路的热电势的大小不仅与热端温度有关，而且与冷端温度有关，只有冷端温度保持不变时，热电势才是被测热端温度的单值函数。根据国际温标规定，热电偶的分度表是以冷端温度为 0℃，作为基准进行分度的。然而在实际应用中，自由端温度很难保持恒定，保持在 0℃就更难。因此需要对冷端进行处理，消除冷端温度变化和不为 0℃所产生的影响，进行冷端温度补偿。

(1) 补偿导线法

热电偶一般做得较短，应用时常常需要把热电偶输出的电势信号传输至数十米远的控制室的显示仪表或控制仪表。如图 6-55 所示，由于热电偶末端（即自由端）仍在被测介质（设备）附近，而且 t_0' 易随现场环境变化。因此可把热电偶延长，直接引到控制室，这样热电偶回路的热电势为 $E(t, t_0)$，自由端温度 t_0 由于远离现场则相对比较稳定。但这种加长热电偶的方法对于廉价金属热电偶还可以，而对于贵金属热电偶来说价格则太高。因此，希望采用一对廉价的金属导线来进行冷端的延长，这对导线即是“补偿导线”。

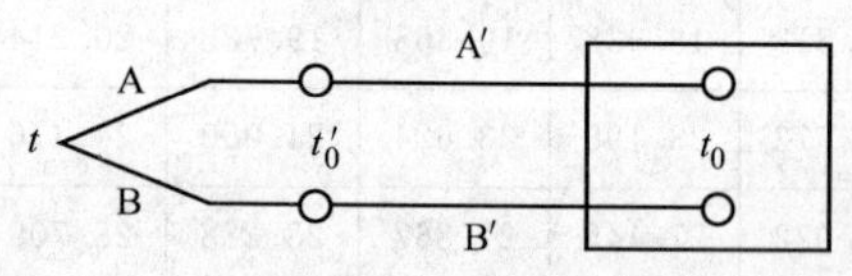

图 6-55 带补偿导线的热电偶测温系统示意图

补偿导线在一定温度范围内（0～100℃）与所配接的热电偶具有相同的热电特性，是由两种不同性质的廉价金属材料制成的。在图 6-55 所示的热电偶测温系统示意图中，可以用补偿导线（连接导线）来连接热电偶和显示仪表，补偿导线的使用仅相当于将热电极的冷端延伸至显示仪表的接线端，使得热电偶回路热电势仅与 t 和 t_0 有关，t_0'的变化对热电势不产生影响。补偿导线达到了移动热电偶冷端位置的目的。

常用热电偶补偿导线见表 6-11。补偿导线分为延伸型（X）补偿导线和补偿型（C）补偿导线。表中补偿导线型号的第一个字母与配用热电偶的型号相对应；第二个字母若为“X”，表示这种补偿导线属于延伸型补偿导线，其材料与热电极材料相同；而若第二个字母为“C”则表示这种导线属于补偿型补偿导线，其材料与对应热电极材料不同。

表 6-11 常用热电偶补偿导线

补偿导线型号	配用热电偶	补偿导线材料		补偿导线绝缘层着色	
		正极	负极	正极	负极
SC	S	铜	铜镍合金	红色	绿色
KC	K	铜	铜镍合金	红色	蓝色
KX	K	镍铬合金	镍硅合金	红色	黑色
EX	E	镍硅合金	铜镍合金	红色	棕色
JX	J	铁	铜镍合金	红色	紫色
TX	T	铜	铜镍合金	红色	白色

在使用补偿导线时，由于不同型号的热电偶有不同的补偿导线，要注意补偿导线型号与热电偶型号匹配、正负极与热电偶正负极对应连接、补偿导线所处温度不超过 100℃，否则将造成测量误差，在使用补偿导线时必须注意以下问题。另外，热电偶和补偿导线的两个接点处要保持同温度。由于补偿导线的作用只是延伸热电偶的自由端，当自由端温度 $t_0 \neq 0$ 时，还需进行其他补偿与修正。

（2）计算修正法

当用补偿导线把热电偶的自由端延长到 t_0 处（通常是环境温度）时，只要知道该温度值，并测出热电偶回路的电势值，通过查表计算的方法，就可以求得被测实际温度。计算过程详见例 6-1。

已知热电偶的自由端温度为 t_0，被测温度为 t 时，所测得的电势值为 $E(t, t_0)$，利用分度表先查出 $E(t_0, 0)$ 的数值，根据中间温度定律，用式(6-35) 进行修正，计算得到电势 $E(t, 0)$，最后按照该值再查分度表得出被测温度 t。

这种方法由于需要人工计算、查表，主要应用于实验室的测温，不能应用于生产过程的连续测量。

（3）自由端恒温法

在实验室及精密测量中，使自由端温度保持在 0℃的方法也称为冰浴法。在工业应用时，可将补偿导线的末端（即热电偶的自由端）引至电加热的恒温器中，使其维持在某一恒定的温度。

（4）自动补偿法

自动补偿法目前主要采用补偿电桥，补偿电桥法利用不平衡电桥产生的不平衡电势来补偿因冷端温度变化而引起的热电势变化值，可以自动地将冷端温度校正到补偿电桥的平衡点温度。如图 6-56 所示，电桥由电阻 R_1、R_2、R_3、R_{Cu} 组成，R_1、R_2、R_3 均由锰铜丝绕制，R_{Cu} 是用铜导线绕制的温度补偿电阻，与热电偶自由端处于同一温度场中。当 $t_0 = 0$℃时，$R_{Cu} = R_1 = R_2 = R_3 = 1\Omega$，这时电桥平衡，无电压输出，回路中的电势就是热电偶产生的电势，即为 $E(t, 0)$。当 t_0 变化时，R_{Cu} 也将改变，于是电桥两端 A、B 就会输出一个不平衡电压 U_{AB}。如选择适当的 R_s，可使电桥的输出电压 $U_{AB} = E(t_0, 0)$，如图 6-56 所示，回路

中的总电势仍为 $E(t, 0)$，从而起到了自由端温度的自动补偿。由补偿电桥以及为电桥供电的电源和 R_s 组成的电路称为补偿器。由于不同型号热电偶的 $E(t_0, 0)$ 不同，因此，补偿器要和热电偶一一对应配套使用。

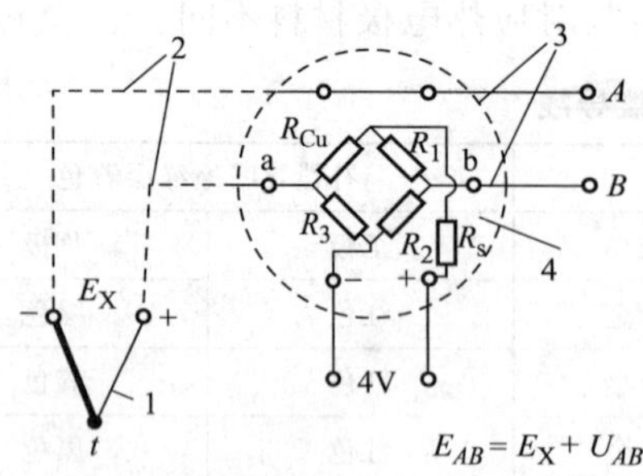

图 6-56 热电偶冷端补偿电桥

1—热电偶；2—补偿导线；
3—铜导线；4—补偿电桥

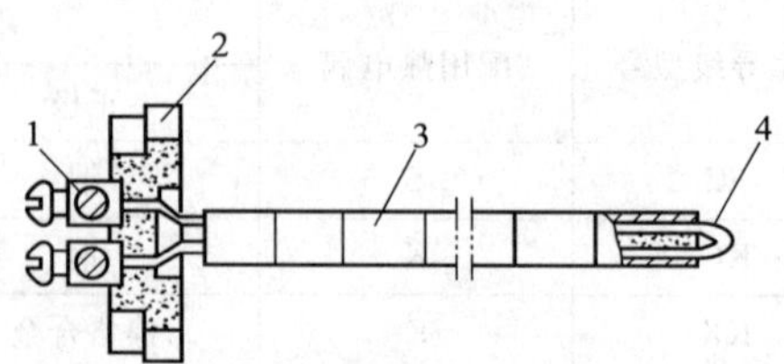

图 6-57 普通型热电偶

1—接线柱；2—接线座；
3—绝缘套管；4—热电极

3. 热电偶的类型

在工业生产过程中，根据用途和安装位置不同，热电偶具有多种结构形式。

(1) 普通型热电偶

普通型热电偶通常由热电极、绝缘材料、保护套管和接线盒等主要部分组成，如图 6-57 所示。其中，热电极、绝缘套管和接线座组成热电偶的感温元件，一般制成通用性部件，可以装在不同的保护管和接线盒中。接线座作为热电偶感温元件和热电偶接线盒的连接件，将感温元件固定在接线盒上，其材料一般使用耐火陶瓷。

热电极作为测温敏感元件，其直径由材料价格、机械强度、电导率以及热电偶的测量范围等决定。贵重金属的热电极大多采用直径为 0.3～0.65mm 的细丝，普通金属的热电极直径一般为 0.5～3.2mm。

绝缘套管用于防止两根热电极短路，保证热电偶两电极之间以及电极与保护套管之间的电气绝缘。

保护套管在热电极和绝缘套管外边，其作用是保护固定和支撑热电极，使之不受化学腐蚀和机械损伤。作为保护套管的材料应具有耐高温、耐蚀、气密性好、机械强度高、热导率高、抗振性好等性能，目前有金属、非金属和金属陶瓷三类，其中不锈钢是最常用的一种，可用于温度在 900℃以下的场合。

接线盒用来连接热电偶端和外接导线，用于保护热电极不受外界环境侵蚀和外界导线与接线柱接触良好。

(2) 铠装热电偶

铠装热电偶是由热电偶丝、绝缘材料和金属套管三者经焊接密封和装配等工艺制成的坚实的组合体，可以做得很长、很细，在使用中可以随测量需要任意弯曲。金属套管材料有铜、不锈钢（1Cr18Ni9Ti）和镍基高温合金（GH30）等，绝缘材料常使用电熔氧化镁、氧化铝、氧化铍等的粉末，热电极无特殊要求。套管中热电极有单支（双芯）、双支（四芯），彼此间互不接触。我国已生产 S 型、R 型、B 型、K 型、E 型、J 型和铱铑$_{40}$-铱等铠装热电偶，套管长达 100m 以上，管外径最细能达 0.25mm。

铠装热电偶已达到标准化、系列化。铠装热电偶的主要特点是测量端热容量小，动态响应快；可挠性好，可安装在结构复杂的装置上，具有良好的柔软性，强度高，耐压、耐振、耐冲击，因此被广泛应用于工业生产过程中。

(3) 薄膜热电偶

薄膜热电偶是由两种金属薄膜在绝缘基板上连接而成的一种特殊结构的热电偶，绝缘基板的厚度一般为0.2mm，热电极膜采用真空蒸镀方法形成，厚度只有3～6μm。由于薄膜热电偶的测量端既小又薄，热容量很小，可用于微小面积的温度测量；动态响应快，可测量快速变化的表面温度，时间常数小于用于－200～300℃范围。

(4) 表面热电偶

10ms。测量时由于使用温度受黏合剂和衬垫材料限制，目前只能表面热电偶主要用于测量金属块、炉壁、涡轮叶片、轧辊等固体表面温度。

(5) 浸入式热电偶

浸入式热电偶主要用于测量钢水、铜水、铝水以及熔融合金的温度。

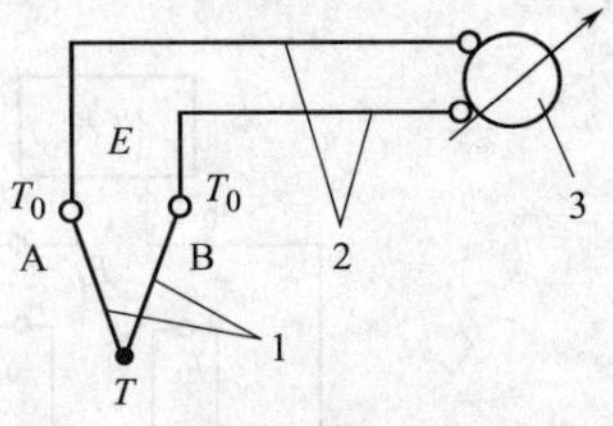

图 6-58 测量单点温度的基本测温线路

1—热电偶；2—连接导线；3—显示仪表

4. 热电偶的测量线路

(1) 测量单点温度的基本测温线路

这种测温线路如图 6-58 所示。

(2) 测量两点之间温差的测温线路

如图 6-59 所示，用两只同型号的热电偶，配用相同的补偿导线，采用反向连接方式，这时仪表即可测得两点温度之差，即

$$E_t = E(t_1) - E(t_2) \tag{6-36}$$

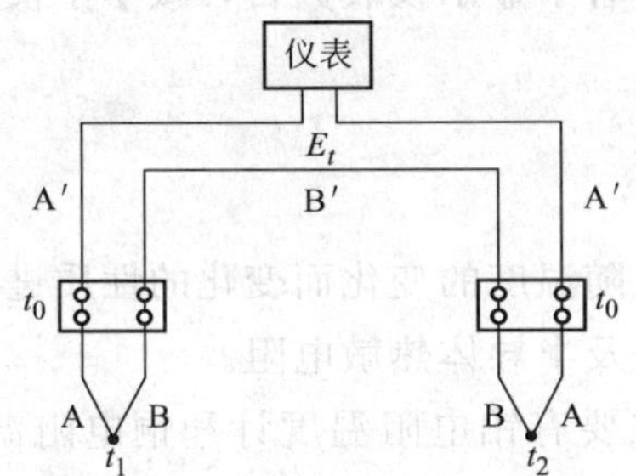

图 6-59 测量两点之间温差的测温线路

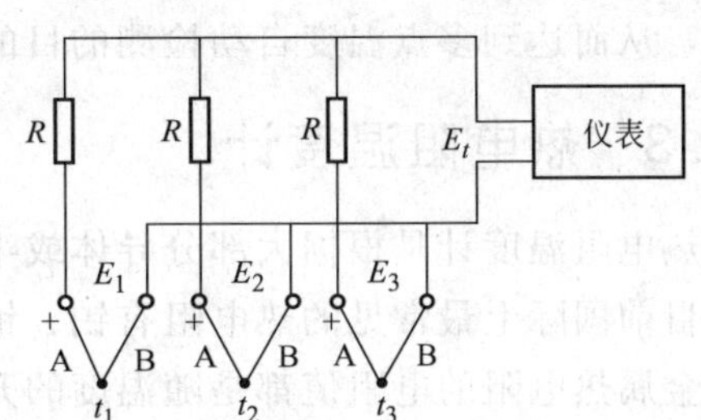

图 6-60 测量平均温度的测温线路

(3) 测量平均温度的测温线路

如图 6-60 所示，将几只型号的热电偶并联在一起，且要求三只热电偶都工作在线性段。测量仪表中指示的即为三只热电偶输出电势的平均值。这种方法可测量多点的平均温度，但是若其中有一只热电偶烧断，不能够很快地觉察出来。图 6-60 中，输出电势为

$$E_{平均} = \frac{E_1 + E_2 + E_3}{3} \tag{6-37}$$

(4) 测量几点温度之和的测温线路

如图 6-61 所示，利用同类型的热电偶串联，可以测量几点温度之和，也可以测量几点的平均温度。这种方法可以避免并联线路的缺点。若其中有一只热电偶烧断，总的热电势消失，可以立即知道有热电偶烧断。图 6-61 中，回路的总热电势为

$$E_t = E_1 + E_2 + E_3 \tag{6-38}$$

如果要测量平均温度，则

$$E_{平均} = \frac{E_t}{3} \tag{6-39}$$

(5) 若干只热电偶共用一台仪表的测量线路

如图 6-62 所示，在进行多点测温时，将若干只热电偶通过模拟式切换开关接在同一台测量仪表上，接入测量仪表的各只热电偶的型号必须相同，且测量范围均在显示仪表的量程内。

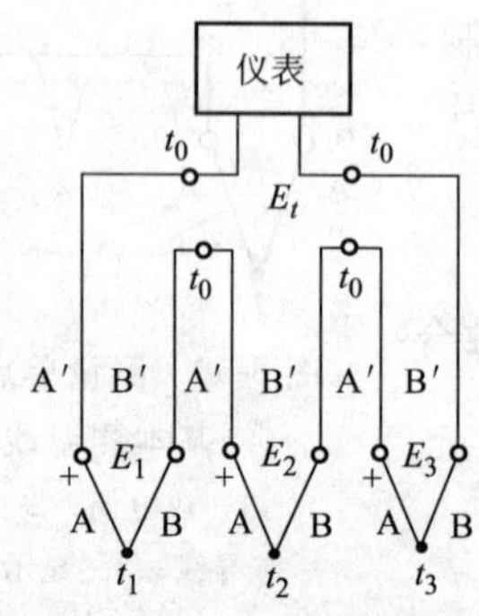

图 6-61 测量几点温度之和的测温线路

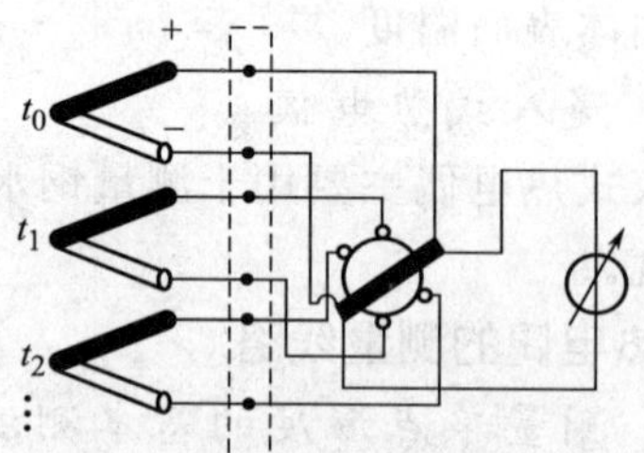

图 6-62 若干只热电偶共用一台仪表的测温线

在实际测量中，若不需要进行大量测量点的连续测量，只需要进行定时检测时，就可以把若干只热电偶通过手动或自动切换开关接至一台测量仪表上，按要求显示各测量点的被测数值。切换开关的触点可有十几对到数百对，大大地节省了显示仪表数目，减小了仪表箱的尺寸，从而达到多点温度自动检测的目的。

6.6.3 热电阻温度计

热电阻温度计是根据大部分导体或半导体的电阻值随温度的变化而变化的性质进行工作的。目前国际上最常见的热电阻有铂、铜等金属热电阻及半导体热敏电阻。

金属热电阻的电阻值都是随温度的升高而增大，主要有铂电阻温度计和铜电阻温度计，其温度与电阻值之间的关系分别由式(3-25) 和式(3-27) 给出。

热电阻温度计外形与热电偶温度计相同，工业用普通热电阻温度计一般由电阻体、绝缘套管、保护管、接线盒和连接电阻体与接线盒的引出线等部件组成。绝缘套管一般使用双芯或四芯氧化铝绝缘材料，引出线穿过绝缘套管，和电阻体一起装在保护管内。

1. 铂电阻

由 3.2 节可知，铂电阻的稳定性极强，在氧化性介质中，甚至在高温下其物理、化学性质都非常稳定，且易于提纯。

目前我国常用的铂电阻有 Pt100 和 Pt10，其中最常用的是 Pt100，即 $R(0℃) = 100.00\Omega$，其分度表见表 6-12。作为热电阻的铂丝，一般要求有尽可能高的化学纯度。铂电阻的纯度以电阻 $R(100℃)/R(0℃)$来表示。工业环境下使用的铂电阻温度计的纯度要求大于 1.3851。

表 6-12　Pt100 铂电阻分度表

t/℃	−200	−190	−180	−170	−160	−150	−140	−130	−120	−110	−100
R/Ω	18.52	22.83	27.1	31.34	35.54	39.72	43.88	48	52.11	56.19	60.26
t/℃	−90	−80	−70	−60	−50	−40	−30	−20	−10	0	10
R/Ω	64.3	68.33	72.33	76.33	80.31	84.27	88.22	92.16	96.09	100	103.9
t/℃	20	30	40	50	60	70	80	90	100	110	120
R/Ω	107.79	111.67	115.54	119.4	123.24	127.08	130.9	134.71	138.51	142.29	146.07
t/℃	130	140	150	160	170	180	190	200	210	220	230
R/Ω	149.83	153.58	157.33	161.05	164.77	168.48	172.17	175.86	179.53	183.19	186.84
t/℃	240	250	260	270	280	290	300	310	320	330	340
R/Ω	190.47	194.1	197.71	201.31	204.9	208.48	212.05	215.61	219.15	222.68	226.21
t/℃	350	360	370	380	390	400	410	420	430	440	450
R/Ω	229.72	233.21	236.7	240.18	243.64	247.09	250.53	253.96	257.38	260.78	264.18
t/℃	460	470	480	490	500	510	520	530	540	550	560
R/Ω	267.56	270.93	274.29	277.64	280.98	284.3	287.62	290.92	294.21	297.49	300.75
t/℃	570	580	590	600	610	620	630	640	650	660	670
R/Ω	304.01	307.25	310.49	313.71	316.92	320.12	323.3	326.48	329.64	332.79	335.93
t/℃	680	690	700	710	720	730	740	750	760	770	780
R/Ω	339.06	342.18	345.28	348.38	351.46	354.53	359.59	360.64	363.67	366.7	369.71
t/℃	790	800	810	820	830	840	850				
R/Ω	372.71	375.7	378.68	381.65	384.6	387.55	390.84				

铂电阻体常见形式如图 6-63 所示。图 6-63(a) 中采用云母片制作骨架，将铂丝绕在云母骨架上，铂丝采用双线法绕制（以消除电感），然后用两片无锯齿云母夹住，用银带扎紧。图 6-63(b) 采用石英玻璃，把铂丝双绕在直径为 3mm 的具有良好绝缘和耐高温特性的石英玻璃上。同时在石英管外再套一个外径为 5mm 的石英管，以便使铂丝绝缘和不受化学腐蚀、机械损伤，采用银丝作为引出线。

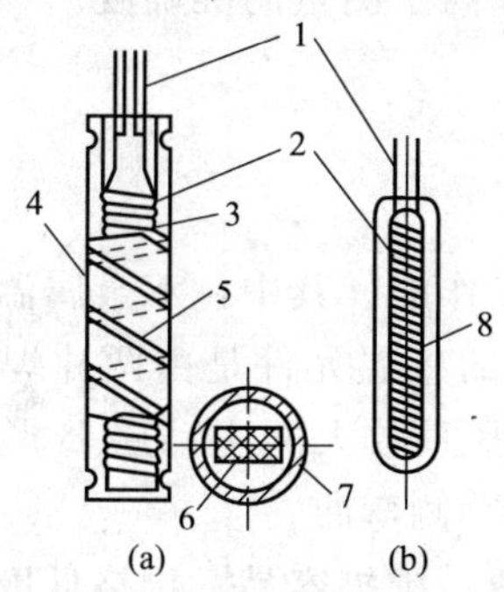

图 6-63　铂电阻体

1—银引出线；2—铂丝；3—锯齿形云母骨架；4—保护用云母片；5—银绑带；6—铜电阻横截面；7—保护套管；8—石英骨架

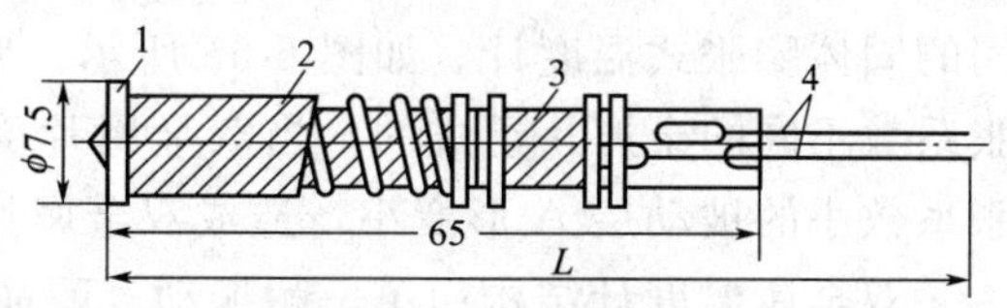

图 6-64　铜电阻体

1—线圈骨架；2—铜热电阻丝；3—补偿组；4—铜引出线

2. 铜电阻

铜电阻也是工业上普遍使用的热电阻。铜容易加工提取，且价格便宜，线性较好，在－50～150℃内具有很好的稳定性，但温度超过100℃时，容易被氧化。所以在一些测量准确度要求不很高、且温度较低场合铜电阻温度计用得较多。

目前我国工业上常用的铜电阻有Cu50和Cu100两种，其$R(0℃)$分别为50Ω和100Ω。其分度表见表6-13、表6-14。

铜电阻体的结构如图6-64所示。其中，用双线绕法将直径约0.1mm的绝缘铜线分层绕在圆柱形塑料支架上，引出线为直径1mm的铜丝或镀银铜丝。

表6-13 Cu50铜热电阻分度表

温度/℃	0	10	20	30	40	50	60	70	80	90
	电阻值/Ω									
－0	50.00	47.85	45.70	43.55	41.40	39.24	—	—	—	—
0	50.00	52.14	54.28	56.42	58.56	60.70	62.84	64.98	67.12	69.26
100	71.40	73.54	75.68	77.83	79.98	82.13	—	—	—	—

表6-14 Cu100铜热电阻分度表

温度/℃	0	10	20	30	40	50	60	70	80	90
	电阻值/Ω									
－0	100.00	95.70	91.40	87.10	82.80	78.49	—	—	—	—
0	100.00	104.28	108.56	112.84	117.12	121.40	129.96	129.96	134.24	138.52
100	142.80	147.08	151.36	155.66	159.96	164.27	—	—	—	—

在热电阻温度检测系统中，将热电阻和变送器或者显示仪表相连的引线电阻大小对测量结果有较大的影响。对于铂电阻，引线每增加5Ω，将会引起10℃左右的测量误差。为了减小引线电阻的影响，引线可采用三根（其中两根引线来自热电阻的一个引出端，另一根引线接至热电阻的另一个引出端，三根引线分别接到变送器或显示仪表输入电路的电桥的电源和两个桥臂），这种引线方式即为三线制接法。在三线制接法中，由于引线分别接在电桥的两个桥臂上，温度或长度的变化引起引线电阻的变化将同时影响两个桥臂的电阻，但对电桥总的输出影响不大，从而较好地消除了引线电阻的影响，提高了测量的准确度。

6.6.4 其他温度检测仪表

1. 固体膨胀式温度计

固体膨胀式温度计是基于固体的热胀冷缩特性进行工作的。其中，双金属温度计是最常用的固体膨胀式温度计。如图6-65所示，双金属温度计的感温元件是由两片焊在一起的线胀系数不同的金属片组成的，当双金属片受热后由于线胀系数大的主动层B形变大，而线胀系数小的被动层A形变小，造成双金属片向被动层A一侧弯曲。

双金属温度计结构简单、耐振动、耐冲击、使用方便、维护容易、价格低廉，适于振动较大场合的温度测量。双金属片常被用作温度继电器控制器、极值温度信号器或仪表的温度补偿器。如图6-66所示，当温度上升时，双金属片1产生弯曲，当其与静触点2接触时，电路接通，信号灯亮。在图中，若用继电器代替信号灯，就可以实现继电器控制。

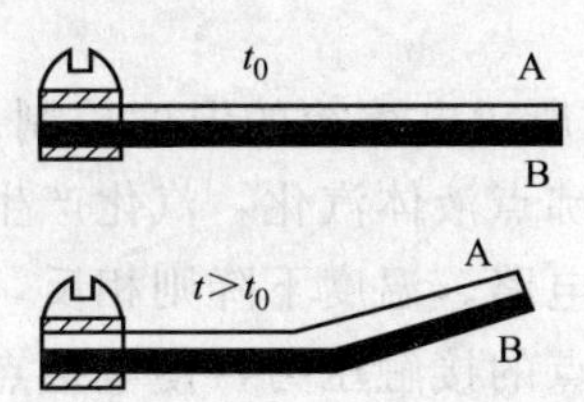

图 6-65 双金属片测温原理

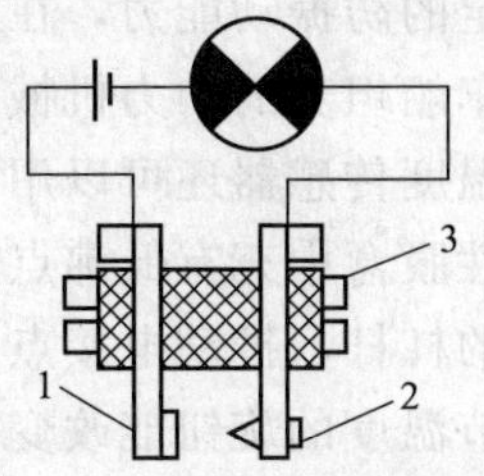

图 6-66 双金属片温控原理

1—动触点（双金属片）；2—静触点；3—支撑

在工业上常用的除了双金属片温度计之外，还有双金属片光纤温度计。

图 6-67 所示为工业上广泛使用的就地指示式双金属片温度计。其感温元件为螺旋形状的双金属片，一端固定，另一端连在度盘指针的心轴上。当温度发生变化时，双金属片产生的角位移带动指针指示出相应温度。在规定的温度范围内，双金属片的偏转角与温度呈线性关系。

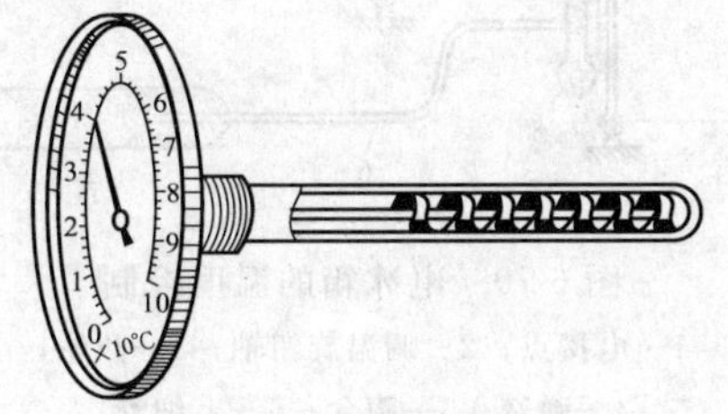

图 6-67 工业用就地指示式双金属片温度计

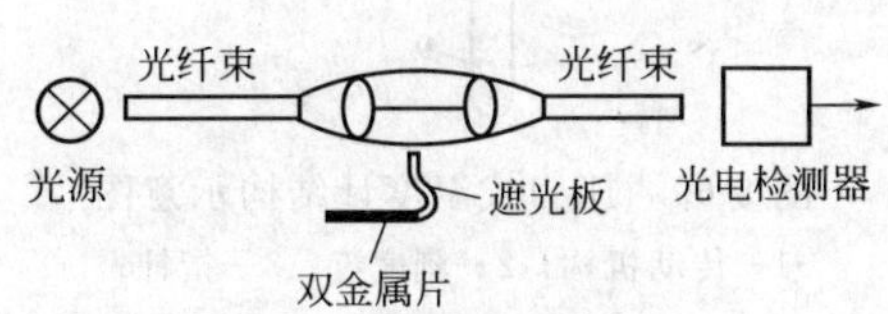

图 6-68 双金属片光纤温度计

图 6-68 所示为双金属片光纤温度计，在两根光纤之间的平行光位置上放置一个双金属片，这就构成了一个光纤温度计。温度的变化使得双金属片带动端部的遮光片在平行光中做垂直于平行光方向的移动，并使透过的光强度发生变化，透射到输出光纤中的光强度与遮光量的多少有关，遮光量的多少由双金属片的位移量所决定，双金属片的位移量又受温度的影响。通过光电检测器，将变化了的光强度信号转换成电信号，从而检测出被测温度。

2. 压力式温度计

压力式温度计是根据在封闭系统中的液体、气体或低沸点液体的饱和蒸气受热后体积膨胀引起压力变化这一原理制作的，并用压力表来测量这种变化，从而测得温度。

压力式温度计主要由充有感温元件的温包、传递压力的毛细管、压力敏感元件弹簧管和指示表等构成，如图 6-69 所示。毛细管连接温包和弹簧管，是用铜或不锈钢冷拉而成的无缝圆管，弹簧管感测压力变化并指示出温度。温包内的工作介质因温度升高体积膨胀而导致压力增大，而压力经毛细管引起弹簧管产生相应的形变，带动指针转动，从而指示出相应的温度。

压力式温度计感受的温度与产生的压力之间的关系可近似为线性关系：

$$p\approx\frac{p_0 T}{273} \tag{6-40}$$

式中，p 为温包内的气体压力；p_0 为温包置于 0℃时的气体压力；T 为温包感受到的工作温度。

压力式温度计由于简单价廉，可安全防爆，通过毛细管可将指示表安装在一定距离以外，又有一定的防振动能力，在露天设备和交通工具上得到了广泛的应用。如大型变压器的油温指示、车船坦克的动力机械温度指示等。

压力式温度传感器还可以用于温度控制中，如图 6-70 所示电冰箱的温度控制。在温包、毛细管和弹性膜盒中充有低沸点液体。温度的升高使得低沸点液体汽化，汽化产生的压力作用于膜盒中的杠杆，推动电接点，使其接通制冷压缩机的电路。温度下降则相反，会使电接点断开。调节温度的旋钮能改变凸轮的转角，即改变电接点的接触压力，使电接点断开时所对应的温度值不同，从而调整冰箱的平均温度。

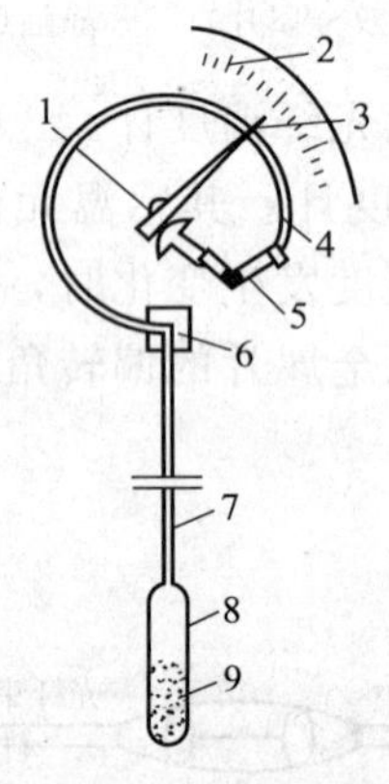

图 6-69 压力式温度计结构示意图

1—传动机构；2—刻度盘；3—指针；
4—弹簧管；5—连杆；6—接头；
7—毛细管；8—温包；9—工作介质

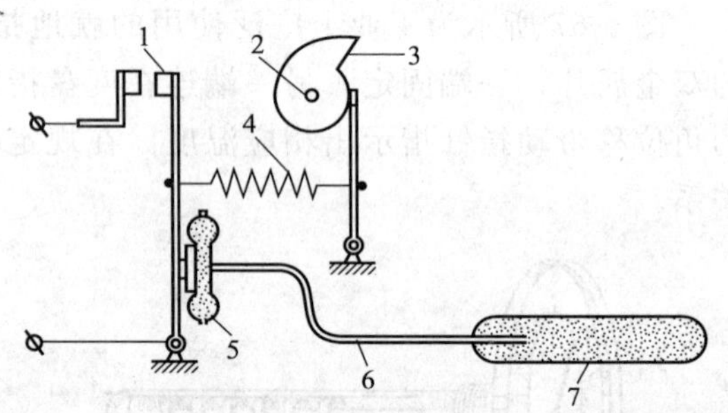

图 6-70 电冰箱的温度控制

1—电接点；2—调温旋钮轴；3—凸轮；
4—弹簧；5—膜盒；6—毛细管；
7—感温包

本章小结

在常用的物理量如压力、流量、液位的检测过程中，常用的各种检测仪表在选择使用时，要充分考虑仪表在不同情况下的使用状况。一般地，检测仪表或检测系统至少由敏感元件，信号变换、传输、处理以及显示装置三大部分组成。检测仪表按组成结构来分大致有一体化型和组合型仪表两种。在实际测量中，被测量通过敏感元件转换为位移、电阻、电荷、电容、电感、光强等中间物理量，检测仪表的输出通常为方便显示记录的电压或电流信号。

思考与练习

6-1 检测仪表或检测系统一般由哪几个部分组成？各自的作用是什么？

6-2 检测仪表的结构形式主要有哪两种？每种类型的结构特点是什么？

6-3 信号变换按结构形式分为哪几种？

6-4 电磁流量计的结构和特点是什么？

6-5 转子流量计、旋涡流量计是如何工作的？适用于什么场合？

6-6 试设计检测加速度的检测仪表并说明是怎么工作的。

6-7 试举出常用的物位检测仪表并说明其工作原理。

6-8 电阻式液位计分为哪两类？各自的工作原理是什么？

6-9 什么是温标？常用温标有哪几种？现在执行的是哪种国际实用温标？各温标之间

的转换关系如何？

6-10 金属温度计是怎样工作的？它有什么特点？

6-11 温度变送器的作用是什么？一体化温度变送器有什么特点？

6-12 利用差压变送器测液位时，为什么要进行零点迁移？如何实现迁移？其实质是什么？请举例说明。

6-13 压力式温度计的温包内充灌的是什么物质？它们是怎样工作的？

第 7 章　现代检测技术

电子技术和计算机技术不断发展，其应用范围已经深入国民经济的各个领域，其中传感器与计算机相结合构成的系统为自动检测技术的应用和发展提供了广阔的前景，是检测技术的重要发展方向之一。

7.1　计算机检测系统

7.1.1　概述

计算机检测，是将由传感器转换过来的经信号处理装置处理后的力、压力、温度、速度、流量、位移等模拟量采集、转换成数字量后，再由计算机进行存储、处理、显示或打印的过程。相应的系统称为计算机检测系统。它能够通过自检、自诊、自校准功能提高产品的质量和产量，提高测量精度，降低原材料和能源的消耗，改善劳动条件，提高工效和保证操作安全。

计算机检测技术融合了许多领域的新技术、新器件、新方法，计算机检测系统也有许多类型。但就其共性来说，一般包括硬件及软件两大部分：硬件部分主要由总线接口电路、信号调理、采样/保持、模/数转换、数/模转换、定时/计数器等部分组成；软件部分除了具有必要的计算机操作系统软件外，主要包含信号的采集、处理与分析等功能模块软件。典型计算机检测系统的组成如图 7-1 所示。计算机检测系统的特点如下。

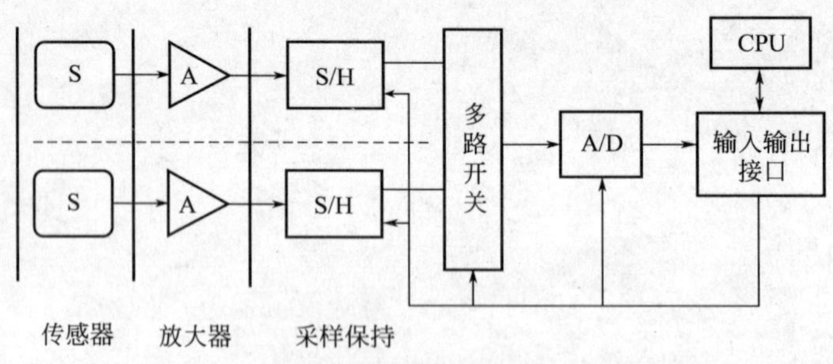

图 7-1　计算机检测系统的组成

① 开发性强，可靠性高。在不增加硬件的基础上可以通过开发不同的应用软件使检测系统实现不同的功能；同时由于“硬件软化”的效果，减少硬件中电路、元器件的数目，也会降低故障发生率，提高检测系统的可靠性。

② 在科学研究中，应用计算机检测系统可以获取大量的动态信息，是研究瞬间物理过程的有用工具，也是探索科学奥秘的重要手段之一。

③ 计算机检测系统的测量和分析速度高，测量精度高，可用于生产过程的在线测量和控制。

④ 在离线测量方面的应用也非常广泛，根据设备或产品的需要，在成产完毕之后对产品的质量进行离线测量，可提高产品的合格率。

总之，不论在哪个应用领域中，计算机检测与处理越及时、工作效率越高，取得的经济效益就越大。

7.1.2 输入通道与计算机接口技术

计算机检测系统输入通道包括滤波、信号放大、隔离等传统检测系统中非常重要的部分，以及采样与保持、A/D转换、多路转换等完成数据采集和计算机接口功能等部分。

当非电量（或电量）转换或通过电桥进行检测后，往往需要用放大器进行放大，以使微弱的信号放大到与A/D转换器输入电压相匹配的程度。实际应用中，检测系统的安装环境和传感器输出特性是各种各样的，也是复杂的，具体选用何种类型的放大器取决于应用场合与系统要求。

为了消除和减弱各种扰动信号或干扰信号对检测系统的影响，必须采取抗干扰技术，而滤波器是实现信号和干扰、噪声分离的关键器件，滤波技术是抑制噪声干扰最有效的手段之一。

1. 滤波器的类型

滤波器就是一种选频电路，它可以使信号中的某些频率成分以固定的增益通过，而在这些频率以外的成分被极大地衰减。

滤波器可按不同方法分类，如按元件分类，滤波器可分为：有源滤波器、无源滤波器、陶瓷滤波器、晶体滤波器、机械滤波器、锁相环滤波器、开关电容滤波器等；按信号处理的方式分类，滤波器可分为：模拟滤波器、数字滤波器。除此之外，还有一些特殊滤波器，如满足一定频响特性、相移特性的特殊滤波器，例如，线性相移滤波器、时延滤波器、音响中的计权网络滤波器、电视机中的中放声表面波滤波器等。按通频带分类，有源滤波器可分为：低通滤波器（LPF）、高通滤波器（HPF）、带通滤波器（BPF）、带阻滤波器（BEF）等。

（1）低通滤波器

一阶低通滤波器电路和幅频特性如图7-2所示。其频率函数为

$$H(j\omega)=\frac{u_o}{u_i}=\frac{1}{1+j\omega RC}=\frac{1}{\sqrt{1+(\omega RC)^2}}\angle\arctan(\omega RC)=A(\omega)\arctan(\omega RC) \qquad (7\text{-}1)$$

式中，$A(\omega)=\dfrac{1}{\sqrt{1+(\omega RC)^2}}$是滤波器的幅频特性。

该电路截止频率 $\omega_0=\dfrac{1}{RC}$，当信号频率 $\omega\ll\omega_0$ 时，$A(\omega)\approx1$，信号几乎不衰减通过；而当 $\omega>\omega_0$ 时，信号衰减很大；当 $\omega=\omega_0$ 时，$A(\omega)=\dfrac{1}{\sqrt{2}}$。

（2）高通滤波器

一阶高通滤波器电路及幅频特性如图7-3所示。其频率特性为

$$H(j\omega)=\frac{j\omega RC}{1+j\omega RC}=\frac{\omega RC}{\sqrt{1+(\omega RC)^2}}\angle[90°-\arctan(\omega RC)] \qquad (7\text{-}2)$$

滤波器截止频率为 $\omega_0=\dfrac{1}{RC}$，当 $\omega\gg\omega_0$ 时，$A(\omega)\approx1$，信号几乎无衰减；当 $\omega\ll\omega_0$ 时，信号衰减很大；$\omega=\omega_0$ 时，$A(\omega)=\dfrac{1}{\sqrt{2}}$。

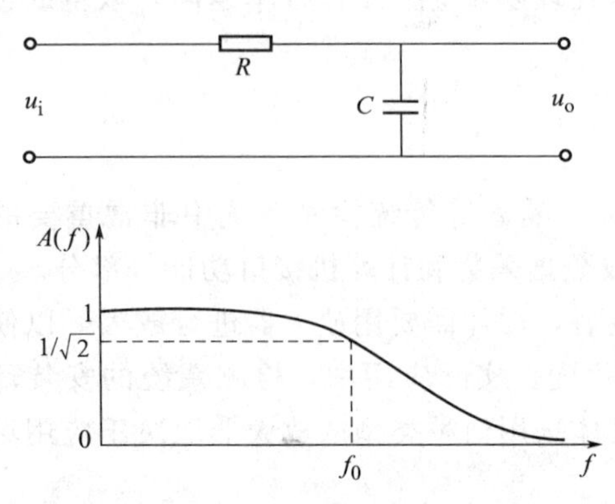

图 7-2 一阶低通滤波器的电路和幅频特性

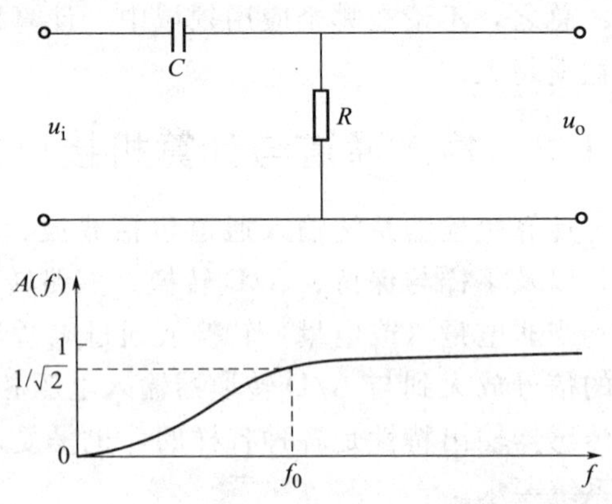

图 7-3 一阶高通滤波器的电路和幅频特性

(3) 带通滤波器

带通滤波器是指能通过某一频率范围内的频率分量，但将其他范围的频率分量衰减到极低水平的滤波器，与带阻滤波器的概念相对。

2. 数据的采集与保持

(1) 多路模拟开关及连接方法

多路模拟开关可以完成由多到一的转换，即把多个参数逐个、分时地接通，送入 A/D 转换器，简称多路开关；另外多路模拟开关可以把计算机的输出按一定顺序输出到不同的控制回路（或外设），即完成由一到多的转换简称为反多路开关。这两种多路开关有的只能实现一种用途，称为单向多路开关，如 AD7501（8 路）、AD7506（16 路）；有的则既能作为多路开关，又能作为反多路开关，称为双向多路开关，如 CD4015。从输入信号的连接方式来分有单端输入、双端（或差动）输入。

(2) 采样/保持器（S/H）

由于 A/D 转换器的转换受到速度的限制需要时间，因此在这段时间内如果输入的模拟信号发生变化就会使 A/D 转换产生误差，信号变化的快慢也直接影响误差的大小。基于以上情况，就需要引入采样/保持器，来减小误差。采样/保持器的原理图如图 7-4 所示，图中 A_1 和 A_2 为理想的同相跟随器，其输入阻抗及输出阻抗均分别趋于无穷大及零。控制信号在采样时使开关 S 闭合。此时存储电容器 C_H 迅速充电至输入电压 V_x 的幅值，同时充电电压 V_C 对 V_x 进行跟踪。控制信号在保持阶段时使开关 S 断开，此时在理想状态（无电荷泄漏路径）下，电容器 C_H 上的电压 V_C 可以维持不变，并通过 A_2 送至 A/D 转换器进行模数转换，以保证 A/D 转换器进行模数转换期间其输入电压稳定不变。采样/保持器实现了对一连续信号 $V_x(t)$ 以一定时间间隔快速取其瞬时值，该瞬时值是保持控制指令下达时刻 V_C 对 V_x 的最终跟踪值，该瞬时值保存在记忆元件电容器 C_H 上，供 A/D 转换器再进一步进行量化。

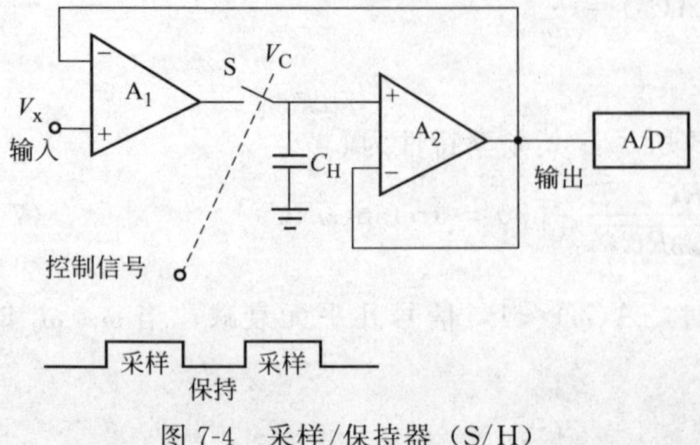

图 7-4 采样/保持器（S/H）

采样定理（shannon sampling theorm）：当采样频率大于信号最高次谐波频率的两倍时，就可用时间离散的采样点恢复原来的连续信号。所以采样/保持器是以

“快采慢测”的方法，实现对快速变化信号进行测量的有效措施。

3. A/D 转换器

大多数的模拟量，如温度、湿度、位移、振动等物理化学量输入计算机系统时，都需要先将这些量转换为计算机能够识别的数字量。同时，在传感器模块的设计中，A/D 转换也是重要的环节之一。

(1) 常用 A/D 转换器

A/D 转换器按其工作方式、转换速率、转换精度等情况，可满足不同使用场合的要求。按其工作原理不同，A/D 转换器可分为积分型和比较型两大类。

① 积分型 A/D 转换器　又称为间接型转换器，这类转换器是先将输入的模拟量（模拟电压）转换成某种中间量（时间间隔或频率），然后再将此中间量变换为相应的数字量。可分为单积分型、双积分型、四重积分型、电荷平衡型和脉冲宽度调制型等。其中双积分型 A/D 转换器是一种电压/时间转换的 A/D 转换器。在双积分 A/D 转换器中，总是先把输入模拟电压 u_i，转换成相应的时间间隔 t，再用 t 去控制送入计数器的频率固定的 CP 脉冲的个数，从而实现 A/D 转换——将 u_i 转换成计数器中的二进制数。电路组成如图 7-5 所示。积分型 A/D 转换器工作原理如下。

a. 起始状态。在积分转换开始之前，控制电路使计数器清零、电子开关 S_2 闭合，电容器 C 放电，C 放电结束后 S_2 再断开。

b. 积分器对 u_i 进行定时积分。转换开始（$t=0$）时，控制电路使电子开关 S_1 合向 u_i，积分器对输入模拟电压进行定时积分，其输出电压 u_o 为

$$u_o(t_1)=-\frac{1}{c}\int_0^{t_1}\frac{u_i}{R}\mathrm{d}t=-\frac{1}{Rc}\int_0^{t_1}u_i\,\mathrm{d}t \tag{7-3}$$

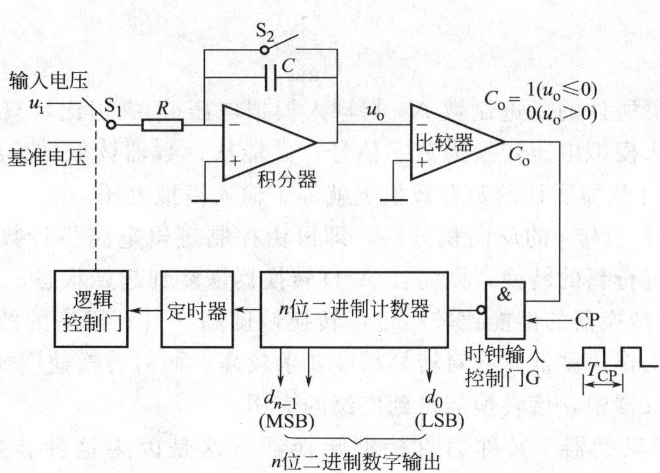

图 7-5　双积分 A/D 转换器的电路图

因为积分期间 $u_i=U_i$ 保持不变，所以有

$$u_o(t_1)=-\frac{1}{RC}\int_0^{t_1}u_i\,\mathrm{d}t=-\frac{1}{RC}\int_0^{t_1}U_i\,\mathrm{d}t=\frac{U_i}{RC}t_1 \tag{7-4}$$

在对 u_i 进行积分时，由于 u_i 为正，所以 $u_o(t)$ 为负，从而使比较器输出为高电平，打开时钟输入控制门 G，频率为 f_c 的 CP 脉冲进入 n 位二进制加法计数器，计数器进行递增计数。当计数器计满归零时，定时器置 1，逻辑控制门使电子开关接通基准电压输入端，积

分器对输入模拟电压 u_i 积分过程结束后，开始对基准电压 U_{REF} 积分。

$$T_1 = N_1 \times T_c = 2^n \times T_c \tag{7-5}$$

式中，N_1 为 n 位二进制加法计数器的容量，T_c 是时钟脉冲信号 CP 脉冲的周期。因此，在对 u_i 的积分过程结束时，积分器的输出电压 u_o 为

$$u_o(T_1) = \frac{U_i}{RC}T_1 = \frac{U_i}{RC}T \times 2^n \times T_c \tag{7-6}$$

c. 积分器对 $-U_{REF}$ 进行反向积分。当 S_1 接通基准电压 $-U_{REF}$ 后，积分器开始对 $-U_{REF}$ 进行积分，其输出电压的起始值为 $u_o(T)$。虽然基准电压是负值，积分器进行的是反向积分，但是 u_o 的初始值 $u_o(T)$ 是负的，因此比较器的输出仍为高电平，门 G 是打开的，计数器计满归零后，在积分器对 $-U_{REF}$ 进行积分时，又从 0 开始进行递增计数。

在积分器对 $-U_{REF}$ 进行反向积分时，其输出电压 u_o 为

$$u_o(t_2) = u_o(T_1) - \frac{1}{C}\int_0^{t_2} \frac{U_{REF}}{R}dt = u_o(T_1) + \frac{U_{REF}}{RC}t_2 \tag{7-7}$$

随着反向积分过程的进行，$u_o(t)$ 逐渐升高，当 $u_o(t)$ 上升到 0 时，比较器输出跳变为低电平，封锁时钟输入控制门，计数器停止计数，对 $-U_{REF}$ 的反向积分过程结束。因此有

$$u_o(t_2) = u_o(T_1) + \frac{U_{REF}}{RC}T_2 = 0$$

$$T_2 = -\frac{u_o(T_1)}{U_{REF}}RC = \frac{U_i}{U_{REF}} \times 2^n \times T_c \tag{7-8}$$

若反向积分过程结束时，计数器中所计的二进制数为 N_2，则

$$T_2 = N_2 \times T_c \tag{7-9}$$

因此可得

$$N_2 = \frac{2^n}{U_{REF}}U_i \tag{7-10}$$

上式说明计数器所计的二进制数 N_2 与输入模拟电压 u_i 成正比，只要 $u_i < U_{REF}$，转换器就能正常地将输入模拟电压转换为数字信号，并能从计数器读取转换结果。如果 $U_{REF} = 2^n V$，则 $N_2 = U_i$，计数器所计的数在数值上就等于输入模拟电压。

在积分器完成对 $-U_{REF}$ 的反向积分后，即可由控制逻辑电路将计数器中的二进制数并行输出。如果还要进行新的转换，则需让 A/D 转换器恢复到起始状态，再重复上述过程。

双积分型 A/D 转换器的性能比较稳定，转换精度高，具有很高的抗干扰能力，电路结构简单，其缺点是工作速度低。在对转换精度要求较高，而对转换速度要求较低的场合，如数字万用表等检测仪器中，该转换器得到广泛的应用。

② 比较型 A/D 转换器　又称为直接型转换器。这是因为这种转换器是将输入模拟量（模拟电压）与基准电压直接进行比较，再转换成相应的数字量。比较型 A/D 转换器按内部工作时有无反馈，可分为反馈比较型 A/D 转换器和无反馈比较型 A/D 转换器。对于反馈比较型 A/D 转换器，根据控制逻辑电路的不同，又可分为逐次近似型和跟踪比较型。

③ 无反馈比较型 A/D 转换器　是目前能获得最快转换速度的 A/D 转换器，特别是其中的并行比较型 A/D 转换器。因此，高速 A/D 转换器一般都是属于无反馈比较型 A/D 转换器。这类 A/D 转换器又分为并行比较型、串行比较型和串-并行比较型三种转换器。

a. 并行比较型 A/D 转换器。该型转换器是将输入模拟电压量化，并将所得到的所有 2^N

个量化电平与各基准电压进行并行比较，这些基准电压可由一个总的基准电压源 V_R 经电阻串分压后得到。再将比较结果进行编码，从而给出相应的数字量输出。

b. 串行比较型 A/D 转换器。该型转换器是用一些电阻阵列将参考电压 V_R 分成 2^N 挡，将每个电阻均连接到开关解码阵列中。

c. 串-并行比较型 A/D 转换器。将并行比较型和串行比较型这两种结构结合起来构成的串-并行比较型 A/D 转换器，在一定程度上克服了并行或串行比较型 A/D 转换器难于达到高位数的要求。

(2) A/D 转换通道的确定

① 不带采样/保持电路的通道　当被测量是变化缓慢甚至是直流量的情况，通常 A/D 转换通道可以不用采样/保持器，经调理的信号直接接入 A/D 转换器的输入端。

② 带采样/保持器的 A/D 转换通道　当模拟输入信号的变化率较大时，A/D 转换通道需要采样/保持器。

7.1.3 数字/模拟转换及计算机接口技术

1. 输出通道信号种类

根据输出对象的不同，计算机检测系统输出信号有模拟量、开关量、数字量等输出信号。

(1) 模拟量输出信号

① 直流电流信号　当仪器仪表的输出模拟信号需要传输较远的距离时，由于电流信号抗干扰能力强，信号线电阻不会导致信号的损失，一般采用电流信号。

② 直流电压信号　用于控制、显示等场合，计算机检测系统的输出一般采用直流电压信号。直流电压信号一般只适用于传输距离较近的场合。此外，对于采用 4～20mA 直流电流信号的系统，只需采用 250Ω 电阻就可将其变换为 1～5V 的直流电压信号。所以 1～5V 直流电压信号是常用的模拟信号形式之一。在采用 1～5V 信号标准时，1V 以下的电压值表示信号电路或供电故障。直流 4～20mA 电流信号及 1～5V 电压信号受到国际的推荐和普遍的采用。

(2) 开关量输出信号

从性质上讲，开关量是一种二值型的输出量，即表征“开”与“关”，或者“是”与“非”等状态。开关量输出信号的几种基本表现形式如下。

① 开关量控制　某些被控对象的自动控制采用位式执行机构或开关式器件，它们的动作是由开关信号控制的，只有“开”和“关”两种工作状态，可以表示为二进制的“1”和“0”。因此，利用一位二进制数的输出就可以控制这些开关式器件的运行状态。

用于控制的开关信号的电气接口形式有有源和无源两类。无源是指智能仪器只提供输出电路的通、断状态，负载电源由外电路提供。有源的开关量输出信号往往表示为电平的高低或电流的有无，由智能仪器仪表为负载提供全部或部分的电源。无源的开关量输出容易实现检测系统与执行机构之间的电路隔离，两者既不共用电源也不共用接地，这有利于克服地电位差及电磁场干扰的不利影响。而对于有源的开关量输出，根据输出电压或电流的实际数值，系统就有可能判断出负载断线等故障。

② 越限报警　将被测参数的数值与人为预先设定的参考值进行比较，比较的结果（大于或小于）以开关量的形式输出，就可以驱动声光报警装置来实现越限报警，或者输出给控

制设备采取措施。例如，锅炉水位测量值低于设定的低限值时，必须立即报警或启动供水泵进水。

③ 反映系统本身的工作状态　检测系统的工作状态，例如“投入”或“后备”状态，“自动”或“手动”状态，“正常”或“故障”状态等，都可以用开关量输出信号来表征，使上位计算机或操作人员及时了解。

(3) 数字量输出信号

数字量的输出方式是计算机控制系统中重要的信号输出形式。数字量输出信号分为串行和并行两种，串行用于较远距离的数据传输和信息交换，例如系统与上位计算机之间通信多为串行。并行方式传输速度快，但所需导线条数多，只适合于较短距离的传输，例如系统与周围的其他智能设备之间的数据交换。

数字量的输出与数字量输入共同构成数据通信，是实现分散型控制系统和计算机管理必不可少的信息传递形式，也是发展非常迅猛的技术。

2. D/A 转换器及其接口

计算机检测系统的模拟量输出即是将处理后的数据转换成模拟量（即连续变化的电流或电压）送出，这是计算机测控系统的重要组成部分。一般来说，模拟量输出通道主要包括：D/A 转换器、多路模拟开关、采样/保持器等部分。

(1) D/A 转换器的工作原理

常用的 D/A 转换器由电阻网络、开关及基准电源等部分组成，目前基本上都已集成于一块芯片上。D/A 转换器的组成原理有多种，采用最多的是 R-$2R$ 梯形网络 D/A 转换器。

在 D/A 转换器的电阻网络中，电阻的规格仅有 R、$2R$ 两种。U_R 为基准电压，它可由电子开关 S_3、S_2、S_1、S_0 在二进制码 $D=D_3D_2D_1D_0$ 的控制下，分别决定 4 个支路的接通情况，并使电流各自进入 A_3、A_2、A_1、A_0 节点。这种网络的特点是：任何一个节点的三个分支的等效电阻都是 $2R$。因此，从任何一个分支流入节点的电流都为 $I=U_R/(3R)$，并且电流 I 将在节点处被平分为相等的两个部分，经另外两个分支流出。

如图 7-6 所示，假定数字量输入 $D=0001$，即 S_0 接通，而 S_1、S_2、S_3 断开。则基准电压 U_R 经开关 S_0 流入支路所产生的电流为 $I=U_R/3R$，此电流经过 A_3、A_2、A_1、A_0 4 个节点后，经 4 次平分，有 1/16 的电流流入运算电路中，以便将电流信号转换为电压信号。

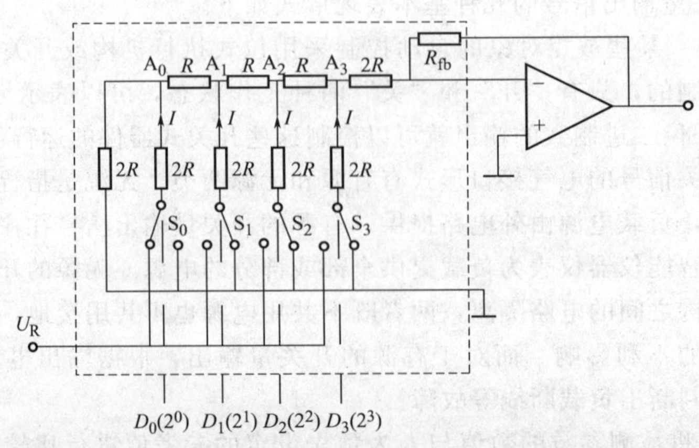

图 7-6　R-$2R$ 梯形网络 D/A 转换器原理

(2) D/A转换器输入与输出形式

D/A转换器的数字量输入端有不含数据锁存器、含单个数据锁存器、含双数据锁存器三种情况。如果D/A转换器的输入端无数据锁存器，则为了维持D/A转换输出的稳定，应另加上数据锁存器。而在应用多个D/A转换器同时转换的场合，使用具有双数据锁存器的D/A转换器芯片是较为方便的。D/A转换器的输出有单极性、双极性，以及某些场合下的偏置输出方式。

(3) D/A转换器与微机接口

常用的接口元件有D触发器、单稳态触发器、译码器、选择器、多路模拟开关、锁存器、三态缓冲器等。D/A转换器与CPU的接口电路有两种基本形式：通过I/O接口（输入/输出接口或锁存器）与CPU的数据总线相连；数据总线直接连接。

主要取决于D/A转换器芯片内部是否设置了数据锁存器。对于芯片内部已有锁存器的芯片，则可采用直接连接，也可用并行接口或锁存器连接。但内部没用锁存器的D/A转换器，必须使用并行接口或锁存器进行连接。

7.2 现场总线与智能传感器

7.2.1 现场总线技术简介

现场总线技术如图7-7所示（fieldbus），是20世纪80年代末、90年代初发展形成的，用于过程自动化、制造自动化、楼宇自动化等领域的现场智能设备互连通信网络。它作为工厂数字通信网络的基础，实现了生产过程现场及控制设备之间及其与更高控制管理层次之间的联系。它不仅是一个基层网络，而且还是一种开放式、新型全分布控制系统。这项以智能传感、控制、计算机、数字通信等技术为主要内容的综合技术，已经受到世界范围的关注，成为自动化技术发展的热点。国际上许多有实力、有影响的公司都先后在不同程度上进行了现场总线技术与产品的开发。现场总线设备的工作环境处于过程设备的底层，作为工厂设备级基础通信网络，要求具有协议简单、容错能力强、安全性好、成本低的特点，具有一定的时间确定性和较高的实时性要求，还具有网络负载稳定，多数为短帧传送、信息交换频繁等特点。由于上述特点，现场总线系统从网络结构到通信技术，都具有不同上层高速数据通信网的特色。

一般把现场总线系统称为第五代控制系统，也称为现场总线控制系统（FCS）。人们一般把20世纪50年代前的气动信号控制系统（PCS）称为第一代，把4～20mA等电动模拟信号控制系统称为第二代，把数字计算机集中式控制系统称为第三代，而把20世纪70年代中期以来的集散式分布控制系统（DCS）称为第四代。现场总线控制系统FCS作为新一代控制系统，一方面，突破了DCS采用通信专用网络的局限，采用了基于公开化、标准化的解决方案，克服了封闭系统所造成的缺陷；另一方面把DCS的集中与分散相结合的集散系统结构，变成了新型全分布式结构，把控制功能彻底下放到现场。可以说，开放性、分散性与数字通信是现场

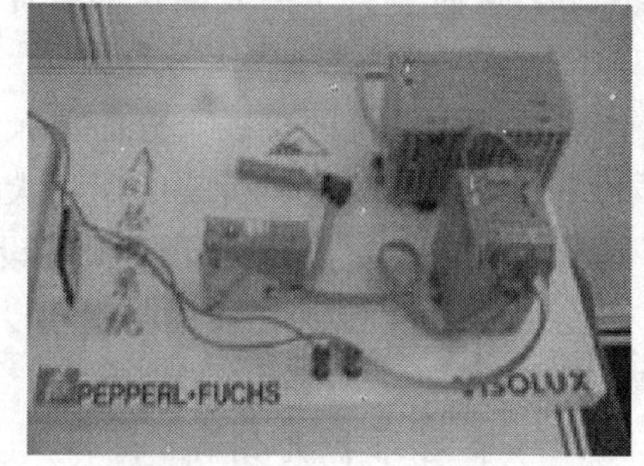

图7-7 现场总线技术

总线系统最显著的特征。

7.2.2 现场总线的特点

1. 技术特点

(1) 系统的开放性

开放系统是指通信协议公开，各不同厂家的设备之间可进行互连并实现信息交换，现场总线开发者就是要致力于建立统一的工厂底层网络的开放系统。这里的开放是指对相关标准的一致、公开性，强调对标准的共识与遵从。一个开放系统，可以与任何遵守相同标准的其他设备或系统相连。一个具有总线功能的现场总线网络系统必须是开放的，开放系统把系统集成的权利交给了用户。用户可按自己的需要和对象把来自不同供应商的产品组成大小随意的系统。

(2) 互可操作性与互用性

互可操作性，是指实现互连设备间、系统间的信息传送与沟通，可实行点对点、一点对多点的数字通信。而互用性则意味着不同生产厂家的性能类似的设备可进行互换而实现互用。

(3) 现场设备的智能化与功能自治性

现场总线将传感测量、补偿计算、工程量处理与控制等功能分散到现场设备中完成，仅靠现场设备即可完成自动控制的基本功能，并可随时诊断设备的运行状态。

(4) 系统结构的高度分散性

由于现场设备本身已可完成自动控制的基本功能，使得现场总线已构成一种新的全分布式控制系统的体系结构。从根本上改变了现有 DCS 集中与分散相结合的集散控制系统体系，简化了系统结构，提高了可靠性。

(5) 对现场环境的适应性

工作在现场设备前端，作为工厂网络底层的现场总线，是专为在现场环境工作而设计的，它可支持双绞线、同轴电缆、光缆、射频、红外线、电力线等，具有较强的抗干扰能力，能采用两线制实现送电与通信，并可满足本质安全防爆要求等。

2. 技术优点

(1) 节省硬件数量与投资

由于现场总线系统中分散在设备前端的智能设备能直接执行多种传感、控制、报警和计算功能，因而可减少变送器的数量，不再需要单独的控制器、计算单元等，也不再需要 DCS 系统的信号调理、转换、隔离技术等功能单元及其复杂接线，还可以用工控 PC 机作为操作站，从而节省了一大笔硬件投资，由于控制设备的减少，还可减少控制室的占地面积。

(2) 节省安装费用

现场总线系统的接线十分简单，由于一对双绞线或一条电缆上通常可挂接多个设备，因而电缆、端子、槽盒、桥架的用量大大减少，连线设计与接头校对的工作量也大大减少。当需要增加现场控制设备时，无须增设新的电缆，可就近连接在原有的电缆上，既节省了投资，也减少了设计、安装的工作量。据有关典型试验工程的测算资料，可节约安装费用 60%以上。

(3) 节省维护开销

由于现场控制设备具有自诊断与简单故障处理的能力，并通过数字通信将相关的诊断维护信息送往控制室，用户可以查询所有设备的运行、诊断维护信息，以便早期分析故障原因并快速排除。缩短了维护停工时间，同时由于系统结构简化，连线简单而减少了维护工作量。

（4）用户具有高度的系统集成主动权

现场总线技术与传统总线技术相比，用户可以自由选择不同厂商所提供的设备来集成系统。避免因选择了某一品牌的产品被“框死”了设备的选择范围，不会为系统集成中不兼容的协议、接口而一筹莫展，使系统集成过程中的主动权完全掌握在用户手中。

（5）提高了系统的准确性与可靠性

由于现场总线设备的智能化、数字化，与模拟信号相比，它从根本上提高了测量与控制的准确度，减少了传送误差。同时，由于系统的结构简化，设备与连线减少，现场仪表内部功能加强；减少了信号的往返传输，提高了系统的工作可靠性。此外，由于它的设备标准化和功能模块化，因而它还具有设计简单，易于重构等优点。

7.2.3 现场总线的几种类型

1. LonWorks（局域操作网）

LonWorks是一具有强劲实力的现场总线技术，它是由美国Ecelon公司推出并与摩托罗拉Motorola、东芝Hitach公司共同倡导，于1990年正式公布形成的。它采用了ISO/OSI模型的全部七层通信协议，采用了面向对象的设计方法，通过网络变量把网络通信设计简化为参数设置，其通信速率从300bit/s～15Mbit/s不等，直接通信距离可达2700m（78Kbit/s，双绞线），支持双绞线、同轴电缆、光纤、射频、红外线、电源线等多种通信介质，并开发了相应的安全防爆产品，被誉为通用控制网络。

2. Profibus（过程现场总线）

Profibus是作为德国国家标准DIN 19245和欧洲标准prEN 50170的现场总线。ISO/OSI模型也是它的参考模型。由Profibus-DP、Profibus-FMS、Profibus-PA组成了Profibus系列。DP型用于分散外设间的高速传输，适合于加工自动化领域的应用。FMS意为现场信息规范，适用于纺织、楼宇自动化、可编程控制器、低压开关等一般自动化，而PA型则是用于过程自动化的总线类型，它遵从IEC 1158-2标准。该项技术是由西门子公司为主的十几家德国公司、研究所共同推出的。它采用了OSI模型的物理层、数据链路层，由这两部分形成了其标准第一部分的子集，DP型隐去了3～7层，而增加了直接数据连接拟合作为用户接口，FMS型只隐去第3～6层，采用了应用层，作为标准的第二部分。PA型的标准目前还处于制定过程之中，其传输技术遵从IEC1158-2（1）标准，可实现总线供电与本质安全防爆。

3. CAN（控制局域网）

CAN是控制局域网络（control area network）的简称，最早由德国BOSCH公司推出，用于汽车内部测量与执行部件之间的数据通信。其总线规范现已被ISO国际标准组织制定为国际标准，得到了Motorola、Intel、Philips、Siemens、NEC等公司的支持，已广泛应用在离散控制领域。

4. HART

HART（highway addressable remote transduer）最早由Rosemout公司开发并得到80多家著名仪表公司的支持，于1993年成立了HART通信基金会。这种被称为可寻址远程传感高速通道的开放通信协议，其特点是现有模拟信号传输线上实现数字通信，属于模拟系统向数字系统转变过程中工业过程控制的过渡性产品，因而在当前具有较强的市场竞争能力，得到了较好的发展。

5. RS-485

尽管 RS-485 不能称为现场总线，但是作为现场总线的鼻祖，还有许多设备继续沿用这种通信协议。采用 RS-485 通信具有设备简单、低成本等优势，仍有一定的生命力。以 RS-485 为基础的 OPTO-22 命令集等也在许多系统中得到了广泛的应用。

7.2.4 智能传感器

智能传感器必须具备学习、推理、感知、通信以及管理功能。20 世纪 80 年代末，L. Foulloy 提出了模糊传感器概念，认为“模糊传感器是一种能够在线实现符号处理的智能传感器”。智能传感器是指基于现场总线数字化、标准化、智能化的要求，带有总线接口，能自行管理自己，能将检测到的现场信号进行处理变换后，以数字量形式通过现场总线与上位机进行信息传递。

1. 智能传感器的特点

① 智能传感器系统具有非线性自动校正功能，可消除整个传感器系统的非线性系统误差，提高精度。

② 智能传感器系统具有自校零与自校准功能。

③ 被测信号在进入测量系统之前与之后都受到各种干扰与噪声的侵扰。

④ 通过自补偿技术可改善传感器系统的动态特性，使其频率响应特性向更高或更低频段扩展。

2. 智能传感器实现的途径

① 非集成化实现　将传统的经典传感器（采用非集成化工艺制作的传感器，仅具有获取信号的功能）、信号调理电路、带数字总线接口的微处理器组合为一整体而构成的一个智能传感器系统。

② 集成化实现　这种智能传感器系统是采用微机械加工技术和大规模集成电路工艺技术，利用硅为基本材料来制作敏感元件、信号调理电路、微处理器单元，并把它们集成在一块芯片上，故又可称为集成智能传感器（integrated smart/intelligent sensor）。

③ 混合实现　根据需要与可能，将系统各个集成化环节（如敏感元件、信号调理电路、微处理器单元、数字总线接口），以不同的组合方式集成在两块或三块芯片上，并装在一个外壳里。

3. 集成化智能传感器的几种形式

① 初级形式　就是组成环节中没有微处理器单元，只有敏感单元与（智能）信号调理电路，二者被封装在一个外壳里。

② 中级形式/自立形式　在组成环节中除敏感单元与信号调理电路外，必须含有微处理器单元，即一个完整的传感器系统全部封装在一个外壳里的形式。它具有完善的智能化功能，这些智能化功能主要是由强大的软件来实现的。

③ 高级形式　是集成度进一步提高，敏感单元实现多维阵列化时，同时配备了更强大的信息处理软件，具有更高级的智能化功能的形式。这时的传感器系统不仅具有完善的智能化功能，而且还具有更高级的传感器阵列信息融合功能，或具有成像与图像处理等功能。

7.3 虚拟仪器技术

7.3.1 虚拟仪器技术简介

虚拟仪器技术就是利用高性能的模块化硬件，结合高效灵活的软件来完成各种测试、测量和自动化的应用。自 1986 年问世以来，世界各国的工程师和科学家们都已将 NI 公司的 LabVIEW 图形化开发工具用于产品设计周期的各个环节，从而改善了产品质量、缩短了产品投放市场的时间，并提高了产品开发和生产效率。使用集成化的虚拟仪器环境与现实世界的信号相连，分析数据以获取实用信息，共享信息成果，有助于在较大范围内提高生产效率。虚拟仪器提供的各种工具能满足人们任何项目需要，虚拟仪器套件如图 7-8 所示。

自问世以来，无论是初学乍用的新手还是经验丰富的程序开发人员，虚拟仪器在各种不同的工程应用和行业的测量及控制的用户中广受欢迎，这都归功于其直观化的图形编程语言。虚拟仪器的图形化数据流语言和程序框图能自然地显示数据流，同时地图化的用户界面直观地显示数据，使人们能够轻松地查看、修改数据或控制输入。

图 7-8 虚拟仪器套件

美国国家仪器公司 NI（National Instruments）提出的虚拟测量仪器（VI）概念，引发了传统仪器领域的一场重大变革，使计算机和网络技术得以长驱直入仪器领域，和仪器技术结合起来，从而开创了“软件即是仪器”的先河，虚拟仪器面板如图 7-9 所示。

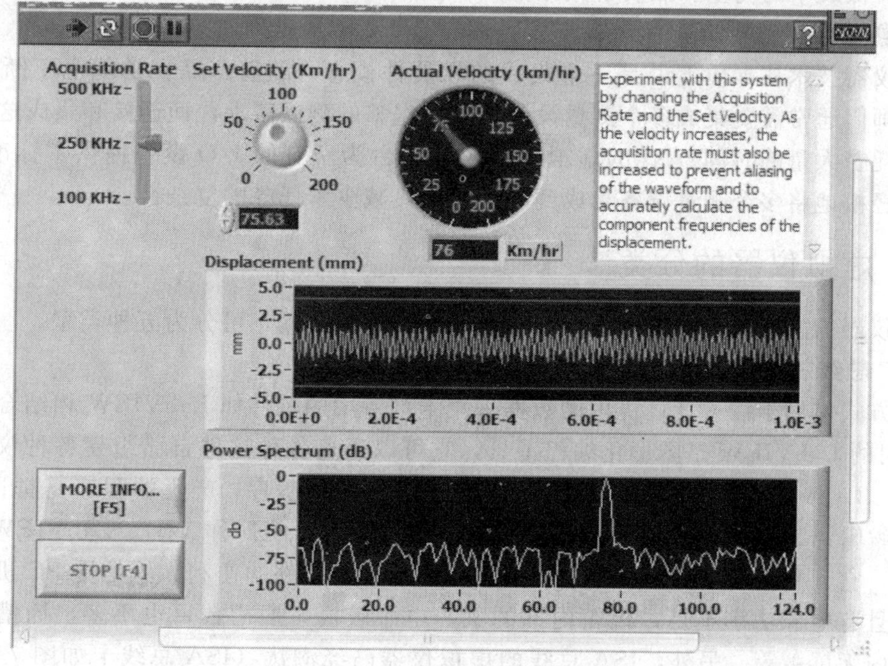

图 7-9 虚拟仪器面板

"软件即是仪器"这是NI公司提出的虚拟仪器理念的核心思想。从这一思想出发，基于电脑或工作站、软件和I/O部件来构建虚拟仪器。I/O部件可以是独立仪器、模块化仪器、数据采集板（DAQ）或传感器。NI所拥有的虚拟仪器产品包括软件产品（如LabVIEW)、GPIB产品、数据采集产品、信号处理产品、图像采集产品、DSP产品和VXI控制产品等。

7.3.2 虚拟仪器的优势

与其他技术相比，虚拟仪器技术具有如下四大优势。

1. 性能高

虚拟仪器技术是在PC技术的基础上发展起来的，所以完全"继承"了以现成即用的PC技术为主导的最新商业技术的优点，包括功能超卓的处理器和文件I/O，使用户在数据高速导入磁盘的同时就能实时地进行复杂的分析。此外，不断发展的因特网和越来越快的计算机网络使得虚拟仪器技术展现其更强大的优势。

2. 扩展性强

NI的软硬件工具使得人们不再受限于当前的技术。这得益于NI软件的灵活性，只需更新计算机或测量硬件，就能以最少的硬件投资和极少的、甚至无须软件上的升级即可改进整个系统。在利用最新科技的时候，可以把它们集成到现有的测量设备，最终以较少的成本加速产品上市的时间。

3. 开发时间少

在驱动和应用两个层面上，NI高效的软件构架能与计算机、传统仪器与虚拟仪器构成比较仪表和通信方面的最新技术结合在一起。NI设计这一软件构架的初衷就是为了方便用户的操作，同时还提供了灵活性和强大的功能，使人们轻松地配置、创建、发布、维护和修改高性能、低成本的测量和控制解决方案。

4. 无缝集成

虚拟仪器技术从本质上说是一个集成的软硬件概念。随着产品在功能上不断地趋于复杂，工程师们通常需要集成多个测量设备来满足完整的测试需求，而连接和集成这些不同设备总是要耗费大量的时间。NI的虚拟仪器软件平台为所有的I/O设备提供了标准的接口，帮助人们轻松地将多个测量设备集成到单个系统，减少了任务的复杂性。

7.3.3 虚拟仪器的分类

虚拟仪器的发展随着微机的发展和采用总线方式的不同，可分为五种类型。

1. PC总线——插卡型虚拟仪器

这种方式借助于插入计算机内的数据采集卡与专用的软件如LabVIEW相结合（注：美国NI公司的LabVIEW是图形化编程工具，它可以通过各种控件自己组建各种仪器）构成测试系统。LabVIEW/cvi使用的是图形化编程语言编写程序，产生的程序是框图的形式，通过三种编辑语言Visual C++（简称VC)、Visual Basic（简称VB)、LabVIEW/cvi构成测试系统，它充分利用了计算机的总线、机箱、电源及软件的便利。但是受PC机机箱和总线限制，且有电源功率不足，机箱内部的噪声电平较高，插槽数目也不多，插槽尺寸比较小，机箱内无屏蔽等。另外，ISA总线的虚拟仪器已经淘汰（ISA总线卡如图7-10所示），PCI总线的虚拟仪器价格比较昂贵。

2. 并行口式虚拟仪器

图 7-10 ISA 总线卡

并行口式虚拟仪器是最新发展的一系列可连接到计算机并行口的测试装置，它们把仪器硬件集成在一个采集盒内。仪器软件装在计算机上，通常可以完成各种测量测试仪器的功能，可以组成数字存储示波器、频谱分析仪、逻辑分析仪、任意波形发生器、频率计、数字万用表、功率计、程控稳压电源、数据记录仪、数据采集器。如美国 LINK 公司的 DSO-2×××系列虚拟仪器，最大好处是可以与笔记本计算机相连，方便野外作业，又可与台式 PC 机相连，实现台式和便携式两用，非常方便。由于其价格低廉、用途广泛，特别适合于研发部门和各种教学实验室应用。

3. GPIB 总线方式的虚拟仪器

GPIB 技术是 IEEE488 标准的虚拟仪器早期的发展阶段。它的出现使电子测量独立的单台手工操作向大规模自动测试系统发展，典型的 GPIB 系统由一台 PC 机、一块 GPIB 接口卡和若干台 BPIB 形式的仪器通过 GPIB 电缆连接而成。在标准情况下，一块 GPIB 接口可带多达 14 台仪器，电缆长度可达 40m。GPIB 技术可用计算机实现对仪器的操作和控制，替代传统的人工操作方式，可以很方便地把多台仪器组合起来，形成自动测量系统。GPIB 测量系统的结构和命令简单，主要应用于台式仪器，适合于精确度要求高，但不要求对计算机高速传输时应用。

4. VXI 总线方式虚拟仪器

VXI 总线是一种高速计算机总线 VME 总线在 VI 领域的扩展，它具有稳定的电源、强有力的冷却能力和严格的 RFI/EMI 屏蔽。由于它的标准开放、结构紧凑、数据吞吐能力强、定时和同步精确、模块可重复利用、众多仪器厂家支持的优点，很快得到广泛的应用。经过多年的发展，VXI 系统的组建和使用越来越方便，尤其组建大、中规模自动测量系统以及对速度、精度要求高的场合，有其他仪器无法比拟的优势。然而，组建 VXI 总线要求有机箱、零槽管理器及嵌入式控制器，造价比较高。

5. PXI 总线方式虚拟仪器

PXI 总线方式是 PCI 总线内核技术增加了成熟的技术规范和要求形成的，增加了多板同步触发总线的技术规范和要求形成的，使用于相邻模块的高速通信的总线。PXI 具有高度可扩展性。PXI 具有 8 个扩展槽，而台式 PCI 系统只有 3～4 个扩展槽，通过使用 PCI-PCI 桥接器，可扩展到 256 个扩展槽。台式 PC 机的性能价格比和 PCI 总线面向仪器领域的扩展优势结合起来，将形成未来的虚拟仪器平台。

7.3.4 虚拟仪器系统的设计方案

1. 虚拟仪器系统的构成

虚拟仪器由硬件设备与接口、设备驱动软件和虚拟仪器面板组成。其中，硬件设备与接口可以是各种以 PC 为基础的内置功能插卡、通用接口总线接口卡、串行口、VXI 总线仪器接口等设备，或者是其他各种可程控的外置测试设备，设备驱动软件是直接控制各种硬件接口的驱动程序，虚拟仪器通过底层设备驱动软件与真实的仪器系统进行通信，并以虚拟仪器面板的形式在计算机屏幕上显示与真实仪器面板操作元素相对应的各种控件。用户用鼠标操作虚拟仪器的面板就如同操作真实仪器一样真实与方便。

(1) 虚拟仪器系统的硬件构成

虚拟仪器的硬件系统一般分为计算机硬件平台和测控功能硬件。计算机硬件平台可以是各种类型的计算机，如台式计算机、便携式计算机、工作站、嵌入式计算机等。它管理着虚拟仪器的软件资源，是虚拟仪器的硬件基础。因此，计算机技术在显示、存储能力、处理器性能、网络、总线标准等方面的发展，导致了虚拟仪器系统的快速发展。

按照测控功能硬件的不同，VI 可分为 DAQ、GPIB、VXI、PXI 和串口总线五种标准体系结构，它们主要完成被测输入信号的采集、放大、模/数转换。

(2) 虚拟仪器系统的软件构成

测试软件是虚拟仪器的“主心骨”。NI 公司在提出虚拟仪器概念并推出第一批实用成果时，就用软件来表达虚拟仪器的特征，强调软件在虚拟仪器中的重要位置。NI 公司从一开始就推出丰富而又简洁的虚拟仪器开发软件。使用者可以根据不同的测试任务，在虚拟仪器开发软件的提示下编制不同的测试软件，来实现当代科学技术复杂的测试任务。在虚拟仪器系统中用灵活强大的计算机软件代替传统仪器的某些硬件，特别是系统中应用计算机直接参与测试信号的产生和测量特性的分析，使仪器中的一些硬件甚至整个仪器从系统中消失，而由计算机的软硬件资源来完成它们的功能。虚拟仪器测试系统的软件主要分为以下四部分。

① 仪器面板控制软件　即测试管理层，是用户与仪器之间交流信息的纽带。用户可利用计算机强大的图形化编程环境，使用可视化的技术，从控制模块上选择所需要的对象，放在虚拟仪器的前面板上。

② 数据分析处理软件　利用计算机强大的计算能力和虚拟仪器开发软件功能强大的函数库可以极大提高虚拟仪器系统的数据分析处理能力，节省开发时间。

③ 仪器驱动软件　虚拟仪器驱动程序是处理与特定仪器进行控制通信的一种软件。仪器驱动器与通信接口及使用开发环境相联系，它提供一种高级的、抽象的仪器映像，还能提供特定的使用开发环境信息。仪器驱动器是虚拟仪器的核心，是用户完成对仪器硬件控制的纽带和桥梁。虚拟仪器驱动程序的核心是驱动程序函数/VI 集，函数/VI 是指组成驱动的模块化子程序。驱动程序一般分为两层：底层是仪器的基本操作，如初始化仪器配置仪器输入参数、收发数据、查看仪器状态等；高层是应用函数/VI 层，它根据具体测量要求调用底层的函数/VI。

④ 通用 I/O 接口软件　在虚拟仪器系统中，I/O 接口软件作为虚拟仪器系统软件结构中承上启下的一层，其模块化与标准化越来越重要。VXI 总线即插即用联盟，为其制定了标准，提出了自底向上的 I/O 接口软件模型（即 VISA)。作为通用 I/O 标准，VISA 具有与仪器硬件接口无关的特点，即这种软件结构是面向器件功能而不是面向接口总线的。应用工程师为带 GPIB 接口仪器所写的软件，也可以于 VXI 系统或具有 RS-232 接口的设备上，这样不但大大缩短了应用程序的开发周期，而且彻底改变了测试软件开发的方式和手段。

2. 虚拟仪器系统软面板的设计标准

虚拟仪器软面板是用户用来操作仪器，与仪器进行通信，输入参数设置，输出结果显示的用户接口。其设计准则如下。

① 按照 VPP 规范设计软面板，使面板具有标准化、开放性、可移植性。

② 根据测试要求确定仪器功能。根据测试任务确定仪器软面板具体测试、测量功能，开关、控制等设置要求。

③ 用面向对象的设计方法设计软面板。按照面向对象的设计思想，一个虚拟仪器集成系统由多个虚拟仪器组成，每个虚拟仪器均由软面板控制。软面板由大量的虚拟控件组成。

3. 虚拟仪器系统的组建方案

虚拟仪器系统的组建方案，主要包括底层硬件、软硬件接口、应用程序以及驱动程序的设计与开发。

(1) 制定所设计仪器的接口形式

如果仪器设备具有RS-232串行接口，则直接用连线将仪器设备和计算机的RS-232串行口连接即可。如果是GPIB接口，需要额外配备一块GPIB-488接口板，将接口板插入计算机的ISA插槽，建立起计算机与仪器设备之间的通信桥梁。如果使用计算机来控制VXI总线设备，则需要配置一块GPIB接口卡，通过GPIB总线与VXI主机箱零槽模块通信。零槽模块的GPIB-VXI翻译器将GPIB的命令翻译成VXI命令并把各模块返回的数据以一定的格式传回主控计算机。DAQ数据采集卡基于计算机标准总线，因此可以将数据采集卡直接插到计算机的插槽上。

(2) 开发硬件采集卡

一种典型的数据采集卡先用传感器把非电的物理量转变成模拟电量，采样/保持器保持信号，从而实现对瞬时信号进行采集，以便ADC进行数字转换，提高ADC转换器的转换精度，实现在测量中同时对多路模拟信号进行采样。多路模拟开关可以分时选通来自多个输入通道的某一路信号，这样在多路开关后的单元电路，只需一套即可，也可以采用计算机进行多路选择控制。当传感器输出的信号比较小时，可以用放大器放大和缓冲输入信号，如果采用的是可编程增益放大器就可以通过计算机进行增益选择控制确定增益倍数。精确度及性能是仪器系统的“生命”，而这完全依赖于提供基础数据的信号采集控制电路，因此在硬件采集电路的设计时，需根据所设计的虚拟仪器所要达到的性能指标和被测信号的特点，设计合理的系统结构。系统的结构合理与否，对系统的可靠性、性能价格比等有直接影响，在硬件和软件功能的设计上要尽量使虚拟仪器的结构简单，可靠性高，成本低廉，选用合适的单元器件，尽可能地提高采集卡采集的精度和速度。

(3) 确定设计采集卡的设备驱动程序方案

采集卡的设备驱动程序是控制各种硬件采集卡的驱动程序，是连接主控计算机与信号采集调理部件的纽带。驱动程序的实质是为用户提供用于仪器操作的较抽象的操作函数集，它是虚拟仪器核心软件之一。

(4) 确定虚拟仪器系统应用程序编程语言

虚拟仪器系统软件结构的设计在体现整个系统的性能和灵活性方面作用很大，因此在开发虚拟仪器系统的软件部分时，首先要根据所开发的虚拟仪器功能和性能，确定应用程序和软面板程序的模块结构和功能，画出各部分的流程图，采用合适的编程语言。在编制虚拟仪器软件中可采用两种编程方法。一种是采用面向对象的可视化的高级编程语言，如VC++、VB和Delphi等，这种方法实现的系统灵活性高，易于扩充和升级维护。另一种是采用图形化编程方法，如LabVIEW，HPVEE，采用图形化编程的优势是软件开发周期短、编程较简单，特别适合工程技术人员使用。总之在编写程序时，要尽可能地让每一模块都有一定的独立性，模块之间明确定义接口，模块之间可以采用数据传递的形式进行联系。

(5) 软件调试和运行

程序编写好以后要对各模块进行调试和运行，可以通过采集各种标准信号来验证虚拟仪器系统功能的正确性和性能的优良性。

本章小结

本章主要介绍了现代检测技术方面的计算机检测技术、现场总线技术与智能传感器以及虚拟仪器技术。针对这些检测技术介绍了基本的概念、分类、特点、优势以及基本的设计方法。

思考与练习

7-1 计算机检测，是将由______转换过来的经信号处理装置处理后的力、压力、温度、速度、流量、位移等______采集、转换成______后，再由计算机进行存储、处理、显示或打印的过程。相应的系统称为______。

7-2 计算机检测系统输入通道包括：信号放大、隔离、滤波等传统检测系统中非常重要的部分，以及______、______、______等完成数据采集和计算机接口功能等部分。

7-3 A/D 转换器按其工作方式、转换速率、转换精度等情况，可满足不同使用场合的要求。按其工作原理不同，A/D 转换器可分为______和______两大类。

7-4 智能传感器是指基于______、______、______的要求，带有总线接口，能自行管理自己，能将检测到的现场信号进行处理变换后，以______形式通过现场总线与上位机进行信息传递的传感器。

7-5 简述计算机检测系统的组成。

7-6 简述多路开关和反多路开关的概念。

7-7 实现 A/D 转换器芯片与微处理器芯片的连接时应注意哪些内容？

7-8 试列举几种现场总线的类型，并简述其基本特点。

7-9 简述虚拟仪器的分类。

第 8 章　检测系统的抗干扰技术

8.1　干扰的分类及来源

干扰是在检测中来自系统内部和外部、影响测量装置或传输环节正常工作的各种因素的总和。干扰在检测系统中是无用信号，而且会造成测量的误差，甚至可能使检测系统无法正常工作或对检测系统造成损坏。因此，在检测装置的设计、制造、安装和使用过程中应该充分考虑抗干扰问题。消除或减弱干扰影响的全部技术措施总称为抗干扰技术或称为防护。要采取有效的措施消除干扰，首先必须了解干扰源的种类和干扰的传递途径等。

根据干扰产生的原因，通常可以将干扰分为以下几种类型。

1. 机械干扰

机械干扰是指机械振动或冲击使检测装置中的元器件发生振动、变形，从而改变检测系统的电气参数，造成可逆或不可逆的影响。

对于机械干扰，可以选用专用减振弹簧-橡胶垫脚或吸振橡胶海绵垫来降低检测系统的谐振频率，吸收振动或冲击的能量，从而减小检测系统的振幅。

2. 湿度及化学干扰

当环境的相对湿度增加时，物体的表面就会附上一层水膜，并且渗透进材料内部，降低其绝缘强度，造成漏电、击穿或短路等现象；潮湿还会加速很多金属材料的腐蚀，并产生原电池电化学的干扰电压；在较高的温度下，潮湿还会促使霉菌的生长，并且引起有机材料的霉烂。

某些化学物品如酸、盐、碱、各种腐蚀性气体以及沿海地区由海风带到陆地上的盐雾也会造成与潮湿类似的漏电腐蚀现象，必须采取浸漆、密封、定期通电加热驱潮等措施来加以保护。

3. 热干扰

检测系统在工作时产生热量所引起的温度变化和环境温度的波动等，都会导致电路元器件的参数发生变化（温度漂移），或者产生附加的热电势等，从而影响检测系统的正常工作，这就称为热干扰。热量，特别是温度波动以及不均匀的温度场对检测系统的干扰主要体现在以下几个方面。

① 各种电气元器件都有一定的温度系数，温度升高后，系统参数也随之改变，从而产生误差。

② 由于电气元器件的引脚多是不同的金属构成的，当它们互相连接组成电路时，如果各点温度不均匀就不可避免地会产生热电势，热电势叠加在有用信号上就会影响仪表或装置的正常工作。

在工程上，克服热干扰的防护措施主要有如下几种。

① 热屏蔽，把某些对温度比较敏感的或电路中关键元器件和部件用导热性能良好的金属材料做成的屏蔽罩包围起来，使屏蔽罩内温度场趋于均匀和恒定。

② 对称平衡电路结构，例如差分放大电路、电桥电路等，使两个与温度有关的元器件

位于对称平衡的电路结构两侧，使温度对两者的影响在输出端相互抵消。

③ 恒温法，例如将石英振荡晶体或基准稳压管等与精确度有密切关系的元器件置于恒温设备中。

④ 温度补偿元件，采用温度补偿元件以补偿环境温度的变化对电子元器件的影响。

4. 电磁干扰

一般电磁干扰源分为自然干扰源和人为干扰源两大类。自然干扰源包括各处雷雨闪电产生的天电噪声，太阳黑子活动产生的噪声及银河系的宇宙噪声。人为干扰源指由电气电子设备和其他人工装置产生的电磁干扰。其中一部分是专门用来发射电磁能量的装置，如广播、电视、雷达等无线电设备，称为有意发射干扰源。另一部分是在完成自身功能的同时附带产生电磁能量的装置，如交通车辆、架空输电线、家用电器以及某些射频设备等，因此这部分又称为无意发射干扰源。

电和磁可以通过电路和磁路对电子检测系统产生干扰。在电路中只要有电场或磁场存在，就会产生电磁干扰。电磁干扰对于电子检测系统而言，是最为普遍和影响最为严重的干扰，因此必须要认真处理这种干扰。

5. 光干扰

在检测仪表中广泛使用着各种半导体元器件，但半导体元器件在光作用下会改变导电性能，产生电势并引起阻值变化，从而影响检测仪表的正常工作。因此，半导体元器件应封装在不透光的壳体内。而对于具有光敏作用的元器件，更应注意光的屏蔽问题。

6. 射线辐射干扰

核辐射能产生很强的电磁波，射线会使气体电离，使金属逸出电子，从而影响检测装置的正常工作。射线辐射的防护是一项专门的技术，主要用于原子能工业、核武器生产等。

8.2 干扰的耦合方式

干扰的耦合方式就是干扰信号进入接收电路或检测装置内的途径。在分析和研究干扰问题时，首先要搞清楚干扰源、被干扰对象及两者之间的耦合方式。只有对干扰性质了解清楚之后，才能相应采取正确的干扰措施。常见的干扰耦合方式主要有静电耦合、共阻抗耦合、漏电流耦合和电磁耦合。

1. 静电耦合（电容耦合）

静电耦合又称为电容耦合，噪声源与被干扰电路之间存在着电容通路，由于两个电路之间存在着分布电容，当其中一个电路的电位发生变化时，该电路的电荷就会通过分布电容传送到另一个电路中，这就是静电耦合。干扰脉冲或其他一些高频干扰会经过分布电容耦合到电路中。图 8-1 所示为两根平行导线之间存在静电耦合的示例。导线 1 是干扰源，导线 2 是检测系统的传输线，C_1、C_2 分别为导线 1、导线 2 的对地寄生电容，C_3是导线 1 和导线 2 之间的寄生电容，R 为导线 2 的对地电阻。根据电路理论，此时导线 2 所产生的对地干扰电压为

$$\dot{U}_N=\frac{j\omega[C_3/(C_3+C_2)]}{j\omega+1/[R(C_3+C_2)]}\dot{U}_1 \tag{8-1}$$

一般情况下，$R\ll 1/[\omega(C_3+C_2)]$，故上式可简化为

$$\dot{U}_N\approx j\omega RC_3\dot{U}_1 \tag{8-2}$$

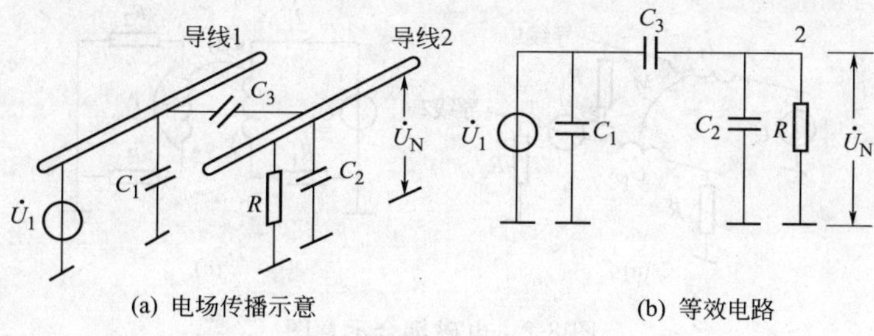

图 8-1 静电耦合示意图

由上式可以看出，在被干扰的电路端所产生的干扰电压与干扰源和被干扰对象之间的分布电容 C_3 成正比，也与干扰源的工作频率、被干扰对象的输入阻抗成正比。因此，可知高电压小电流的高频干扰源主要通过静电耦合形成干扰。通过合理布线而减少寄生电容，降低接收电路的输入阻抗，都可以减少静电耦合干扰。

2. 共阻抗耦合

共阻抗耦合干扰的产生是由于两个以上的电路有共阻抗，当一个电路中的电流流经共阻抗而产生电压时，就成为其他电路的干扰电压。共阻抗耦合有如下三种。

① 电源内阻共阻抗耦合　用一个电源同时对几个电路或传感器供电时，就会产生共阻抗干扰。这是因为，高电位电路或大电流的输出电流流经电源，由于电源内阻的存在，在电源内阻上的压降就会转换成干扰源，而该电压就成为其他电路的干扰电压。

② 信号输出电路共阻抗耦合　当仪器仪表的信号电路有多路负载时，任何一路负载的变化都会通过输出电路的共阻抗耦合而影响其他输出电路。

③ 公共地线共阻抗耦合　在电子电路中，各元器件都会接地，而公共地线上会流过各个元器件的不同频率、不同大小的电流。同时，公共地线不可能没有阻抗，而只要有阻抗就一定会产生耦合。在高频情况下，接地线的电感不能被忽略，因为该公共电感会引起公共阻抗耦合。当电路的工作频率比较高时，必须要进行处理。

3. 漏电流耦合

由于测量电路内部的元器件接线柱、支架、印刷电路板或外壳绝缘不良而存在漏电流所引起的干扰，称为漏电流耦合干扰。

在用仪表测量较高的直流电压时、测量仪表附近有较高的直流电源或高输入阻抗的直流放大器中，经常会有漏电流。为了削弱漏电流干扰，必须改善材料的绝缘性能，采取相应的防护措施。

4. 电磁耦合（互感性耦合）

当两个电路之间有互感存在时，一个电路中的电流产生变化就会通过磁场耦合到另一个电路中。图 8-2 所示为电磁耦合示意图。

图 8-2 中导线 1 为干扰源，导线 2 为检测系统的一段电路，两导体之间的互感系数为 M。当导线 1 中有电流 I_1 变化时，根据电路理论，通过电磁耦合在导线 2 产生的干扰电压为

$$\dot{U}_N = j\omega M I_1 \tag{8-3}$$

由上式分析可知：磁场感应干扰与干扰源和被干扰对象之间的互感系数 M 成正比，也与干扰源的工作电流和频率成正比。所以对于电磁耦合干扰，应尽量采取远离干扰源或设法降低互感系数 M 等措施。

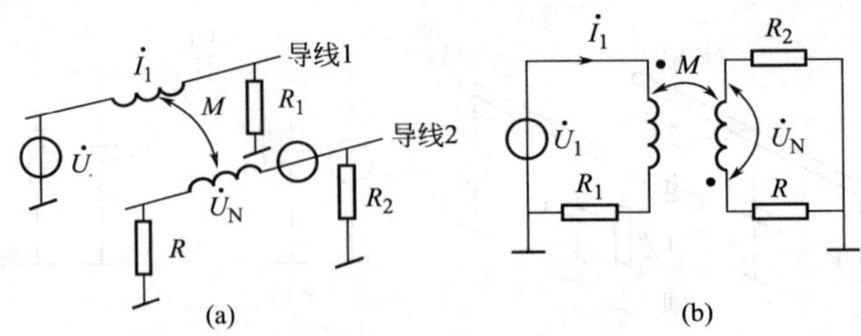

图 8-2 电磁耦合示意图

需要注意的是任何两个电路的任何两条导线之间，必定存在互感，只是互感系数的大小不同而已。

8.3 干扰的抑制方法和措施

信号传输的过程中，干扰的形成必须具备三要素：干扰源、干扰途径以及对噪声敏感性较高的接收电路。因此，可以针对以上三个要素中的任意一项采取措施消除或削弱干扰。

1. 抑制干扰的方法

(1) 消除或抑制干扰源

消除或抑制干扰源可采用的方法有：使产生干扰的电气设备远离检测装置；对继电器、接触器、断路器等采取触点灭弧措施或改用无触点开关；消除电路中的虚焊、假接等。

(2) 割断干扰耦合途径

提高材料的绝缘性能，采用变压器、光电耦合器隔离以切断路径，利用退耦、选频、滤波等电路手段引导干扰信号转移；改变接地的形式来消除共阻抗耦合干扰途径；对数字信号可采用甄别、整形、限幅等信号处理方法或选通控制方法来切断干扰途径。

(3) 减弱接收电路对干扰的敏感性

例如，电路中的选频措施可以削弱对全频带噪声的敏感性，负反馈可以有效削弱内部噪声源，其他如对信号采用绞线传输或差动传输电路等。

2. 抑制干扰的措施

为防止干扰，可采用硬件和软件的抗干扰措施。其中，硬件抗干扰是最基本和最重要的抗干扰措施，下面介绍几种常用的硬件抗干扰抑制技术，主要有屏蔽、浮置、接地、滤波、隔离技术等。

(1) 屏蔽技术

利用金属材料制成容器，将需要防护的电路包围起来，从而可以防止电场或磁场耦合干扰的方法称为屏蔽。

屏蔽可以分为静电屏蔽、低频磁屏蔽、电磁屏蔽和驱动屏蔽等几种。根据不同的对象，使用不同的屏蔽方式。

① 静电屏蔽　能防止静电场的影响，可以消除或削弱两电路之间由于寄生分布电容耦合而产生的干扰。

在静电场作用下，导体内部的各点等电位，即导体内部无电力线。因此，若将金属屏蔽盒接地，则屏蔽盒内的电力线就不会传到外部，外部的电力线也不会穿透屏蔽盒进入内部。前者可以抑制干扰源，后者可以阻截干扰的传输途径。所以静电屏蔽也称电场屏蔽，可以抑制电场耦合的干扰。

为了达到较好的静电屏蔽效果，应注意以下几个问题。

a. 选用铜、铝等低电阻金属材料制作屏蔽盒。

b. 屏蔽盒一定要良好接地。

c. 尽量缩短被屏蔽电路伸出屏蔽盒之外的导线长度。

② 低频磁屏蔽　对于低频干扰磁场，若还是采用电磁屏蔽，则涡流现象不太明显，抗干扰效果很差。因此，对低频磁场的屏蔽，要采用高导磁材料作为屏蔽层，将干扰磁通限制在磁阻很小的磁屏蔽体内部，使被保护电路免受低频干扰磁场影响。这种屏蔽方法一般称为低频磁屏蔽。

对低磁场的屏蔽，用高导磁材料时，使干扰磁感线在屏蔽体内构成回路，屏蔽体以外的漏磁通就会很少，从而抑制低频磁场的干扰作用。为保证屏蔽效果，屏蔽板应有一定厚度，以免磁饱和或部分磁通穿过屏蔽层而形成漏磁干扰。

一般传感器检测装置的铁皮外壳就起到低频磁屏蔽的作用。若进一步将其接地将同时会有静电屏蔽和电磁屏蔽的效果。

③ 电磁屏蔽　对于高频干扰磁场，利用电涡流原理使高频干扰电磁场在屏蔽体内部产生电涡流，消耗高频干扰磁场能量，涡流磁场抵消高频干扰磁场，从而使被保护电路免受高频电磁场的影响。这种屏蔽方法称为电磁屏蔽。

电磁屏蔽主要用于抑制高频电磁场的干扰，屏蔽体采用良导体材料（铜、铝或镀银、铜板）。当屏蔽体上必须开孔或开槽时，应注意避免切断电涡流的流通途径。若把屏蔽体接地，则可以兼有静电屏蔽的效果。

④ 驱动屏蔽　又称为电位跟踪屏蔽，是基于驱动电缆原理，以提高静电屏蔽效果的技术，其原理如图 8-3 所示。

图 8-3 中，将被屏蔽导体 B（如电缆芯线）的电位经严格地 1∶1 电压跟随器去驱动屏蔽层导体 C（如电缆屏蔽层）的电位，由运算放大器的理想特性，使导体 B、运算放大器输出端和导体 C 的电位相等，B 和 C 间分布电容 C_{2s} 两端等电位，干扰源 u_N 不再影响导体 B。驱动屏蔽常常用于减小传输电缆分布电容的影响以及改善电路共模抑制比。

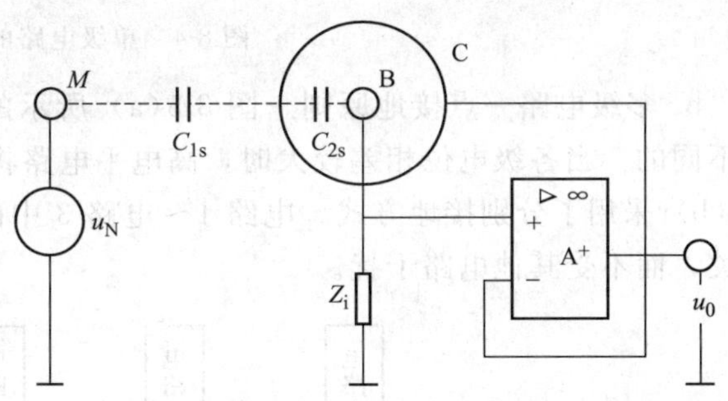

图 8-3　驱动屏蔽原理

应当指出的是，在驱动屏蔽中所应用的 1∶1 电压跟随器不仅要求其输出电压与输入电压的幅值相同，而且要求两者之间的相位差为零。另一方面，此电压跟随器的输入阻抗与 Z_i 并联，为减小其并联作用，则要求电压跟随器的输入阻抗值足够高，但是实际上这些要求只能在一定程度上得到满足。驱动屏蔽属于有源屏蔽，只有当线性集成电路出现以后，才真正有实用价值，目前它已在工程实际中得到了越来越广泛的应用。

（2）浮置技术

如果测量装置电路的公共线既不接机壳也不接大地，即与大地之间没有任何导电性的直接联系（仅有寄生电容存在），这种接线法称为浮置又称浮空或浮接。浮置的目的是阻断干扰电流的通路。

检测系统或电子设备的测量电路被浮置后，由于共模干扰电流可大大地减小，因此其共模抑制能力得到极大提高。这里应该指出的是，只有在对电路要求高且采用多层屏蔽的条件下，才能采用浮置技术。

测量电路的浮置应该包括电路的供电电源，即这种浮置测量电路的供电系统应当是独立的浮置供电系统，否则浮置将是无效的。

(3) 接地技术

① 检测装置中的地线　接地起源于强电技术。为保障安全，将检测装置的机壳、底盘等接地，称为安全地线。对于以电能作为信号的通信、测量、计算控制等电子技术来说，把电信号的基准电位点称为“地”，它可能与大地是隔绝的，称为信号地线。信号地线可分为模拟信号地线和数字信号地线两种。另外从信号特点来看，还有信号源地线和负载地线。

② 一点接地原则

a. 单级电路一点接地原则。单级电路有输入与输出及电阻、电感、电容等不同电平和性质的信号地线。如图 8-4(a) 所示，单级选频放大器的原理电路上有多个线端需要接地。如果只从满足原理图的要求进行接地，则这些线端可以任意地接在母线上的不同位置。这样，不同点之间的电位差就有可能成为这级电路的干扰信号，因此需要按图 8-4(b) 所示的一点接地方式接地来消除这种干扰。

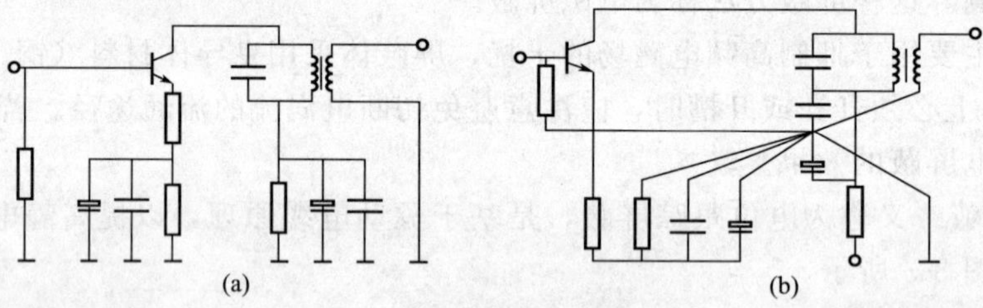

图 8-4　单级电路的一点接地

b. 多级电路一点接地原则。图 8-5(a) 所示的多级电路中，A、B、C 三点对地电位差是不同的。当各级电位相差较大时，高电平电路将会产生较大的地电流干扰低电平电路。图 8-5(b) 采用了分别接地方式。电路 1～电路 3 中的信号只与自身电路的地电流和地线阻抗有关，而不受其他电路干扰。

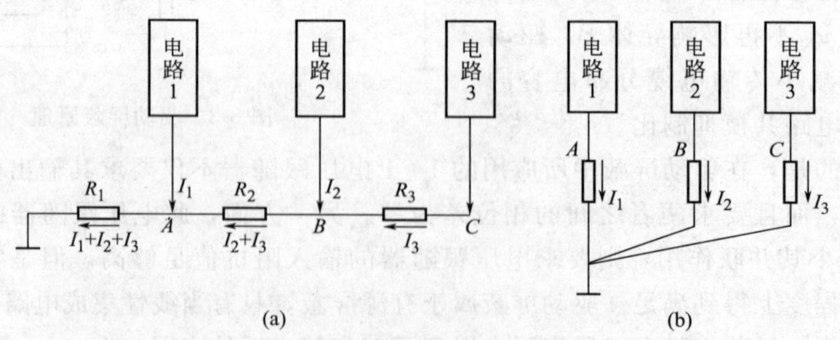

图 8-5　多级电路的一点接地

③ 测量系统一点接地　通常测量系统至少有三个分开的地线，即信号地线、电源地线和保护地线。这三种地线应分开设置并通过一点接地。若使用交流电源，电源地线和保护地线相接，干扰电流不可能在信号电路中流动，避免了因公共地线各点电位不均所产生的干

扰，它是消除共阻抗耦合干扰的重要方法。

(4) 其他抑制干扰的措施

在测量系统中还经常采用滤波、隔离等技术抑制干扰。

滤波是抑制干扰传导的一种重要方法。由于干扰源发出的电磁干扰的频谱往往比要接收的信号的频谱宽得多，因此，当接受器接收有用信号时，也会接收到那些无用的干扰。这时，可以采用滤波方法，只让所需要的频率部分通过，而对干扰频率部分进行抑制。软件抗干扰技术包括数字滤波、软件冗余技术、软件陷阱技术、“看门狗”技术等。

隔离是指把干扰源与接收系统隔离开来，使有用信号正常传输，而干扰耦合通道被切断，达到抑制干扰的目的。常见的隔离方法有光电隔离、继电器隔离和变压器隔离等方法。

本章小结

本章介绍了检测装置中干扰的相关概念、干扰的危害及抑制干扰的方法。通过对本章内容的学习，应熟悉干扰的分类及来源，了解干扰的耦合方式，并能够在以上基础上正确分析简单干扰的来源、耦合方式，并采取恰当针对性措施来消除或减少干扰。

思考与练习

8-1　什么是电子测量系统的“干扰”与“抑制”？

8-2　按产生干扰的物理原因，通常可将干扰分成哪几类？分别采取什么抑制措施？

8-3　电磁干扰窜入系统的耦合方式主要有哪几种？试举例说明。

8-4　形成干扰的三要素是什么？研究它们的目的是什么？

8-5　屏蔽有哪几类？各有何特点？

8-6　在电子技术中“接地”的概念是什么？一般有哪几种地线？什么是一点接地原则？

8-7　什么是浮置技术？试通过实例加以说明。

附录　部分习题参考答案

第 3 章

3-1　电容量变化

3-2　静极板　动极板　动　静极板　间隙　电容量

3-3　变面积式　变极距式　变介电常数式

3-4　电场力及洛伦兹力　电动势

3-5　初级线圈　次级线圈　铁芯

3-6　中心　零点残余电压

3-7　电气参数　几何尺寸

3-8　一般二极管　反向偏置　反向　电子-空穴　定向　光　光　光照度

3-9　接触电势　温差电势

3-10　移动热电偶冷端位置

3-11　负温度系数热敏电阻　正温度系数热敏电阻　临界温度热敏电阻

3-12　电阻值

3-13　谐振元件的固有频率

3-14　A、D

3-15　B、D

3-16　A、C

3-28　5r/s

3-29　750℃

第 7 章

7-1　传感器　模拟量　数字量　计算机检测系统

7-2　采样与保持　A/D 转换　多路转换

7-3　积分型　比较型

7-4　现场总线数字化　标准化　智能化　数字量

参 考 文 献

[1] 沈聿农．传感器及应用技术．第2版．北京：化学工业出版社，2005.
[2] 张宏建，蒙建波．自动检测技术与装置．北京：化学工业出版社，2004.
[3] 赵树忠．机电测试技术．北京：机械工业出版社，2007.
[4] 王俊峰，张玉生．机电一体化检测与控制技术．北京：人民邮电出版社，2006.
[5] 梁森等．自动检测与转换技术．北京：机械工业出版社，2005.
[6] 苏家健．自动检测与转换技术．北京：电子工业出版社，2009.
[7] 余成波等．传感器与自动检测技术．北京：高等教育出版社，2004.
[8] 周杏鹏等．现代检测技术．北京：高等教育出版社，2004.
[9] 林金泉．自动检测技术．第2版．北京：化学工业出版社，2008.
[10] 宋雪臣．传感器与检测技术．北京：人民邮电出版社，2009.
[11] 戚新波．检测技术与智能仪器．北京：电子工业出版社，2007.
[12] 林金泉．自动检测技术．北京：化学工业出版社，2008.